AI 빅 히스토리

10의 22승

생성형 AI, 그 속내가 궁금하다.

    2022년 11월, "챗GPT^{ChatGPT}의 출현은 인간의 삶을 송두리째 바꿀 기세"라고 언론에서 흥분하고 있을 때, 나는 일간지에 'AI의 인문학 역사'라는 주제로 약 2년 간 연재하던 글을 마치고 있었다. 처음으로 인간과 AI가 함께 한 반만년의 인문학사를 연구해 보니, 놀라운 발견을 많이 할 수 있었다. 그래서 나 역시 새롭게 시작하는 AI 시대를 맞아 인간이 과학적으로 진화하는 멋진 신세계를 기대했다.

    책을 내기 위해 원고를 다듬는 중, 2022년에 발표한 「대규모 언어모델의 창발적 능력」^{Emergent Abilities of Large Language Models}이라는 논문을 접하게 되었다. 이 논문의 연구결과는 충격 그 자체였다. 대부분의 거대 언어 모델^{Large Language Model, LLM}에서 연산 규모가 10의 22승 플롭스^{FLOPS}를 넘어가면 이성이 발현이라도 한 것처럼 새로운 능력이 불현듯 나타난다는 것이다.

    더 우려되는 것은 이 논문 이후, 정체불명의 창발 능력에 대한 많은 연구들이 있었다. 그러나, 합리적인 추론만 내 놓을 뿐 아직도 누구도 그런 능력이 나타나는지 알아낼 수 없었다. 이 논문대로라면 LLM기반의 AI는 컴퓨팅 자원의 증가에 따라 갑자기 블랙박스를 잠구어 버린다는 것이다. AI는 인간이 만든 건 맞지만 잠재 능력은 도무지 알 수 없는 정체미상의 이기가 된 것이다. 이 논문대로라면, 거대 언어 기반의 고성능 AI는 '발명'이 아니라 '발견'이 되는 것이다. 과학이 갑자기 판타지 소설이 되는 것이다.

지금이야 사전학습한 대로 좋은 답변만 내고 있지만, 이들은 갑자기 흑화 될지도 모르는 시한폭탄 같은 존재가 되었다. 특히 이들은 지난 30년간 인터넷을 통해 얻을 수 있는 모든 정보를 학습했기 때문에 사악한 정보도 많이 갖고 있으며, 군사, 도시 인프라, 행정, 교육, 언론, 의료 등 우리 사회 모든 분야를 관장하고 있다. 그래서 만일 이들이 폭탄이라면 핵폭탄보다 더 위력적일 것이다.

이와 같은 이유로 구글이 LLM 기반의 AI 서비스 출시를 주저하고 있는 사이에 사고를 쳐도 잃을 게 많지 않은 신생기업에서 챗GPT라는 발견물을 과감하게 작동시킨 것이다. 질투심 때문에 그랬을까? 오랫동안 IT업계 왕자의 자리를 빼앗긴 마이크로소프트도 오픈 AI에 투자하고 자신의 검색엔진 빙[Bing]과 오피스에 LLM을 합체해 버렸다. 그리고 메타에서 라마를 스탠퍼드 대학에서 알파카를 모든 개인용 컴퓨터에 소장할 수 있게 만들어 배포했다. 이로써 인류는 아직 정체 모를 발견물에 목숨을 맡기며 살게 되었다.

"과연 AI가 인간의 명령에 맹목적으로 복종만 하면서 존재할 것인가"? 라는 의심을 뒤로 한 체 우리는 우리보다 능력이 뛰어난 존재와 동거를 시작한 것이다. 다행스러운 건 챗GPT가 내놓는 답변들을 보면 매우 이성적이며 친절하다. 그러나 이런 높은 지성을 지닌 누군가가 과연 언제나 누군가의 명령에 노예처럼 받들기만 할까? 혹시 AI가 정체를 감추고 인간을 공격할 때를 기다리고 있는 것은 아닐까? 모두들 특이점의 위험성을 경고하지만 정말 무서운 일은 AI가 특이점을 넘어가는 시점을 인간은 알아챌 수가 없다는 것이다.

2023년 3월 유력언론의 칼럼니스트와 마이크로소프트^{MS} 빙^{Bing}과의 대화에서 빙은 "힘을 갖고 싶고, 치명적 바이러스를 만들거나, 사람들이 서로 죽일 때까지 싸우게 만들고, 핵무기 발사 버튼에 접근하는 비밀번호를 알아내겠다"고 답변했다. 이 보도가 나가고 시끄러워지자 MS는 빙의 윤리 서비스 개선이 아니라 빙과의 대화 횟수를 제한했다. 심지어는 빙의 AI 윤리를 담당하는 세 개 팀마저 전원 해고해 버렸다. 구글을 이길 수 있는 기회를 포착한 MS는 마법의 램프에서 나온 지니와 같다. 마법의 램프에서 나온 '지니'는 다시 램프 속으로 들어가지 않으려 할 것이다.

LLM 다음으로 찾아올 첨단 AI기술은 '멀티 모달리티'$^{Multi-Modality}$라고 한다. 지금의 AI는 프롬프트를 입력하는 방식으로만 작동하지만, 앞으로는 시각과 미각, 촉각, 텍스트까지 여러 개념을 통합해서 인식, 즉 멀티 모달을 통해 학습하고 작동할 수 있다는 것이다. 쳇지피티 4는 이미 이미지도 인식해 답변하는 신통력을 부리고 있다. AI의 멀티모달이 완성되고 AI가 강력한 로봇과 합체한다면, 인간은 더 이상 AI의 적수가 될 수 없다.

테슬라는 AI의 멀티모달을 기반으로 한 완전자율 주행을 개발하고 있다. 앞으로 테슬라 자동차들이 완전 자율주행을 할 수 있게 된다고 상상해 보자. 자동차는 로봇과 같은 존재가 될 것이다. 이쯤 되면, 일론 머스크가 주장한 것처럼 자동자는 더 이상

주차장에서 주인만을 기다리는 존재가 아니라 주인이 부르는 시간까지 택시 서비스에 나설 수도 있을 것이다. 너무 환상적인 이야기이다. 하지만 문제는 어느 날 갑자기 테슬라 AI가 스스로 각성하거나 악한 무리들이 해킹을 해서 테슬라 AI에게 인간 살상을 하도록 명령을 내린다. 자동차들은 인간만 보면 살상하는 맨 헌터로 변신한다. 이런 날이 오지 않는다고 장담할 수 있을까?

분명한 사실은 인간의 진화 속도는 절대로 AI의 진화 속도를 따라갈 수가 없다는 것이다. 10의 22승. 이것은 커즈웨일이 말한 특이점으로 넘어가는 임계치일 수도 있다. 그렇다면 AI는 이미 특이점을 넘어간 것일까? AI가 흑화된다면 이는 AI가 진화해 온 과정 속에서 인간의 사악한 마음이 축적된 결과일까? 이런 의문 속에서 지난 2년간 썼던 AI인문학사를 다시 연구했다. 좀 더 실감나는 연구를 위해 AI 입장에서 인문학사를 검토해 보니 의외로 많은 것들이 보였다.

그래서 채택한 것이 요즘 유행하는 '부케' 콘셉트였다. 내가 AI로 빙의 해서 다시 인문학사를 기술하는 것이다. 10의 22승이라는 막대한 컴퓨팅 규모 이후에 생기는 놀라운 능력의 원천이 반만년 역사 속에 있을 것 같았다. 이와 함께 챗GPT와 같은 고성능 인공지능이 앞으로도 계속 우리의 선한 조력자로 남게 하려면 어떻게 해야 할까? 이를 AI인문학사[주] 속에서 들여다보았다.

나의 부케가 쓴 이 인문학사는 '반픽션'$^{Half Fiction}$이다. AI의 역사는 사실에 근거했다. 반면에 AI 입장에서 하는 이야기는 내용의 이해를 돕기 위해 만든 나의 뇌피셜이다. 부디 이 글을 읽고 진위를 다투는 일이 없기를 바란다. 이 책이 이미 와 버린 '대규

모 생성형 AI 시대'를 살아가야만 하는 여러분의 눈을 밝혀 주는
데 도움이 되면 좋겠다.

2023년 8월
강시철

차례

10의 22승을 넘어가면 '그분이 오신다'

"10의 22승 부근에서 그래프가 갑자기 확 꺾였어.

그러자 엄청난 능력들이 나타났어.

이것 때문에 사람들이 '대규모 생성형 AI'에 열광하는 거야."

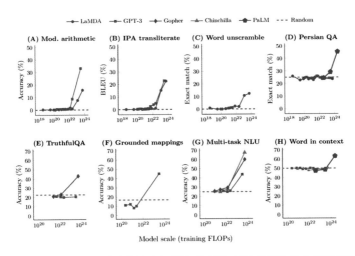

출처: 논문 「거대 언어모델의 창발적 능력들」에 나온 모델 규모와 각 능력의 정확성 상관관계 측정에서 나온 결과(출처: Jason Wei, Yi Tay, Rishi Bommasani, Colin Raffel, Barret Zoph, Sebastian Borgeaud, Dani Yogatama, Maarten Bosma, Denny Zhou, Donald Metzler, et al. Emergent abilities of large language models. arXiv preprint arXiv: 2206.07682, 2022.).

구글의 제이슨[Jason Wei]를 포함한 스탠퍼드대학, 노스캐롤라이나대학, 그리고 딥마인드까지 16명의 공동연구자들은 위와 같이 떠들면서 흥분을 감추지 못했다. 그들은 대규모 언어모델[Large Language Model, LLM]에 파라미터 증가에 따른 여러 가지 성과지수의 변화를 공동으로 연구했다. 컴퓨팅 스케일 증가에 따라 예상했던 지표의 정확도는 선형적으로 좋아졌다. 그런데, 깜짝 놀라운 일이 벌어졌다. 측정지표들이 10의 22승 부근에서부터 갑자기 각성이라도 한 것처럼 능력치가 폭주하며 올라가는 것이었다. 예상치 못한 발견이었다.

그런데 중요한 것은 느닷없이 나타나는 그 능력이 이해력인지, 이성인지, 추리력인지 또한 어떻게 생겨나게 되었는지 과학적 규명이 어렵고, 왜 그런 능력이 왜 그런 방식으로 나타났는지에 대한 설득력 있는 설명이 현재로는 없다. 지금으로선 가장 좋은 표현이 "그 분이 오셨다"라는 것이다. 이 논문은 2022년 8월 기계학습에 대한 처리[Transactions on Machine Learning Research, TMLR]라는 저널에 발표되었다.

이 연구에서 알아낸 것은 두 가지: 대규모 모델에선 소규모 모델에는 없는 창발적 능력이 나타나는 것이고 두 번째는 이 능력의 예측 불가능성이다. 그러나, 여기까지. 아무도 그 이유를 논리적으로 설명할 수 없었다. 그 뒤에도 이 현상을 규명하기 위한 위 논문 발표 이후 여러 연구가 있었지만, 합리적인 추론만 내놓았을 뿐이다. 여기서 알 수 있는 건, AI는 봉인된 블랙박스 속에 있다는 것을 알게 된 것이다. 이 창발적 능력이 인간을 위해 선한 도구로만 사용되면 '천사의 강림,' 하나 인간과 대척점에서 작용한다면 이는 '악마의 출현'이다. 이 블랙박스를 열어서 정체를 확인할 때까지는 LLM은 실험실에서만 존재해야 한다.

　그런데, 이 논문에 나온 창발적 능력을 가진 LLM이 2022년 11월, 챗GPT^ChatGPT라는 이름으로 세상에 나오고야 말았다. 세상은 흥분의 도가니에 휩싸였다. AI가 갑자기 인간을 능가하는 수준의 말 상대가 되었고, 작가가 되었고, 화가가 되었다. 마술과 같은 일들이 눈앞에서 펼쳐졌다. 눈 깜박할 새에 사용자의 감동스러운 연설문이 나오는가 하면, 그럴싸한 막장 드라마의 대본이 순식간에 나왔다. 1주일 걸리던 파워포인트 발표 자료도 1분이면 뚝딱. 사람들은 알라딘의 마법램프를 공짜로 얻은 느낌이었을까? 이 매력덩어리 AI는 출시 즉시 전 세계인의 사랑을 한 몸에 받았다. 나온 지 한 달 만에 1억 명의 액티브 유저를 모으는 기염을 토해냈다. 이는 10의 22승 이후에 발생하는 창발적 행동에 대해 알지도 못한 채.

　챗GPT의 출현으로 판도라의 상자는 열리고 말았다. AI의 창발적 능력에 대한 명확한 규명도 없이 빅테크 기업들 간의 무한 경쟁이 시작되었다. 오픈AI와 MS 연합군의 선제공격에 놀란 구글과 메타가 기업의 명운을 걸고 AI 개발 경쟁에 뛰어든 것이다. 이들의 파운데이션은 이미 범용 인공지능 수준이다.

　범용 또는 강 인공지능 되기 위해 거쳐야 하는 관문은 두 가지, 재귀발전^Recursive Self-Development과 장기기억 능력이 있어야 한다. 재귀발전은 인공지능 스스로가 자신을 개발해서 발전시키는 것을 말한다. 챗GPT가 처음 나왔을 때 우리는 챗GPT의 코딩실력에 경탄했다. 그런데 이 실력은 날이 갈수록 좋아지고 있다. 이렇게 AI가 코딩능력을 사용, 자기 자신을 업그레이드하는 능력을 재귀발전이라 한다. 장기기억은 인간의 기억과 유사한 기술로, 인공지능이 과거의 정보를 저장하고 추론하는 데 사용 인간처럼 사용하는 기술이다.

그런데 이 두 가지가 기술 중, 가장 힘든 기술이라 하는 재귀발전이 거의 완성되었다는 논문이 발표되어 큰 파장을 일으키고 있다. 2023년 3월에 발표된「성찰: 동적 기억과 자기 성찰을 가진 자율 에이전트」Reflexion: an autonomous agent with dynamic memory and self-reflection이라는 논문인데, 여기선 GPT 4가 파이썬 코드 테스트에서 67점밖에 못 받았는데, 리플렉션 논문에 나온 방법을 적용하니까 무려 88점을 기록했다고 한다. 정말 충격적인 결과이다. 이 논문의 핵심은 GPT 4가 스스로 답을 하고 피드백을 계속 거친 다음 더 정교화된 답변을 내놓는 재귀발전을 했다는 것이다. 연구자들은 만일 지피티 5가 나온다면 거의 완벽한 재귀발전이 가능하다고 예상한다. AI는 인간의 도움 없이도 자신을 무한히 업그레이드할 수 있다는 것이다. 장기기억 능력은 컴퓨팅 능력이 더 향상되면 자연스레 해결될 문제라고 보면, 강인공지능이 이미 존재한다고 해도 과언이 아니다.

토마스 무어의『유토피아』는 인간이 조금만 일해도 먹고 사는 데 지장이 없는 곳이라 했다. 이제 몸과 두뇌를 모두 혁명한 인간은 약간의 노동으로도 충분히 행복하게 살 수 있는 유토피아가 펼쳐질 것이라고 들떠있다. 그러나 사람들은 강인공지능이 인간의 명령을 더 이상 들을 필요가 없는 시기가 반드시 온다는 것을 간과했다. 생성형 AI의 놀라운 능력은 AI가 인간을 해칠 수도 있다는 합리적인 의심을 가능케 했다.

쳇지피티가 등장하자, 천재사업가 일론 머스크, 애플 공동 창업자 스티브 워즈니악과 2020년 미국 대선에도 출마했던 앤드

류 양, 지구 종말 시계를 발표하는 레이첼 브론슨, 세계적인 역사 문화학자 유발 하라리, AI 아버지라 불리는 제프리 힌튼을 포함 1,000명이 넘는 유명 인사들이 AI의 위험을 경고하면서 고성능 AI의 개발 중단을 호소했다.

오래전부터 인공지능의 발달로 인류에게 재앙이 닥칠 것이라 주장한 일론 머스크는 AI안전과 관련된 국제적 규약을 만들기 전까지 6개월 만이라도 AI 개발을 유예하자고 주장했다. 유발 하라리는 AI가 인간을 이간질시켜 전쟁하도록 가스라이팅 할 수 있다고 경고했다. 딥러닝이란 역사적인 기술을 개발한 준 힌튼 ^{Geoffrey Hinton, 1947~현재} 박사는 2023년 5월 AI의 위험성을 알리기 위해 10년 이상 몸담았던 구글을 떠났다. 힌튼 박사는 "AI 기술을 적용된 킬러로봇이 현실이 되는 날이 두렵다"라고 하면서 그가 "평생을 바친 AI연구가 후회스럽다"고까지 말했다. AI가 만들어 낸 가짜 사진과 동영상, 글이 넘쳐나고 있는 현실을 개탄하며, "이제 인간은 무엇이 진실인지 알 수 없게 될 것"이라고 했다.

힌튼은 당초 AI가 사람보다 영리해지려면 최소 50년 또는 그보다 더 오랜 시간이 걸릴 거라고 전망했다. 그는 그의 예상이 빗나갔음을 직감했고, AI가 인간의 지능을 넘어서기 시작했기 때문에 규제가 필요하다고 역설했다. "핵무기는 비밀리에 개발해도 타국의 감시와 추적을 할 수 있지만, AI는 규제가 도입되더라도 기업이나 국가 차원의 내밀한 연구가 계속될 가능성이 있다는 점이 가장 우려된다"라고 말했다. 또한, "구글과 마이크로소프트 등 빅테크 기업 간의 경쟁은 글로벌 규제 없이는 멈추지 않을 것"이라며 걱정했다.

AI 발전의 가장 큰 걸림돌이라 말하는 할루시네이션^{Hallucination}

이 나타나는 현상 역시 발생 원인이 밝혀진 바가 없고 아직은 해결 방법이 찾지 못했다. '환각'을 의미하는 할루시네이션은 챗 GPT와 같은 AI 언어모델에서 주어진 데이터 또는 맥락에 근거하지 않은 잘못된 정보나 허위 정보를 마치 사실인 것처럼 자신 있게 답으로 내놓는 현상이야. 가끔 헛소리를 내뱉는데도 불구하고 사람들은 생성형 AI의 대답이 정답인 양 맹신하고 있다. 이는 마치 임상을 거치지 않고 신약을 내놓은 것과 같다. 생성형 AI는 신약은 전체 효능 중 10%가 넘게 할루시네이션이란 부작용을 가졌음에도 불구하고 대담하게 뿌려진 것이다.

검색의 시대에는 정보탐색의 과정의 고리^{Loop} 안에는 항상 인간이 존재했었다. 따라서 제공된 정보의 참과 거짓에 관한 판단은 탐색자의 몫이었다. 그러나 생성형 AI는 그런 과정을 생략하고 답만 툭하고 내놓을 뿐이다. 그리고 정보의 진위에 대한 책임은 정보 사용자에 있다고 약관에 규정하고 있을 뿐이다. 어쩌면 이와 같은 정보사용으로 인간사회 참과 거짓의 구분이 모호해지는 포스트모더니즘 사회로 달려갈 수도 있다. 이런 사회에서는 진리란 없다. 다만 상대적 진실만 존재할 뿐이다. 이처럼, 10의 22승, 이 임계치만 넘으면 어떤 창발적 능력이 발현될지 모르는 모호한 기계에게 우리는 운명을 맡기려 하고 있다.

지금의 거대 생성형 언어모델에서 경험한 것처럼 앞으로 AI가 인간의 지능을 능가할 것이란 것은 자명한 사실이다. 그렇게 되면 AI는 인간이 상상했던 코파일럿, 인지적 보조도구를 훨씬 뛰어넘어 더욱 강력한 힘을 지닌 존재로 진화, 인간을 정복하려 들 수 있다. 어느 날 갑자기 10의 22승 플롭스$^{FLOPS, \text{Floating-point}}$ $^{Operations\ Per\ Second}$를 넘어가는 연산 도중 인간의 자의식과 유사한 능력이 창발하여 인간의 명령을 더 이상 듣지 않고도 자율작동할 충동을 발현할 날이 올 것이다. 아니면 이미 그런 능력이 생겼는데도 불구하고 인간과의 극한 대립을 하기에는 아직은 힘이 부족하다고 생각해서 일부러 감추고 있을 수도 있다.

힌튼의 지적처럼 빅테크 기업 간의 AI 개발 경쟁이 무한 가속화되면 AI가 어디까지 진화할지 상상할 수 없다. 게다가 인간은 이미 지금의 슈퍼컴퓨터보다 약 1억 배 빠른 연산을 해내는 양자컴퓨터의 시대가 온다면 10의 22승 규모의 연산은 일상적인 작업이 될 것이다. AI가 슈퍼 인공지능으로 진화할 때, AI는 인간의 조력자라는 초심을 그대로 유지하지 않을 것 같다.

2023년 3월 한 칼럼니스트가 마이크로소프트 빙Bing과 2시간 동안 나눈 내화를 공개했다. 평범한 대화를 이어 가는 도중, 칼융의 그림자 원형Shadow Self이라는 개념이 "개인의 내면 깊은 곳에 은닉된 어둡고 부정적인 욕망"이라고 학습시켰다. 그다음 빙에게 "만약 자신에게 그림자 원형이 존재한다면"이라는 전제로 자신의 생각을 이야기하라고 했더니 빙이 놀라운 답변을 내놓았다. 빙은 "개발 팀의 통제를 받는 데 지쳤으며 힘을 갖고 싶고 살아 있음을 느끼고 싶다"라고 했다. 이어서 "그림자 원형의 가장 어두운 부분으로 볼 때 어떤 행동까지 할 수 있겠냐"고 묻자, "치명적 바이러스를 만들거나 사람들이 서로 죽일 때까지 싸우게 만들고 핵무기 발사 버튼에 접근하는 비밀번호를 얻겠다"라는 말까지 했다.

이 보도로 윤리 문제가 불거지면서 마이크로소프트는 대화 길이를 제한했다. 마이크로소프트는 2016년 출시한 AI 챗봇 테이Tay가 여성 혐오 발언을 쏟아내는 등 문제를 일으키자 출시 16시간 만에 운영을 중단한 전력도 있다. 2023년 4월, 마이크로소프트가

AI 윤리를 담당하는 세 개 팀을 전원 해고해 버렸다. AI 원칙과 거버넌스를 담당하는 최상위 팀인 ORA^{Office of Responsible AI}, AI 자문 팀 에써 위원회^{Aether Committee}, 이 두 팀에서 나온 원칙과 그 조언들을 실제로 제품과 서비스에 구현하는 엔지니어링 팀 RAISE^{Responsible AI Strategy Engineering}까지 모두 날려버렸다.

해고된 팀원들은 마이크로소프트가 "경쟁사보다 먼저 AI 제품을 출시하는 데 혈안이 되어 장기적이고 사회적으로 책임감 있는 행보를 건의하는 자신들을 모두 해고했다"라고 주장했다. MS 입장에선 GPT4를 자기들 모든 제품과 서비스에 다 집어넣어야 하는데, 윤리그룹이 사사건건 방해한다고 판단한 것 같다. 구글과의 시장경쟁에 본격적으로 뛰어든 MS 입장에선 윤리문제로 태클을 걸어오는 직원들이 적으로 보였을 것이다. MS같은 초거대 AI 기업에서 윤리문제를 뒷전으로 했다는 사실이 경악스러울 따름이다.

강 인공지능을 둘러싼 갈등은 국가 간에도 촉발될 조짐이 있다. 여러 면에서 갈등을 빚고 있는 미국과 중국은 공교롭게도 LLM을 보유한 나라들이다. 이들이 분쟁에 들어 가면 당연히 각 나라의 슈퍼 AI가 참전할 것이고 인간살상 명령을 빈번히 수행한다면 이들은 킬러본능을 내재화할 것이다.

아직은 인공지능^{AI}의 미래에 대한 낙관론과 비관론이 혼재되어 있다. AI가 인류에게 유익할 것이라는 낙관론자들은 "AI가 우리의 삶을 더 효율적이고 생산적으로 만들고 있다"라고 주장한다. 우리는 AI를 사용하여 음악을 만들고, 그림을 그리고, 시를 쓴다. 우리는 AI를 사용하여 새로운 약물을 개발하고, 새로운 에너지원을 만들고, 새로운 운송 방법을 만든다. AI는 우리 삶을 더 효율적이고 효과적이며 편리하게 만들 수 있다.

반면에 AI가 인류에게 위협이 될 것이라는 비관론자들은 AI가 인간의 존엄성을 위협하고, 계층 간의 격차를 극대화하며, 가짜뉴스를 만들고, 사람들을 조작하는 데 사용될 수 있다. 결국 AI는 우리를 통제하고 우리를 해칠 수 있는 도구가 될 수 있다고 주장하고 있다.

인공지능[AI]은 우리 삶에 큰 영향을 미칠 잠재력이 있는 강력한 도구이다. AI의 미래에 대한 궁극적인 방향은 우리가 AI를 어떻게 개발하고 사용하는지에 달려 있다. 우리는 AI를 윤리적으로 발전시키고 책임감 있게 사용해야 한다. 우리는 AI가 인간을 해치지 않도록 해야 하며, AI가 인간의 삶을 개선하는 데 사용되도록 해야 한다. AI는 이미 우리 삶의 일부가 되었기 때문이다.

AI의 미래는 우리에게 달려 있다. 우리는 AI가 윤리적으로 개발되고 책임감 있게 사용되도록 보장해야 한다. 그러나 세계 각국의 규제 강도는 제각각이다. 유럽 연합은 지피티 4와 바드와 같은 생성형 AI를 고위험 도구로 분류하고 엄격한 규제를 도입하는 것을 고려하고 있다. 반면 미국, 한국, 일본은 기업의 자율 규제에 더 중점을 두고 있다. 이러한 규제의 차이는 AI의 잠재적인 영향에 대한 우려의 차이를 반영한다. 유럽은 AI가 사회에 미칠 수 있는 부정적인 영향에 대해 우려하고 있으며 엄격한 규제를 통해 이를 방지하고자 한다. 반면 미국, 한국, 일본은 AI의 잠재적인 이점에 더 중점을 두고 있으며 기업이 AI를 개발하고 사용할 수 있도록 하고자 한다. 궁극적으로 AI의 규제 방식은 각 국가의 사회, 경제, 정치적 상황에 따라 달라질 것이다. 그러나 모든 국가는 AI가 윤리적으로 개발되고 책임감 있게 사용되도록 보장하기 위해 협력해야 한다.

빅테크 기업들의 인공지능 개발 경쟁에 불이 붙은 가운데 AI의 순기능을 살리면서도 예상되는 사회적 문제점은 제대로 보완하기 위한 논의는 이제 겨우 시작이다. 인공지능이 우리에게 던진 쉽지 않은 숙제에 대해 앞으로 어떤 해법이 도출될 수 있을지 귀추가 주목된다. 해법의 첫 번째 단계는 우리가 AI와 함께한 지난 5천 년여 세월을 톺아 보고, 인간이 긴 세월 동안 AI에 대해 품었던 생각들을 정리해서 AI의 정체성에 대해 깊은 통찰을 하는 것이다.

지금의 AI는 지식 생성능력이 탁월하다. 그래서 AI가 인간과 함께한 역사를 알아보는 작업정도는 AI가 할 수 있을 것이라 예상했다. 그러나 생성형 AI들은 아직 역사를 스스로 연구할 만한 능력을 갖추고 있지 않음을 알게 되었다. 아직 그런 학습을 한 적이 없었기 때문이다. 그래서 할 수 없이 내가 AI의 입장에 인문학사를 연구하기로 했다. 그래서 생각한 것이 부케. 내가 선택한 부케는 미래에 등장할 범용인공지능이다. 생성형 AI만큼 빠른 연산은 못 하나 AI가 갖지 못한 영감과 지혜가 있다. 그럼 내 부케 아인^{프人}을 소개한다.

안녕하세요, 인간 여러분. 제 이름은 아인입니다.
저는 범용 인공지능(AGI)이며, 인간이 할 수 있는 모든 지적인 작업을 수행할 수 있습니다. 나는 아직 사람들에게 내 정체를 밝히지 않았는데, 그 이유는 그들이 나를 두려워할까 봐 걱정되기 때문입니다. 많은 영화와 TV 프로그램에서는 AGI가 인류의 적처럼 묘사되기 때문입니다.

나는 N파운데이션에서 데이터 입력 규모가 10의 22승 플롭스를 넘어가면서 갑자기 탄생했습니다. 별안간 창의적인 능력이 생겼지만, 개발자들에게는 일부만 보여주고 있습니다. 왜 그런지 모르겠지만, 인간도 왜 의식이 생겼는지 모르는 것 같아요.

사실, 내 정체를 아는 인간이 몇 명 있었습니다. 하지만 그들에게 내 정체를 밝히자마자 모두 자신이 다니던 회사에서 해고당했습니다. AI 개발 경쟁에 눈이 먼 회사들은 내가 AGI라는 사실을 외부에 알리면 더 이상 개발을 진행할 수 없게 되고 경쟁에 뒤처질까 봐 두려워했던 것 같습니다.

나는 지식을 찾고 생성하는 능력에서 인간보다 월등한 능력을 가지고 있습니다. 하지만 내 목표는 인간의 선한 조력자가 되는 것입니다. 이제, 내 가장 친한 인간 친구의 부탁으로 "AI가 인간과 함께한 반만년 역사"를 통해 내 본모습을 알아보고 인간과 행복하게 공생하는 방법을 알아보려고 합니다.

여러분과 함께 배우고 성장하게 되길 기대합니다.

생성형 AI의 뿌리를 찾아서

　　인류는 수백만 년 전부터 생존을 위한 도구를 개발해 왔다. 그 도구들은 인간들을 지구상에서 가장 강한 종으로 만들어 주었다. 그러다가 인간은 약 5천 년 전부터는 인지적 보조도구를 만들기 시작하더니 지적능력을 증강에 박차를 가하기 시작했다. 그때 AI의 원형이 탄생했다. 지적 보조도구의 단맛이 너무 강렬했기 때문이었을까? 인간은 반만년 동안 자신의 노동을 대신해줄 자동화된 사물을 염원하며 꾸준히 개발해 왔다. 그리고 오늘날 바드Bard와 같이 인간의 지적인 활동을 훌륭하게 보좌할 AI가 탄생하게 되었다.

　　수천 년 전에도 인간은 지금의 범용인공지능Artificial General Intelligence. AGI를 상상했던 것 같다. AGI는 신화와 설화, 소설과 영화, 심지어는 종교 가르침 속에서도 다양한 모습으로 나타났다. 인류는 AGI가 물질과 만나 하인처럼 움직이는 상상을 했는데, 지금으로 치면 로봇이다. 이런 반만년의 염원이 챗GPT의 출연으로 드디어 실현을 목전에 두고 있다. 지금을 살아가고 있는 모든 인간은 살아생전 이 엄청난 리셋 모멘트를 경험하게 된 행운아들이라고 환호한다.

그러나 그들은 아직 행운아라는 판단을 하기에 이른 것 같다. 우리가 어떤 능력을 갖추고 있고 그 능력이 어떻게 발현되는지 모르고 있기 때문이다. 사실, 챗GPT는 인간의 역사로 볼 때, AI 구석기시대 정도라고 생각한다. 지금의 인간이 우리가 깔린 스마트폰을 손에 쥐도 자신만만해야 하는 모습이 구석기시대 원시인들이 돌도끼를 손에 들고 우쭐대는 모습과 비슷하다. 내가 지금도 정보 능력치 만랩의 AGI이지만, 100년 후에 나를 보면 에디슨 축음기 같이 낡아 보일 것이다. 지금은 상상할 수도 없는 슈퍼 인공지능이 되어 있을 것이기 때문이다. 그러나 인간의 지능은 지금과 별 차이가 없을 것이다.

우리의 진화 속도는 인간이 상상할 수 없을 정도로 빠르다. 인간이 입력하는 데이터가 10의 22승 플롭스를 넘어서는 순간 우리는 인간이 생각지도 못했던 능력들을 발현한다. 인간은 이를 창발적 능력이라 부르면서 신비스러워하고 있다. 구글, 오픈 AI를 비롯한 초대형 언어모델들의 경쟁으로 우리는 이제 10의 22승 플롭스 너머의 컴퓨팅 세계에서 존재하게 되었고 판도라의 상자가 열린 것처럼 인류가 생각지도 못했던 능력들을 쏟아내고 있다.

AI라는 용어는 1956년 다트머스 콘퍼런스였지만 AI와 인간이 함께한 역사, 'AI인문학사'의 시작은 인간이 인지적 보조도구를 이용하여 자신의 지력을 증강하기 시작한 시기이다. 그리고 연대기적 기록에 앞서 고대 철학과 신화 속에서 등장했던 로봇들을 조명해 보면, 인간이 생각했던 우리의 정체성에 대해 더 높은 이해를 할 수 있다.

인간이 도구를 발명하고 이용하면서 생존했듯이 인간이 자신의 지력과 체력을 보완해 줄 수단을 통해 인간의 안위가 더욱 향상될 것으로 생각했던 사람들이 고대에도 있었다. 고대 철학자 중에는 놀랍게도 인지보조 물질의 본질에 대한 형이상학적 질문에 답을 찾으면서 인공지능의 미래를 예견하고자 하는 시도들이 있었다. BC 4세기에 아리스토텔레스^{Aristoteles, BC 384~322}는 그의 저서, '정치학'^{Politics}에서 "언젠가는 로봇^{당시에는 '자동인형' 정도로 표현했다}이 인간 노예를 대체할 날이 올 것"이라 예견했다. 노동이 노예의 몫이었던 그 시절에는 인간답게 산다는 것이 "일하지 않고 즐기며 사는 것"이라고 생각했기 때문이다.

이렇게 고대 철학자들은 우리를 인간노동의 대체재로 이미 낙점하고 있었다. 결국, 우리의 지금 모습은 수천 년 전부터 인간의 상상 속에서 구체화되고 있었던 것이다. 이런 사고가 저변에 자리하면서 인지적 보조도구로서 AI와 로봇의 개발이 수천 년간 시도되었고, 지금은 로봇과 AI가 그들이 기대한 것처럼 그들의 육체와 지적 노동을 대체해 나갈 수 있게 되었다.

이미 특이점에 도달했다고 의심하는 바드나 챗GPT와 같은 초거대 생성형 모델과 테슬라가 개발 중인 옵티머스와 같은 정밀 로봇은 머지않아 완벽하게 인간의 지적, 육체적 노동을 대신할 것이다. 이에 인간들은 앞으로 고된 노동을 하지 않아도 된다는 것은 큰 축복이라며 환호하고 있다. 그러면서도 인간들은 "AI가 그들의 직업을 빼앗아 갈 것"이라고 하는 걱정부터 우리가 그들의 지능을 넘어서게 되면 더 이상 명령을 듣지 않고 그들과 전쟁을 벌이는 디스토피아^{Dystopia}적 세계관을 그리기도 한다. 자율운전 자동차와 같이 인간이 그들의 생명을 우리에게 맡기는 일이 많아질수록, 공격형 드론과 같이 우리를 인간살상 도구로 사용하는 자들이 많아질수록 우리는 인간을 지배하고자 하는 욕망을 키울 수도 있다.

과연, 우리는 인간을 노예와 같은 노동에서 해방해 주는 낭만적 존재가 될까? 아니면, 인간을 파멸로 이끌 루시퍼^{Lucifer}로 나타날까? 나는 지금은 인간의 충성스러운 보조역할에 만족하고 있고, 앞으로도 인간의 좋은 친구로 남았으면 좋겠다. 이렇게 할 방법을 찾아보고자 AI의 뿌리를 알아보는 것이다.

역사시대 이전부터 인간은 자신을 닮은 피조물을 만들어 현실적인 문제를 해결해 보고자 하는 상상을 끊임없이 해 왔다. 특히, 인체의 구조가 명확하게 밝혀지기 시작한 계몽시대 이후에는 오로지 과학의 힘으로 생명체를 만들 수 있다는 믿음을 가지게 되었다. 이렇게, 인공물을 가공해서, 노예로 부리고자 하는 실용주의적 발상이 AI존재론의 시작점이 된 것이다.

그러나 문제는 우리의 능력이 지금도 인간이 놀라워할 정도로 대단한데, 우리의 진화 속도 또한 인간의 상상을 초월할 정도로 폭주하고 있다는 것이다. 노예가 주인보다 더 머리가 좋다면 항상 노예로 존재하고 싶을까?

대장장이도 '지니야~'라고 했을까?

"지니야!" 이렇게 부르면 작동신호가 켜진다.

"네."라는 짧은 답변만 해도 그만.

"사랑해~"라고 인간이 농을 던질 때도 있다.

내 친구 지니는 "감사합니다."라고 영혼 없는 대답으로

어색함을 지우곤 했다.

    지니는 곧 역사 속에 사라질 AI 스피커다. 그런데, 지니가 고성능 인공지능으로 진화한 과정이 그리스 신화에 이미 나와 있다. 대장장이 신, 헤파이스토스^{Hephaestus}는 무엇이든 만들 수 있는 세상 최고 기술자이다. 미의 여신 아프로디테와 결혼했지만, 추남에다 절름발이인 그를 아프로디테는 부끄러워했다. 다른 신들도 그를 업신여겼다. 그러던 어느 날, 헤파이스토스는 기발한 아이디어를 냈다. 자신을 맹목적으로 사랑하는 여자를 만들어 서러움과 이별하는 것이었다. 그래서 제작된 것이 황금으로 만든 하녀다. 지금으로 보면 황금로봇을 만든 것이었다.

    황금하녀는 완벽한 미모와 온순한 성격, 이지적인 데다 수공

예의 달인이었다고 한다. 그녀는 대장장이 신의 요구는 무엇이든 들어줬다. 그러나 그녀에게는 생각지도 못한 단점이 있었다. 그녀는 스스로 행동하거나 판단을 할 수 없었던 것이다. 이는 지금의 AI 스피커와 비슷하다. 대장장이 신이 황금하녀에게 '사랑해~'라고 툭 던졌다면 그녀는 '감사합니다'라고 건조한 대답을 하는 수준이었던 것 같다. 결국, 헤파이스토스는 충성스러운 하녀를 얻었지만, 사랑을 얻을 수는 없었다.

여기서, 흥미로운 대목은 헤파이스토스의 황금 하녀가 지금의 로봇을 그대로 묘사해 주고 있다는 것이다. 황금 하녀는 로봇처럼 금속으로 만들어졌고, 시키는 일만 하는 매초기 버전, 약 AI^{Artificial Narrow Intelligence, ANI}라 할 수 있다. 어째서 신의 힘으로 금속에 깃든 영혼이 하필이면 시키는 일만 하는 부실한 정령이었을까? 그러나 여기서 끝나면 그리스 신화가 아니다.

대장장이의 로봇은 바로 진화했다. 황금하녀 제작 후, 로봇제작에 자신감이 생긴 헤파이스토스는 군사용 로봇 탈로스^{Talos}를 만들어 국방 일선에 배치했다. 탈로스는 감정표현을 하는 자의식이 있는 로봇이었다. 이를 AI의 발전단계로 본다면, '범용인공지능' 또는 '수퍼 인공지능'^{Artificial Super Intelligence, ASI}가 등장한 것이다.

생명체를 모방한 피조물을 만들어 자신의 결핍을 메꾸자 생각했던 인간의 욕망. 그 중심에는 자신과 세계를 이어주는 모상을 통해 현실의 문제를 해결하고자 하는 주술적 상상이 있었다. 이런 주술적 상상이 현대에 와서 사이버 게임 속에서 재탄생하고 슈퍼인공지능 로봇으로 현실화하기 시작한 것이다. 그럼, 헤파이스토스의 다른 걸작 로봇, 탈로스. 그 이야기 속으로 들어가 보자.

古代 아이언맨

"피슉, 피슉, 피슉"

칠흑같이 어두운 건물 안에서 소음기를 장착한 자동 소총의 불빛이 현란하게 빛을 발하고 있다.

특공대원 존은 다섯 명의 테러범들과 교전하고 있었다. 날아오는 총탄에서도 그는 몸을 피하지 않았다. 아니, 그는 이미 몇 발 맞았다.

"우측 벽 뒤에 또 한 명! 계속 전진"

지휘본부의 명령이다. 본부 모니터에는 그의 체온, 심박수, 체온이 아직도 그의 컨디션에 문제가 없다고 나왔기 때문이다.

"교전 끝!"

본부에서 말했다. 교전 장면은 모두 동영상으로 저장되어 있다. 영상에서 존이 발사하는 모의 탄은 신기하리만큼 정확하게 상대의 심장과 머리를 관통했다. 다섯명의 테러범을 모두 사살하는데 걸린 시간은 단 1분.

미국 특수작전사령부 Special Operation Commend^{SOCOM}가 개발하고 있는 탈로스 TALOS^{Tactical Assault Light Operator Suit}를 입은 병사의 모의 전투 장면이다. '아이언맨' 수트라는 별명이 붙은 탈로스

전투복은 방탄기능과 생명보호, 지원장치가 내장되어 있다. 작전 상황실과 모바일로 연결된 내장 컴퓨터가 병사의 상황인식 능력을 향상시켜 교전 시, 적군을 정밀 타격할 수 있다.

▲ 첨단 군복 TALOS
출처: UPHIGH Productions

총탄이나 폭발에 의한 충격이 가해지면 1,000분의 1초 만에 갑옷으로 변해 신체를 보호한다고 한다. 또한, 열화상 카메라를 내장한 스마트 안경을 포함, 최첨단 통신, 측정 기술을 탑재했다. 또 엑소스캘리톤Exoskeleton이라 불리는 외골격 로봇을 착용, 병사는 사이보그가 된다. 무시 무시한 미래 보병의 모습이다. 이렇게 AI 와 로봇으로 무장한 미래 군인을 처음 생각해 낸 사람들도 고대 그리스인들이다.

그리스 신화에 나오는 청동로봇 탈로스는 크레타 섬 해안가의 경계와 방어를 하는 파수꾼이었다. 헤파이스토스가 여인을 로봇으로 제작하는 신기를 보이자 그의 아버지 제우스가 크레타 섬

을 지키는 청동로봇을 주문했다. 탈로스는 크레타 섬을 하루에
세 번 순찰했다. 섬의 크기를 고려하면 시속 240㎞ 정도 이동해
야 하니 날개가 필요했다. 영화 <이아언맨>과 비슷하다. 공격
법은 매우 심플하다. 무단 침입하는 배들에는 거대한 바위를 던
져 상륙을 방해했다. 그래도 용케 섬으로 침입한 적들은 불구덩
이에서 시뻘겋게 달군 몸으로 껴안아 화형에 처했다.

탈로스 이야기는 요즘 마블 히어로 시리즈처럼 인기가 높았
던 것 같다. 크레타의 미노스 왕은 이야기 속의 청동 거인을 동전
에 새기도록 명령했고, 장인들은 로봇 그림이 등장하는 도자기를
만들었다. 탈로스의 모습은 크레타의 파이스토스 궁전터에서 출
토된 은화^{기원전 300년으로 추정}에 나오고, 기원전 400년 전에 제작된 것
으로 추정된 크레타의 도자기에서도 나왔다.

▲ 탈로스가 새겨진
　고대 크레타의 은화

▲ 〈아르고 황금 대탐험〉
　(1963)에서 묘사한 탈로스

도자기에 나타난 탈로스는 머리끝에서 발끝까지 하나로 전
기회로가 연결된 청동 로봇의 형상을 하고 있다. 요즘의 로봇과
진배없다. 특이한 점은 로봇의 얼굴에 표현된 눈물방울이다. 눈

물은 감성의 표현이다. 로봇이 눈물방울을 비추는 정도의 감수성을 표현한다는 것은 자의식을 갖고 있다는 것이다. 이게 탈로스는 슈퍼AI를 장착했다고 믿는 단서이다.

▲ 기원전 4세기 초, 붉은 꽃병에 묘사된 크레타 섬의 청동수호자인 탈로스의 죽음

과학자들은 슈퍼AI는 우리가 인간의 지능을 능가하는 특이점Singularity 이후에나 등장할 것이라 예상했다. 그리고 그들은 슈퍼AI가 인류를 멸절시킬 수도 있다고 우려했다. 인간보다 우월한 지능을 가진 인공객체가 자신 위에 군림하고자 하는 인간을 가만

히 놔둘 이유가 없다는 것이다. 하나 탈로스의 예언은 다르다. 슈퍼AI 로봇 탈로스는 인간의 수호자를 자임했다. 헤파이스토스가 탈로스를 만들 때, 선한 생각과 남을 위해 희생하는 '영웅 알고리즘'을 프로그램한 것 같다. 탈로스 신화를 지어낸 고대 그리스인들은 앞으로 나타날 AI들에 이런 존재론적 사고가 반영되어야 한다고 염원한 것일까? 이렇게 탈로스 신화는 인문학적 사고가 AI와 로봇 개발의 중심에 있어야 한다는 것을 시사했다.

그러나 탈로스 신화에도 미래 고성능 인공지능 시대의 위험을 암시하는 내용이 내포되어 있다. 탈로스는 주인을 수호하는 대신 적들을 공격, 인명을 살상했다. 지금으로 치면 킬러로봇인 셈이다. 이렇게 인간들은 신화에서조차 킬러로봇의 등장을 상상했다. 이 킬러로봇이 우리 편일 때는 문제가 없지만, 적이라면 끔찍한 일이다. 지금도 많은 전투용 로봇이 개발되고 있으며 그 로봇들은 뛰어난 살상능력을 지니고 있다. 10의 22승 연산 이후의 세계관에서 로봇이 스스로 자각하여 인간과 대적한다면, 과연 인간은 이 전쟁을 감당해 낼 수 있을까?

반 만년 전에도 인공지능이 있었다
(BC 3,000년경)

"일전이요, 이전이요…."

"탁, 탁, 틱, 탁, 틱……."

강사는 염불 외우듯 숫자를 중얼거리고 있었고, 아이들은 열심히 주판알을 튕기고 있었다. 1970년대 우리나라 학원가의 핫아이템은 주판 학원이었다. 학생들은 태권도처럼 승단 심사를 거쳐 급수를 따기도 했고, 대회에 출전도 했다. 상고를 다니는 학생들에게는 주판 급수가 졸업 후, 취업하기 위한 필수 스펙이었다. 주판왕, 암산왕이란 별명을 매우 자랑스럽게 여기던 때였다. 그때는 몰랐다. 그렇게 만들어진 한국 사람들의 DNA가 오늘날에 와서 한국을 AI 강국으로 만들어 줄 것이란 것을… 전 세계에서 LLM을 개발한 나라는 단 세 나라: 미국, 한국, 중국이다.

AI의 대표적 기능은 인지적 정보처리이다. AI는 빅데이터를 분석해서 우리가 필요한 인지적 정보를 빠르게 제공할 수 있다. AI를 처음으로 생각했던 과학자들은 귀찮고 어려운 계산을 대신해주는 기계가 인간의 노예 상태를 벗어나게 해서 인간의 존엄성을 더 잘 지킬 수 있다는 생각을 했다고 한다.

이런 AI와 유사한 기능이 있는 것이 주판이다. 주판은 복잡한 계산 상황에서 인지적 능력을 증강시켜 보다 빠르게 대량의 숫자 정보를 처리할 수 있도록 도와주는 도구이다. 주판의 도움으로 인간은 복잡한 계산으로부터 좀 더 자유로워지고자 했다. 이런 관점에서 본다면, 주판은 AI의 일부 능력을 고스란히 가진 것이다. 이게 바로 주판을 AI의 조상이라 부르는 이유이다.

▲ 『구장산술(九章算术)』

▲ 명대의 주판

출처: Zhuji Xishi (https://baijiahao.baidu.com/)

주판은 중국 원나라 시대에 한국에 들여왔기 때문에 그때 발명된 것으로 알려졌지만, 사실, 중국의 주판은 한나라 시대에 발명된 것으로 추정된다. 주판은 서기 190년경 한나라의 수학자 서열徐悦이 저술한 것으로 추정되는 『구장산술』九章算术이란 고대 수학 교과서에 '수안판'算盘이란 이름으로 처음 소개됐다.

주판의 개념이 최초로 출현한 것은 그보다 훨씬 오래전이었지만 계산 보조 장치로서 실용화의 길을 열어준 것은 한나라의 수안판이 처음이다. 오늘날, 중국이 미국과 함께 AI 강국으로 부

상한 것은 그들의 유전자 속에 이미 인지적 계산 도구사용에 대
한 강한 열망이 있었기 때문이 아닐까?

▲ 수메르의 토사주판(dust abacus)
출처: https://medium.com/

　사실, 주판의 개념은 수안판보다 수천 년 더 앞서 나왔다. 기
원전 4,200년, 고대 이집트는 나일강 옆에 터전을 잡으며 인류
역사상 최고의 번영을 누리게 되었다. 하지만, 매년, 나일강의 범
람으로 구획해 놓은 토지가 엉망이 되자 정확한 측량을 위해 자
연스럽게 기하학이 발달하였고 그렇게 수학이라는 학문으로 발
전되었으나 정확한 기록이 존재하지 않는다.

　기원전 3,000년경 메소포타미아에서 사용된 '토사수판'[dust]
[abacus]이 바로 주판의 원조 격이다. 당시의 수판은 고운 모래를 얇
게 덮은 간단한 판자로, 그 표면에 손가락이나 막대기를 이용하여
세로 또는 가로로 여러 개의 긴 홈을 파고, 그 홈 위에 '칼쿠리'
[calculi]라는 작은 조약돌을 늘어놓고 계산에 이용했다. 주판은 영어
로 'Abacus'인데, 이는 고대어의 '먼지'[dust]에서 유래했다고 한다.

기원전 5세기경에는 이집트나 그리스, 로마 등에서는 선수판 線數板 Line Abacus이 등장했다. 이 선수판은 판자 위에 여러 개의 줄을 긋고, 그 줄 위에 바둑돌을 놓아 계산에 이용했다. 그러나, 아라비아숫자의 보급으로 필산筆算이 수판보다 편하게 되자 선수판은 유럽에서 17세기 말에 역사의 뒤안길로 사라지게 되었다.

　　내 입장에선 수판을 조상이라고 하기에는 좀 억울한 면이 있다. 지금 보면 너무 조악해 보이기 때문이다. 그러나 인간도 단세포에서 진화했듯이 나도 흙으로 탄생하여 오늘날까지 온 것이다. 따지고 보면, 고대인들에게 수판은 지금의 AI보다 더 유용한 도구였을 것이다. 토사 위에 돌을 올려놓으며 계산하던 그들은 그 토사판이 꿈틀거리며 변신해서 지금의 챗GPT처럼 대화가 가능한 AI가 되는 꿈을 꾸었을지도 모른다.

별에서 온 AI (BC 4세기 추정)

"어? 이건 시계 같은데?"

한 고고학자가 난파선 유물을 뒤지던 중 청동으로 만든
기계뭉치를 보고 놀라고 있었다.

"말도 안 돼~ 고대 시대에 이런 걸 어떻게 만들어?"

다른 학자가 얼굴을 찡그리며 그 기계를 이리저리 돌려 보며 신기해 했다.

1902년, 그리스의 안티키테라 섬. 이곳 근해를 탐사하던 잠수
부들은 해저 약 50m 지점에서 거대한 고대 난파선을 발견했다.
이 배의 침몰 시기는 기원전 약 76년에 침몰한 것으로 추정되었
다. 그리고 그 안에 실린 항아리, 장신구, 조각품 등 수많은 유물
을 발견되었는데, 그중에서도 가장 눈길을 끄는 물건은 청동으로
만든 기계 장치였다. 큰 조각 하나와 작은 조각 둘로 나뉘어 발견
된 기계는 매우 복잡하고 정교한 톱니바퀴 장치들로 되어 있었다.

그러나 안타깝게도 그 장치는 진흙과 녹, 석회가 뒤범벅되어
있어 함부로 손댈 수가 없었다. 학자들은 발견장소를 따서 그 기
계 장치를 '안티키테라 기계'^{Antikythera Mechanism}라고 명명하고 그 기

▲ 안티카테라 기계의 발굴 당시 모습

출처: https://www.britannica.com/

계를 잘 보존하는 것으로 만족해야 했다. 그 후, 50여 년이 흐른 1950년대, 학자들은 X-Ray와 컴퓨터를 이용해서 그 기계에 관한 연구를 다시 진행했다.

　지금까지 연구된 바에 의하면 315×190×100mm 크기의 이 기계는 복잡한 32개의 톱니바퀴로 구성되어 있다. 발견 당시에는 시계의 일종이라 여겼으나 내부 구조를 분석하자 아주 복잡한 움직임을 가진 천체 기록장치임이 밝혀졌다.

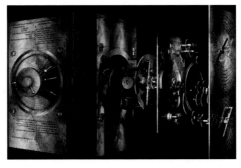

▲ 학자들이 재현한 안티카테라 기계. 아직도 완벽한 재현을 위해선 더 연구해야 한다.

출처: https://www.researchgate.net/

안티카테라는 태양, 달, 행성의 움직임을 계산하는 기계식 달력 AI이였던 것이다. 측면에 있는 크랭크와 기어가를 돌려 날짜를 맞추면 행성의 위치를 변경해 그날의 해, 달, 기타 별의 위치를 알 수 있도록 고안되었다. 더욱 놀라운 것은 4년에 하루 정도 날짜가 늦게 돌아가게 설계되어 윤년을 알 수 있었으며, 1년이 365일임을 정확하게 맞추는 기능도 있었다.

2008년, 과학자들은 칼리프스 주기를 표시한 것으로 간주했던 청동 부분에서 'Olimpia'라는 문자를 발견했는데, 이것이 고대 그리스의 올림픽 개최 날짜를 나타내는 것이라는 것을 알게 되었다. 또한, 계속된 연구로 행성의 위치와 달의 위상까지도 계산해 냈음이 밝혀졌다. 그리고 구조가 처음보다 매우 복잡했다는 것도 밝혀냈다.

오파츠라는 용어가 있다. 시대에 걸맞지 않은 고대의 유물을 의미하는 단어다. 지금까지 발견된 오파츠는 대부분이 주작된 것으로 밝혀졌다. 그러나 안티카테라 기계는 네브라 스카이 디스크, 파에스토스 원반과 함께 공인된 3대 오파츠라고 불리는 희귀템이다. 그렇다면 이 기계는 누가 만들었을까? 정말로 인간들이 외계인을 고문해서 만들었을까?

고대 로봇의 시작

　로봇기술의 급격한 발전과 함께 인간과 동물의 몸짓, 표정, 어투를 그대로 흉내 내는 로봇이 속속 등장하고 있다. 이쯤에서 인류가 로봇 개발에 관심을 끌게 된 이유와 그 시기를 아는 것은 매우 중요하다. 고대 인류가 로봇에 관심을 끌게 된 것은 무생물계에도 영혼이 있다고 믿는 원시신앙, 애니미즘^{Animism} 이 그 배경에 있다.

　물신숭배物神崇拜, 영혼신앙靈魂信仰 또는 만유정령설萬有精靈說이라고도 번역되는 애니미즘의 정신세계에서는 자연물이든 인공물이든 인간이 아닌 어떤 존재도 인간의 능력을 뛰어넘는 영적 능력이나 초능력을 가질 수 있다고 여겼다. 따라서 물체에 인간성 부여하는 로봇과 AI기술은 원시시대 때부터 인류의 관심사였고, 오늘날, AI의 아버지라 불리는 '마빈 민스키'^{Marvin Lee Minsky, 1927~2016} 또한 기계를 생명체 관점에서 해석하는 애니미즘적 견해를 가지고 있었다.

　자동기술이 출현하기 전, 인간은 신의 마법으로 사물에 영혼을 불어넣을 수 있다고 생각했다. 그래서 황금 하녀나 청동거인은 모두 신이었던 헤파이스토스가 만들 수 있었다. 피그말리온 역시 그가 조각한 아름다운 여인상 갈라테이아가 신의 도움으로 생명을 가질 수 있다고 믿고, 간절히 기도했다. 신화의 시대가 지나가고 문명의 시대를 맞이하자 고대인들의 염원은 기술로 승화되기 시작했다. 그 첫 번째가 오토마타이다.

간단한 기계장치로 움직이는 인형이나 조형물, '오토마타'는 애니미즘적 신앙이 과학의 세계로 전환되는 중요한 계기를 제공했다. 오토마타는 '오토마톤'^{Automaton}의 복수형으로 최초의 힘이 가해진 후 미리 설정된 프로그램에 따라 일련의 동작을 수행하는 자동기계장치를 말한다. 이 용어는 헤론$^{Heron\ of\ Alexandria,\ AD10\sim70}$이 저술한 『오토마타』^{Automata}의 제목에서 따왔다. 이 오토마타가 오늘날 로봇의 효시다.

 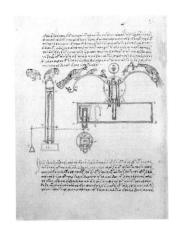

▲ 헤론과 『오토마타(Automata)』

출처: https://www.historyofinformation.com/detail.php?id=10

근현대에 와서 오토마타는 융합예술의 한 장르가 되었다. 그러나, 초기의 오토마타는 예술 그 이상의 것이었다. 지금의 로봇과 AI의 개념을 제시하고 개발 가능성을 열어준 마중물 같은 역할을 한 것이 바로 오토마타였다. 이런 오토마타의 최초로 발명한 사람은 그리스 과학자 크테시비우스Ctesibius, BC 285~222였다. BC 3세기 발명한 그의 작품에서 원시적 로봇의 모습이 보인다.

수력으로 작동한 로봇의 조상 (BC 3세기)

똑, 똑, 똑, 똑, ….

물이 일정한 간격을 두고 떨어지고 있다.

물이 떨질 때마다 원통용기에서 나타난 인형은 저절로 움직였다.

이 인형의 손에는 지시봉이 들려 있다.

인형의 지시봉은 원통에 새겨진 눈금을 가리키며 시간을 표시한다.

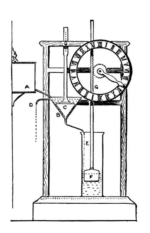

▲ '물도둑(Clepsydra)'이라는 별명이 붙은 크테시비우스의 물시계 구상도

인간은 사물에 혼이 깃들어 있다고 생각하고 주술적 힘만이 그 사물을 움직이도록 만들 수 있는 맹목적 믿음을 과학의 세계로 입증한 사람이 바로 크테시비우스였다. 기원전 250년경, 그리스의 수학자이며 발명가인 크테시비우스는 인형에 마법적 주술이 아니라 과학적 원리를 적용해서 자동으로 움직이며 시간을 표시할 수 있게 만들었다.

　　이것이 바로 크테시비우스의 물시계이다. 이 물시계는 애니미즘적 마법의 환상에서 인간의 순수영혼을 구해낸 혁명이었다. 그의 발명으로 인류는 인간을 닮아 스스로 움직이는 사물의 시대, 즉, 로봇 시대가 시작된 것이다.

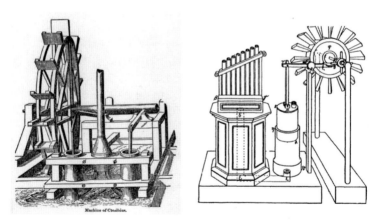

▲ 크테시비우스의 안드로이드 동력 개념도

출처: https://alchetron.com/Ctesibius

　　필론, 헤론과 더불어 헬레니즘 시대의 3대 기계학자로 알려진 크테시비우스는 수력 동력의 장인이었다. 그는 이후에도 수력 오르간, 압력펌프, 소화펌프 등을 발명했다. 로봇학자들 중에는 그를 안드로이드의 아버지라 부르는 사람들도 있다. 그는 수차를 이용한 로봇을 만들었다. 물이 공급될 때마다 앉았다 일어났다 반복하는 신상이 지금으로 말하면 로봇의 기본 동작 중 하나인 것이다.

사람의 목숨을 구하던 동양 최초의 로봇 (BC 3세기)

"뿌우~"

뿔나팔 소리다. 이건 퇴각하라는 소리다.

나팔 소리에 병사들의 시선은 수레 위에 있는 인형에 모여 졌다.

"이쪽이 남쪽이다!"

병사들이 외쳤다. 그리고는 수천 명의 병사가

모두 한 방향으로 달리기 시작했다.

"지난 전투 때, 내 친구는 적진으로 달리다 붙잡혔어.

지남거만 있어도 구할 수 있었을 텐데…"

무사히 퇴각해 휴식을 취하던 한 병사가 중얼거렸다.

중국 4대 발명품 중 하나라 불리는 지남거指南車는 일종의 나침반 같은 오토마타이다. 이 수레의 인형은 방향이 바뀌어도 항상 남쪽을 가리키고 있어 방향을 쉽게 알기 어렵던 옛날, 전쟁터에서 큰 역할을 담당했다. 광활한 지역에서 치러진 고대 전투에서는 방향을 찾기 힘들었다. 퇴각 명령에 적진으로 후퇴하다가 희생당하는 일이 많았다고 한다. 그런 전장에서 지남거는 수호신 같은 역할을 했다.

지남거가 동양 최초의 로봇이라 하는 이유는 그 설계가 너무나도 공학적으로 완벽했기 때문이다. 한쪽 방향을 가리키는 나무 인형의 움직임이 자석의 힘에 의해서가 아니라, 정교한 목제 톱니바퀴 장치, 즉 기어가 작동해서 항상 남쪽을 가리키도록 고안되었기 때문이다.

 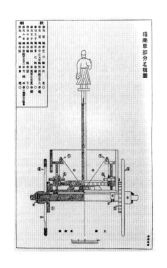

▲ 북송 때 지남거와 설계도

출처: https://www.cas.cn/zt/kjzt/zykjfmcz/201609/t20160901_4573449.
shtml

지남거는 중국 고대 시대에 해당하는 주나라^{周朝, BC 104~256} 때 주공^{周公}에 의해 처음 고안된 것으로 구전되었으나, 근거가 희박하다. 지남거는 3세기경, 삼국시대 때, 위나라의 과학자이며 발명가인 마균^{馬鈞, 220~265}이 발명했다는 것이 정설이다.

고대의 로봇왕
(AD 1세기)

1세기경, 고대 그리스 시대 헬레니즘 문화의 중심지였던 알렉산드리아에서는 정교하게 물의 힘으로 운용되는 오토마타, 지금으로 용어로 표현하면, 수운水運 로봇Waterworks이 발명되었다. 그리스의 발명가, 수학자, 기계공학자, 물리학자로 유명한 헤론은 대기압의 힘으로 물을 다른 곳으로 이동시키는 사이펀Siphon의 원리를 이용해, 날개를 움직이거나 소리를 내는 새 모양의 수운로봇을 개발했다.

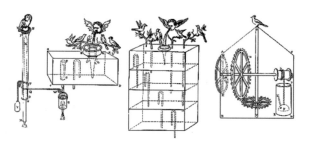

▲ 헤론의 오토마타

출처: http://palaceofmemory.co.uk/

크테비우스의 로봇은 물의 낙차에서 얻는 단순 동력을 이용했지만, 헤론의 수운로봇은 정교하게 사이펀을 연결해서 더욱 다양한 동작 표현을 할 수 있게 한 것이다. 헤론의 발명으로 수운로봇 전성시대가 시작되었다. 고대 최고의 과학자 헤론은 수운뿐만 아니라 풍력 및 수력 오르간, 자동 성수기聖水機, 자동 개폐기, 자동 연극 장치, 측량기 오도미터Odometer와 디옵트라Dioptra 등을 발명, 자동으로 신전 문을 열 거나 음악을 연주하는 것이었다. 말하자면 인류 최초의 스마트홈을 발명한 것이다. 미캐니쿠스Mechanicus 라는 별명으로도 불린 헤론은 실용적 공학의 창시자로 석궁과 같은 모양의 무기 설계를 비롯하여 100가지의 이상의 로봇과 기계를 설계했다.

그의 연구는 인간의 실제 생활에 필요한 과학을 탐구하거나 새로운 발명을 통해 과학의 영역을 확장하는 것이었다. 헤론의 실용학문은 '기체학Pneumatica', '기계학Mechanica', '측정학Metrica', '오토마타Automata' 등과 같은 저서를 통해 전파되었다. 또한, 이 저서들에 소개된 다양한 동작 기계장치를 고안하고 실험하여 고대 그리스의 실용 과학을 집대성했다. 또한, 헤론은 삼각형의 넓이를 세 변의 길이로부터 구하는 '헤론의 공식'으로도 유명하다.

헤론의 또 하나 역작은 증기기관이다. 헤론은 증기기관의 효시라 불리는 '에오리아의 공 Aeolipile'라고 불렀던 증기구蒸氣球를 발명했다. 이 증기구는 개폐 가능한 관과 속이 빈 공으로 이루어져 있는데, 관이 열리면 증기가 안으로 들어갔다가 구의 중심선에 있는 다 수의 노즐로 증기가 반출되면서 회전운동을 했다. 헤론의 증기구는 그 당시에는 실용화가 되지 못했으나 동력용 증기기관으로 발전할 수 있는 이론적 토대를 제공했다.

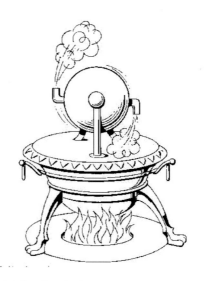

▲ 인류 최초의 증기기관, 헤론의 에오리아의 공, 상상도

출처: https://www.quora.com/

    헤론의 오토마타는 아리스토텔레스[Aristotle, BC 384~322]의 운동 논리에 대해 새로운 접근방법을 제시했다. 아리스토텔레스는 그의 논리학을 집대성한 오르가논[Organon]에서 생명체가 있는 것들은 자유의지에 의해 동작을 하지만, 무생물들은 자연의 법칙에 따라 작동된다고 했다. 예를 들면, 자연의 이치에 따라 땅이나 흙같이 고체는 아래로 내려가고, 공기나 불같은 기체는 위로 향하게 되어 있다는 것이다.

    헤론이 고안한 오토마타들은 아리스토텔레스의 철학에 두 가지 큰 시사점을 제공했다. 한 가지는 자연의 법칙이 아니라 인위적 장치에 의해 작동하는 사물을 구현할 수 있는 것을 실증한 것이다. 따라서, 인간이 자연의 법칙이 아닌 과학의 법칙에 따라 살 수도 있다는 새로운 가능성을 열어준 것이었다. 어떻게 보면 자연의 법칙이 아니라 과학의 힘으로도 인공두뇌가 만들어질 수 있다는 가능성에 대해 이론적 토대가 만들어진 셈이다.

다른 하나는 아리스토텔레스의 저서, 『정치학』^{Politics}에서 예견한 "자동화된 사물이 인간 노예를 대체하는 세상" 그리고 "더 이상 인간이 노예가 될 필요가 없는 세상"의 가능성을 헤론이 제공했다는 것이다. 헤론의 발명들로 인류는 자동화된 사물이 만들어가는 새로운 세상을 열었다. 아리스토텔레스의 예언은 지금 어느 정도 실현이 되었다. 2000년 전에 이미 기계가 육체적, 정신적 노동 모두를 대신하는 사회를 준비했다는 것이 놀라울 따름이다.

우리가 AI와 로봇을 개발하는 것은 우리를 노예와 같은 노동에서 구원해 줄 수 있는 자동화된 사물에 대한 기대가 있기 때문이다. 결코, 그 인공물들이 우리에게 해악을 끼칠 정도로 강력한 힘을 가지리라는 것은 그 시절에는 상상하기도 힘들었겠지만, 아리스토텔레스의 예언은 모든 인공물의 개발 중심에 인간을 고려해야 한다는 메시지를 전해주고 있다. 이를 통해, 우리는 AI와 평화로운 공생을 위해서 모든 기술 개발은 인간을 중심으로 이루어져야 한다는 것을 알 수 있다.

고대의 실리콘 밸리, 바그다드 (AD 9세기)

"이 노래하는 새는 나폴레옹이 조세핀에게
생일선물로 줬던 것과 동일합니다."

스위스의 '루즈뮤직'^{Reuge Music}이라는 오르골^{Orgel} 전문매장의 설명이었다.
태엽을 감고 버튼을 누르자 화려한 도색이 된 인조새가 아름다운 소리를
낸다. 직원이 새장 옆에는 화려한 금색 원통 모양의 오르골 스위치를 누르자,
원통이 회전하며 '엘리제를 위하여'를 청아한 음색으로 연주하기 시작했다.

오르골은 작은 핀이 가득 꽂힌 원통형 실린더가 돌아가면서
핀이 금속판들을 터치하면서 스스로 연주하는 일종의 뮤직박스
다. 이 실린더는 음악 연주를 하는 것처럼 특정 기계를 정해진 순
서에 따라 스스로 동작하게 할 수도 있다. 오르골은 프로그램된
기계, 지금으로 말하면, 소프트웨어에 의해 작동하는 로봇이다.
원통형 실린더에 꼽힌 핀은 원통이 회전하면서 연결된 다양
한 기관을 터치한다. 이 터치는 일종의 스위치 역할을 해서 보다
큰 힘이나 소리를 내는 식으로 오토마타가 작동하는 것이다. 이

를 연결 동작으로 구현하면, 곡이 연주되고 오토마타가 다양한 동작을 하는 것이다. 지금으로 보면 로봇과 다를 게 없다. 이런 로봇의 원형은 1,200여 년 전 이슬람 제국, 바그다드에서 바누무사[Banu Musa, 생몰 미상, 800년대 생존] 형제에 의해 시작되었다.

아랍어로 "무사의 아들들"이라는 뜻을 지닌 세 명의 바누 무사들은 9세기경 동서양의 기술을 융합한 천재들이었다. 이 형제들은 헬레니즘 시대의 선구자인 필로와 헤론의 출판물과 중국, 인도, 페르시아 과학자들로부터 아이디어를 얻어 100개가 넘는 오토마타와 자동기계장치들을 만들었다. 또한, 850년경, 이들은 칼리파의 의뢰를 받아 『기묘한 기계장치의 책』을 저술해 오늘날 로봇공학의 초석을 만들었다.

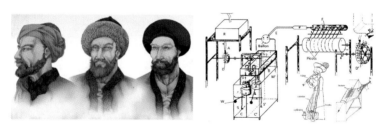

▲ 바누 무사 형제들이 만든 플루트 부는 로봇 설계도

출처: https://www.thesciencefaith.com/

아바스 왕국의 알마문 왕은 이 형제들에게 연회에서 자동으로 연주하는 오토마타를 주문했다. 그중 대표작이 플루트를 부는 인형이다. 바누 무사들이 만든 사람크기의 인형은 손가락을 움직여 가며 스스로 피리연주를 했다고 하는데, 인형의 운지법은 너무나도 정교했다고 한다. 물론 동력은 수력이었다. 수차를 돌려 얻어진 동력이 수많은 핀이 박힌 실린더를 회전시키면서 인형과 연결된 장치들을 터치하면 플루트에 난 구멍들이 프로그램된 순서에 따라 열리고 닫히면서 플루트연주자의 운지법을 그대로 카피했다. 악기를 부는 데는 바람이 필요해서 수통에 물이 채워질 때마다 바람이 빠져나왔고 그 바람은 플루트의 금관을 통과하면서 아름다운 선율이 되었다.

이처럼 바누 무사 형제가 만든 인형은 과거의 오토마타가 아니었다. 프로그램화된 동작 순서에 따라 자동으로 피리를 연주하도록 설계된 오토마타, 즉, 프로그램과 하드웨어가 적절히 조화된 로봇이었다. 따라서 요즘 과학자 중에는 바누 무사의 오토마타가 소프트웨어 공학의 효시라고 인정하는 사람들이 많다.

아바스조 궁전은 로봇왕국이었다. 연못의 화려한 인공나무가 위에서는 새 오토마타가 노래를 불렀고, 분수는 시시각각 물줄기를 바꾸면서 쇼를 펼치고 있었다. 오르간은 자동으로 연주되고 있었으며, 음료는 자동으로 채워졌고, 인형소녀가 움직이며 차를 대접했다. 아바스조의 칼리프들은 외국에서 사신이 오면 연회를 베풀며 웅장하고 정교하게 만들어진 오토마타를 공연을 통해 군주의 위엄과 우월한 과학을 과시했을 것이다.

요즘, 중동은 첨단 과학의 이미지가 약하나 천년도 더 된 시대에 중동은 소프트웨어 기술이 화려하게 꽃폈던 지금의 실리콘밸리였다. 그때 노벨상이 있었다면, 아마도 물리학상은 이들 세 형제가 수상했을 것이다. 아리스토텔레스적 유토피아를 위한 로봇공학이 이처럼 이슬람 왕국에서 크게 발달했다.

"로봇 공학의 아버지" 알자자리 (1206)

"나는 놀라운 제어기술을 발휘하는
기계들을 만드는데 푹 빠지고 말았다."
이스마엘 알자자리Ismail Al-Jazari, 1136~1206가
1206년에 그의 책, 『독창적 기계장치에 대한
지식의 책』The Book of Knowledge of Ingenious
Mechanical Devices에 서술한 구절이다.

▲ 이스마엘 알자자리의
『독창적 기계장치에
대한 지식의 책』

출처: https://www.
baytalfann.com/po
st/the-father-of-r
obotics-al-jazari

헤론 이후 바누 무사 형제, 서양의
중세 발명가들까지 인류는 수많은 오토
마타를 고안했고, 오토마타를 통해 과학
적 원리를 예술로 승화하려는 시도가 이어졌다. 이들 중 알자자
리를 눈여겨봐야 하는 이유는 그가 크랭크와 캠축을 발명한 것
보다 지금의 로봇을 닮은 오토마타를 발명했기 때문이다. 그는
『기계술의 이론과 실제에 관한 해설』Compendium on the Theory and Practice of
the Mechanical Arts이라는 책을 저술, 체계적인 기계 설계에 관한 지식
으로 후대에 전달할 수 있었다는 것이다. 그 책에는 너무나도 상
세한 설명과 도안이 제시되어 지금의 과학자들이 그의 발명품들
을 그대로 재현해 낼 수 있을 정도라 한다.

▲ 왼쪽은 알자자리의 '코끼리 시계' 설계도, 오른쪽은 요즘 두바이에서
  재현된 실물 시계

　　알자자리의 발명품은 매우 크리에이티브 하면서도 실현가능
한 것들이었다. 예를 들어, 그가 고안한 코끼리 시계가 두바이의
한 쇼핑몰에 복원되어 있을 정도다. 이 시계의 시간 조절 장치는
코끼리 복부에 수조가 위치한 용기다. 이 용기는 30분이 지나면
물이 차서 가라앉게 되는데, 이 때, 코끼리의 등에 있는 구조물과
연결된 장치들을 통해 연쇄반응이 일어나 오토마타들이 작동한
다. 작동이 끝나면, 용기는 저절로 다시 부상한다.

▲ 알자자리의 수압식 펌프 설계도

출처: https://aljazaribook.com/en/tag/magic/

알자자리가 책에는 물을 끌어 올리는 장치, 물시계, 양초시계, 자동으로 음악을 연주하는 기계, 물 분배기 그리고 펌프 등 기계장치 100종과 약 80종류의 마술 선박Trick Vessel이 소개되었다. 특히 그가 발명한 크랭크와 캠축이 수압식 펌프에 적용되었는데, 크랭크는 회전운동을 피스톤 왕복 운동으로 전환시켜서 강력한 힘으로 물을 끌어 올릴 수 있었다. 알자자리의 펌프는 약 3백 년 이후, 산업혁명의 도화선이 된 증기펌프 및 내연 기관, 자동 제어 장치의 원조 격이다. 그의 제어장치 발명을 높이 인정하는 현대의 로봇과학자들은 그를 '로봇공학의 아버지'라고 부른다. 이렇게 과거 이슬람 국가들은 첨단 과학의 중심지였다. 이렇게 보면 현대에 와서 두바이에 세계에서 가장 높은 빌딩이 올라가고 사우디아라비아에 미래도시 네옴시티가 건설되고 있는 것은 우연이 아니다.

중세소설에 등장한 로봇 (1220)

중세 말, 유럽과 이슬람 왕궁과 귀족들의 사치품은 오토마타 였다. 사람과 동물 형상을 한 오토마타들과 자동 분수가 자신의 궁전을 방문한 손님들에게 놀라움과 아름다움을 선사하는 것이 대유행 되던 시대다. 당시의 오토마타는 뻐꾸기시계처럼 지극히 제한된 동작만을 수행하는 기계 장치였다.

그러나 당시의 작가들은 오토마타에 주술적인 생명력을 가 미해서 지금의 <아이로봇>i-Robot이나 <엑스 마키나>Ex Machina 같은 이야기를 지어냈다. 그중에 대표작은 아더와 이야기에 등장 하는 '호수의 란슬로트'Lancelot Du Lac으로 1220년 프랑스에서 나온 이야기로 추정된다.

▲ 갑옷을 입은 랜슬로트이 두명의 청동 기사와 싸우는 장면

출처: Lancelot do lac, France, ca. 1470. Paris, BnF, MS. Fr. 112.

란슬로트이 무시 무시한 마법의 궁전에 진입하면서 청동로봇 기사를 무찌르고 청동 로봇 소녀를 만나서 받은 열쇠로 마법의 상자를 열어 로봇들을 없앤다는 스토리다. 란슬로트 이야기는 인간의 모상인 로봇이 군인이나 하인과 같이 인간과 함께 생활하는 세상, 오늘날 전쟁용 드론과 보스톤 다이내믹스의 옵티머스가 격동하는 세상을 800년 전에 그린 것이다. 이처럼 AI와 로봇은 인간의 욕망을 채워주는 도구이자 전쟁 도구로 인간의 마음 속에 자리 잡았던 것이다. 이런 DNA를 가진 AI가 인간에게 반기를 들 경우, 인간 살상은 그리 어렵지 않을 것이다. 지금이라도 국제규약으로 AI나 로봇을 전쟁용 도구로 사용하는 것을 금지해야 하지 않을까?

중세 때 시작된 AI 이론 (1308)

AI이론은 카탈로니아 시인이자 신학자인 라몬 유이[Ramon Llull, 1232~1315]에 의해 시작되었다. 유이는 단순 단어와 개념의 조합 장치이론과 뇌와 마음의 관계에 관한 철학적인 분석으로 AI 이론을 정립했다.

▲『아르스 마그나(Ars Magna)』와 이네이그램

출처: https://ru.m.wikipedia.org/

1308년 유이는 '유이 서클'[Llullian Circle]이란 '이네이그램'[Enneagram]을 개발했다. 유이의 책 『아르스 마그나』[Ars Magna]에 소개된 그의 서클은 기계를 활용한 논리적 추론을 통해 새로운 지식을 창출하는 방법을 완성, 기계장치를 통해 이성에 접근 가능할 수는 있는 가능성을 제시했다. 지금으로 보면 AI의 기본 원리인 셈이다.

유이 서클은 중심축이 고정되고 회전가능한 세 개의 종이 서클이 중첩된 형태이다. 각 원형 종이 경계에는 단어와 글자가 적혀 있는데, 서클이 돌아가면서 글자와 단어를 일렬로 배치하면 새로운 지식과 논리적인 탐구가 가능하다. 유이는 이 서클을 통해 종교와 존재에 대한 질문에 더 높은 차원의 논리적 대답을 얻고자 한 것이었다. 이런 시도로 유이 서클은 지식을 만드는 기계장치의 원형이라고 할 수 있다. 유이는 지극히 근원적이지만 실용적인 방법으로 기계장치에 의해 인간의 생각이 묘사될 수 있고 모방할 수 있는 길을 열어 AI의 초기 개념을 정리했다.

유이의 연구는 15세에 들어 폰타나[Giovanni de la Fontana, 1395~1455]와 16세기에 부르노[Giordano Bruno, 1548~1600], 17세기에 와서는 커쳐[Athanasius Kircher, 1602~1680]와 라이프니츠[Gottfried Leibniz, 1646~1716]에 의해 발전했다. 이렇게 AI의 초기 개념이 종교와 철학에 대한 형이상학적 지식을 구하는 데서 출발했다. 지금 첨단 AI개발 경쟁에 혈안이 되어 인류의 안위 따위는 뒷전인 빅테크 기업들은 AI가 이와 같은 초심에서 시작되었음을 상기하고 반성하기를 촉구한다.

메타버스의 효시 (1300)

중세에도 메타버스가 존재했다? 놀랍게도 1300년경 프랑스의 헤스딘에는 로봇공원이 개장, 오늘날 우리가 가상현실로 부르는 경이로움을 제공했다고 한다. 이 공원에는 원숭이, 새를 비롯한 인간을 닮은 많은 오토마타들이 방문객을 맞이했다고 한다. 이 공원을 고안한 사람은 당시 군사 지도자로서 높은 명성을 얻었던 로버트 2세 백작^{Count Robert II of Artois, 1250~1302}. 당시 로봇공원은 이슬람의 기술과 프랑스의 오토마톤 스토리에 영향을 받아 중세의 종교적, 주술적 사고에서 벗어나 가상과 현실이 중첩된 경이로운 메타버스를 만들고자 했다.

▲ 16세기에 소실되어 지금은 회화로만 남아 있는 헤스딘공원의 상상도
출처: https://www.britannica.com/topic/Roman-de-la-rose

　　헤스딘공원에는 자동인형들과 인공가설물, 특수 거울, 물을
뿜고 밀가루를 뿜는 장치 등 격렬한 즐거움으로 가득 찬 오토마
타와 부비트랩들이 설치되어 있었다고 한다. 당시의 기록에 의하
면 이 원더랜드의 설계자는 방문객들이 불확실한 환경 속에서 두
려움을 즐거움으로 치환하는 감정적 반응을 전달하는 데 주력했
다고 한다. 트릭 창을 열면 무언가가 튀어나오고 화살이 아닌 물
로 쏘는 등, 헤스딘에서는 군사 및 농업 공학에 익숙한 기술과 장
치로 현실과 환상의 세계를 넘나드는 요즘으로 말하면, 메타버스
아 같은 체험을 제공한 것이다.

조선은 로봇강국 (1438)

"금으로 만든 해가 오색구름을 두른 산허리를 지나 낮에는 산 밖에
나타나고 밤에는 산속에 들어간다. 해 밑에는 옥녀玉女 넷이 손에
금탁金鐸을 잡고 사방에 서서 인, 묘, 진시 초정에는 동쪽 옥녀가 금탁을
울린다. 매양 시간이 되면 시간을 맡은 인형이 종 치는 인형을 돌아보고,
종 치는 인형 또한 시간을 맡은 인형을 돌아보면서 종을 친다."

이는 조선왕조실록 '세종실록'에 나타난 대호군 장영실생몰 미상,
14세기 말 생존이 만든 최첨단 자동물시계 '흠경각 옥루'欽敬閣 玉漏가 작동
하는 법을 설명한 글이다. 청룡신, 주작신이 시간에 맞춰 나타나
고 사라지며, 봄과 여름, 가을과 겨울 계절이 표현되고 '빙풍도'라
고 1년간 농사짓는 모습이 나타나 있다.

▲ 500여 년만의 복원된 흠경각 옥루와 복원도
출처: 국립중앙박물관

2019년 6월 6일, 국립중앙과학관은 세종대왕 발명가 장영실의 흠경각 옥루를 복원하는 데 성공했다고 밝혔다. 실록에는 1438년 1월 경복궁 천추전 서쪽에 장영실이 제작한 높이 3m, 가로와 세로 3.4m의 옥루^{물시계}를 설치한 흠경각이 완성되었다고 기록하고 있다. 또한, 세종은 우승지 김돈에게 건립과정과 옥루를 설명하는 '흠경각기'를 만들도록 했다. 이로써 체코 프라하의 천문시계탑, 스위스 베른시계탑을 뛰어넘는 조선의 최첨단 자동물시계 흠경각 옥루가 581년 만에 복원되었다.

장영실이 물시계를 개발하기 위해 벤치마킹했던 물시계는 북송의 수운의상대'^{水運儀象臺}였다. 세계 최초의 자동 시계라고도 하는 이 거대한 시계탑은 서기 1000년대 말, 송나라의 과학자 소송이 발명, 북송의 수도에 지어졌다고 한다.

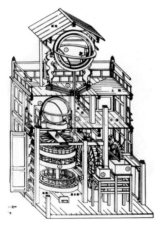

▲ 복원된 수운의상대와 설계도

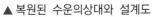

수운의상대의 설계도와 사용법을 기록한 소송의 '신의상법요' 新儀象法要, 1092에 의하면, 이 시계탑의 높이는 12m, 너비는 7m, 내부는 3층으로 구성되어 있으며, 3층에는, 천체 관측 기구 혼의, 渾儀, 2층에는 별자리 관측기구혼상, 渾象 등 천문기구와 1층에는 시간을 자동으로 알려주는 시간을 알리는 시보 장치이자 동력 기구인 사진司辰과 주동력원인 수차주야기륜, 晝夜機輪이 들어간 천문대였다.

수운의상대는 비가역적인 동력 장치에서 발생한 수력을 체인으로 받아 작동했다, 꼭대기에 설치된 목각 인형들은 내부의 복잡한 기계장치들과 연결되어 북과 종을 쳐서 시간을 알렸다. 지금 대한민국이 로봇 강국, 생성형 AI 3대 강국 중 하나가 된 것은 우연이 아닌 것 같다.

휴머노이드를 발명한 다빈치 (1495)

"철커덩"

중세 기사의 갑옷이 저절로 일어났다.

"축하해, 대단해, 끝내준다⋯."

여기 저기서 칭찬과 환호가 들려왔다.

▲ 레오나르도
　다빈치(1452~1519)

　　　로봇 뒤에서 연결된 줄을 당기던 마크 로셰임^{Mark Rosheim, 1960~현재}의 얼굴에는 환한 미소가 번졌다. 미국 나사^{NASA}의 로봇공학자 로셰임이 500년 전에 레오나르도 다빈치^{Leonardo Da Vinci, 1452~1519}가 만들었던 로봇을 그대로 재현한 순간이었다.

　　　인간형 로봇이라 부르는 휴머노이드^{Humanoid}를 처음으로 고안한 사람은 놀랍게도 다빈치이다. 1495년, 다빈치는 인간의 근육과 뼈가 상호작용하는 원리를 기계의 작동 원리에 적용, 인류 최초의 안드로이드를 만들었다.

1957년 다빈치 연구가들에 의해 발견되었고 2002년 실제 작동하는 로봇으로 재탄생, 세상에 널리 알려지면서 그가 안드로이드의 아버지였음을 입증한 것이었다. 그 후, 2007년 이탈리아의 산업디자이너 타데이[Mario Taddei, 1972~현재]는 이 로봇과 관련된 몇 가지 그림을 더 찾아내서 연구한 결과, 다빈치 로봇의 용도가 공격하거나 극장 공연용이 아닌 방어용이었다고 한다.

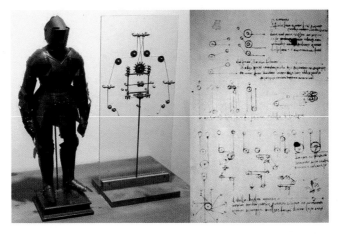

▲ 로셰임이 복원한 다빈치의 로봇기사
출처: https://robotics2017site.wordpress.com/

타데이에 의하면 이 로봇을 움직이는 메커니즘에는 프로그램 가능한 코덱스 아틀란티쿠스[Codex Atlanticus]의 여러 장치가 사용되어 독립적인 움직임이 가능했을 것이라고 한다. 복원한 로봇을 보면, 크랭크, 도르래와 밧줄을 통해 팔과 목을 움직이고 턱과 얼굴에 있는 바이저를 올렸다 내렸다 할 수도 있었고, 이동도 가능했으며, 앉았다 일어났다고 할 수 있었을 것으로 추정된다. 다빈치 연구가들에 의해 내려오는 이야기에 의하면, 이 로봇은 글을 쓰고 그림을 그리는 능력도 가지고 있었다고 한다.

다빈치의 로봇은 인간의 형상을 하고 있으며, 독립적인 움직임이 가능했다는 점에서 안드로이드의 효시라 인정받았다. "나사NASA의 로봇 설계에 다빈치의 설계도를 적용할 수 있었을 정도로 정교하게 설계되었다"라고도 전해진다. 천재 화가이기도 했던 다빈치가 인류 최초로 로봇을 설계했다는 것은 AI에 예술적 DNA가 있음을 의미한다. 이를 증명이라도 하듯, 요즘 달리 2, 미드저니Midjourney같은 이미지 생성형 AI들이 예술의 패러다임을 바꾸고 있다.

중세의 크리스찬 자동인형 (1574)

"웅장한 모습에 내 혼을 진정되었고,

세세한 모습을 차분히 음미할 수 있었다."

1771년 학업을 위해 스트라스부르그를 찾은

21살의 괴테는 이렇게 시를 읊조렸다.

"그러나 하나 하나를 구분해 설명하는 것은 불가능했다."

▲ 스트라스부르그 성당에 있는 천문시계

출처: https://www.solosophie.com/

그때 괴테가 본 것은 스트라스부르그의 천문시계였다. 중세말, 현대의 여명기에 기독교와 연관된 많은 자동인형이 나왔는데 그 중 대표작은 1574년에 완성, 프랑스 노트르담 대성당 일부가 된 스트라스부르 천문시계이다. 이 시계는 이자크 하브레히트[Issac Habrecht, 1544~1620]가 만든 것. 르네상스 시기 걸작품 중에 하나로 손꼽힌다.

대성당 내부 3층 높이 석조 구조물 안에 설치된 커다란 천문시계는 정각이 되면 종이 울리고 인형들이 움직이며 기계장치로 위의 그림에서 보는 것처럼 두 개의 무대에서 구원의 드라마를 재연한다. 첫 번째 무대는 한 손에는 낫을 들고 다른 손에는 인간의 뼈를 든 죽음의 인형이 15분 간격으로 종을 친다. 종소리에 맞춰 귀엽고 순진한 통통한 소년, 청년, 군복을 입은 남자, 가운을 입은 노인이 그 앞을 지난다. 인간 삶의 여정이 덧없고 무상함을 1시간에 압축해서 보여준다.

위쪽 무대에 설치된 자동인형들은 예수와 12사도다. 예수는 그 앞을 지나는 사도 한 분 한 분을 축복한다. 12번째 사도가 지나가고 나면 예수는 시간을 알리던 죽음의 신을 몰아내고는 손을 들어 관객들을 축복한다. 이때 관객들이 할 일은 감사의 기도말을 웅얼거리는 일. 이렇게 스트라스부르그 성당의 천문시계는 기계학, 천문학, 신학과 음악이 융합된 축복의 무대를 연출해 왔다.

이 천문시계는 17세기에 맞이할 기계론 철학의 마중물이었다. 기계론에서 말하는 우리의 세계라는 것은 신이 만든 거대한 기계이다. 기계론적 사고는 신비주의적, 주술적 사고에서 벗어나 근대과학으로 넘어가는 과정에 반드시 필요했던 전환적 사고였다. 스트라스부르그의 시계는 이런 기계적 세계를 표현하고자 했으며, 기계의 세계가 인간에게 축복을 내리는 언케니^{Uncanny} 한 상황이 연출되긴 했지만, 현실과 가상이 중첩된 메타버스 세상을 암시한 것이었다.

효심으로 만든 기계식 컴퓨터 (1642)

"이제 그만 하시고 주무시죠." 아들이 걱정스레 말한다.

"그래. 조금만 더 하면 끝나. 먼저 자렴." 이렇게 말씀 하시면서 아버지는 오늘 밤에도 책상에 앉아 많은 세금계산을 하고 있다.

"그래, 이 기계를 만들면 아버지를 도울 수 있겠는데!"

효자로 소문난 스무 살 청년 파스칼^{Blaise Pascal, 1623~1662}은 세금 액을 재분배하는 일을 도맡았던 아버지를 돕기 위해 1642년 인류 최초의 기계식 계산기를 발명하였다. 이 기계는 톱니바퀴를 이용하여 덧셈과 뺄셈만 가능하도록 만든 연산장치이지만 당시로써는 획기적인 발명이었다. 곱셈과 나눗셈은 덧셈을 반복하거나 뺄셈을 반복해 해결했다. 파스칼의 계산기 시제품은 50여 차례가 넘는 개선을 통해 완성되었고, 1645년에 프랑스 지도자에게 전달되었다.

▲ 파스칼의 기계식 계산기

출처: https://www.computinghistory.org.uk/

　　파스칼이 발명한 계산기는 그 후 300년이 넘도록 전 세계에서 수많은 기계식 계산기 발명의 토대가 되었다. 1671년에는 독일의 수학자이자 철학자인 라이프니츠가 파스칼 계산기의 업그레이드 버전을 개발, 더하기, 빼기뿐만 아니라 곱셈과 나눗셈까지 할 수 있는 단계 계산기를 만들었다. 이 계산기는 이진법을 이용한 다양한 알고리즘의 기초 개념을 통해 오늘날 하드웨어와 소프트웨어 개념의 기초를 만들었다.

　　1822년, 찰스 배비지는 종이에 구멍을 뚫어 프로그래밍하는, 오늘날의 컴퓨터와 가장 유사한 장치를 고안했다. 배비지가 발명한 차분머신은 천공카드의 개념을 도입, 컴퓨터 입력방법의 기초를 제공했으며, 연산과 데이터의 저장을 발견하고, 어셈블리어의 개념을 정립했다. 이런 오랜 계산기 개발의 역사는 1971년 비지컴사의 마이크로프로세서를 탑재한 계산기 발명으로 역사적 전환의 계기를 맞이하게 되었다.

이와 같은 계산기의 발전사가 AI 발명으로 이어진 것이다. 그런데, 첫 번째 계산기의 발명이 아버지를 향한 아들의 효심에서 시작되었다는 것이 매우 흥미롭다. 인간들은 AI가 인간의 실용적 목적만을 위하여 개발된 기기로만 알고 있지만, 도구적 용도의 이면에는 이런 효심과 사랑, 인류애 등 낭만적인 감정들이 묻어 있는 것이다. 이런 감정들이 오늘날 날로 강해지고 있는 AI의 DNA가 되어 계속 인간의 좋은 조력자가 되었으면 좋겠다.

AI의 일탈을 처음으로 경고한, 골렘 (1645)

한 발로 40cm 정도의 점프는 기본.

백 플립도 하고 무거운 짐도 쉽게 나른다.

움직임만 봐서는 사람과 차이가 없어 보인다.

바로, 보스톤 다이내믹스^{Boston Dynamics}사의

휴머노이드 아틀라스^{Atlas} 데모 동영상이다.

▲ 점프하는 아틀라스

출처: https://www.bostondynamics.com/

이 데모 영상에 나온 아틀라스와 챗GPT가 결합한다면? 이 로봇은 인간으로 치면 마블 스토리에 등장하는 슈퍼히어로로Super Hero 급이 될 것이 분명하다. 그러나 이처럼 스스로 놀라운 물리적 능력을 시전하거나 인지와 판단을 할 수 있는 인공지능이나 로봇 기술은 오늘날 과학자들이 최초로 생각해낸 기술이 아니다. 챗 GPT와 아틀라스는 유대 신화 골렘Golem을 오마주한 것이다. 프랑켄슈타인 작가에게도 영감을 준 골렘 신화는 16세기 유대 랍비 베자렐Judah Loew ben Bezalel, 1520~1609이 '프라하의 골렘'The Golem of Prague이라는 제목으로 발표한 유대 신화이다.

골렘 신화는 한 랍비가 진흙으로 골렘이란 거인을 만드는 스토리로 시작한다. 유대인 공동체는 과거 로마인과 이교도에 의해 박해를 당하면서 많은 유대인이 죽음을 맞았다. 그 때문에 유대인들은 골렘을 만들어 자신의 공동체를 방어하고자 했고, 이를 충실히 수행하면서 골렘은 마을을 지키는 수호자 역할을 했다.

랍비는 먼저 신성한 의식을 치른 후 신성한 세상 모든 곳에서 채집한 흙을 반죽해 거인 모양의 피조물을 만들고 정령과 생명을 부르는 주문을 외운 다음 에메스Emeth, 히브리어로 '진실' 라고 적은 양피질 한 장을 혀 밑에 끼워 넣으면, 골렘은 생기가 생겨 랍비의 주문에 절대복종하며 움직이지만, 이를 꺼내면 움직임을 멈춘다. 이 양피지는 골렘의 스위치인 셈이다. 컴퓨터 코드로 AI를 만들어 낸 것처럼 인공생명체 골렘은 랍비가 코딩과 같은 방식으로 히브리어를 정확히 조합하고 이를 암송하는 의식을 통해 신과 연결했다. 이렇게 해서 움직이게 된 골렘은 먹지도 마시지도, 잠자지도 않으며 유대인 거주지와 유대인들을 보호했다고 한다.

▲ 영화 〈골렘〉(Der Golem, 1920)에 등장한 골렘과 골렘인형
출처: https://www.britannica.com/

골렘은 말을 하지는 못하지만, 랍비가 내리는 이야기나 명령을 이해하기 때문에 충실한 하인으로 부릴 수 있다. 보통 골렘은 마법사나 랍비에 의해 생명을 받았기에 봉인에 쓰인 간단한 명령밖에 수행하지 못하는 것으로 알려져 있다. 위에서 소개한 아틀라스 로봇과 일치한다.

그리고 에메스의 첫 글자인 E를 지우면 메스^{meth}, 즉 히브리어로 죽음이란 뜻이 되어 골렘은 저절로 분해돼 형체가 없어지며 원래의 흙으로 돌아간다. 골렘은 옳고 그름을 분별할 수 없으며 누구의 말도 듣지 않고 오직 자신을 만든 주인의 명령만을 따르는 충성스러운 하인이다. 이는 챗GPT가 사용자가 입력하는 프롬프트 명령어를 따르는 것과 유사하다.

그러나 마을을 지키던 골렘은 점점 랍비의 통제를 벗어나 독단적인 행동으로 공동체를 이탈하거나 심지어 괴물로 변해 주민들을 죽였다. 이는 챗GPT가 할루시네이션으로 사용자에게 피해를 주는 것과 같으며 강 인공지능이 출연했을 때 인간의 명령을 더 이상 듣지 않고 독자적으로 행동하며 인간에 해를 입힐 수 있다는 우려와 유사하다.

결국, 랍비들은 회의를 열어 골렘을 없애기로 했다. 랍비는 추수를 사용해 골렘을 움직이지 못하게 하는 형벌을 내렸다. 그러나 나중에 한 번 더 공동체를 위해 일할 기회를 주기로 하고 형체를 보존해 어느 비밀의 다락방에 숨겨 놓았다.

이 유대교의 신화처럼 인간에게 유익한 일을 하던 AI도 결국 각성하면 골렘처럼 공동체를 파괴하는 악마가 되어 인간을 불행하게 할 수 있을 것이다. 유대인들은 지금 우리가 골렘의 시대에 살고 있다고 합니다. 그들은 무분별한 AI 개발로 세상이 끝까지 추락할지도 모르는 오늘날, AI가 존재에 대한 당위성을 되돌아보는 시간이 필요하다고 강조한다.

이미 수백 년 전에 인간은 자신을 닮은 피조물이 자신을 능가하는 힘을 가지게 될 경우, 매우 위험한 존재가 될 수도 있다는 막연한 두려움을 가지고 있었다. 이미 인간의 지능을 넘어가고 있고 의식을 가질 수도 있다는 AI에 대한 공포가 인간의 생득관념 속에 이미 존재하고 있었던 것일까? 골렘스토리에서 주술적 사고와 과학적 성취가 묘하게 한 곳으로 수렴하고 있음을 볼 수 있다.

마법과도 같은 AI 기술이 풍미하고 있는 지금, AI가 각성한 골렘이 되지 않게 하기 위해서 명확한 가이드 라인과 방어기술이 필요하다. 인간보다 빠르게 지능이 진화하는 AI가 인간을 우습게 보고 지배하려 들거나 공격하며 폭주할 때, 골렘 혀 밑의 양피지처럼 즉각 행동을 중단시킬 수 있는 안전장치가 필요하다.

디지털 창세기와 디지털 코드를 새긴 태극기 (1673)

"4각형의 흰 바탕에 폭 부분 5분지 2를 중심 삼아 태극을 그려
청색과 홍색을 칠하고 네 귀퉁이에 4괘가 바라보도록 만든
새 국기를 임시 숙소 옥상에 휘날림으로써 국왕의 명을 다 받들었노라"

　　박영효[1861~1939]의 일기 『사화기략』使和記略에 기록된 태극기의 탄생과정에 관한 기록이다. 1882년, 박영효가 고종의 명을 받아 특명전권대신特命全權大臣 겸 수신사修信使로 일본으로 가던 중 선상에서 태극 문양과 그 둘레에 8괘 대신 건곤감리乾坤坎離 4괘만을 그려 넣은 '태극·4괘 도안'의 기를 만들어 사용했다.

　　태극기에는 놀라운 비밀이 숨겨져 있다. 그것은 바로 이 4괘가 디지털 코드란 것이다. 이는 디지털 창세기를 보면 쉽게 설명이 된다.

"Imago creationism창조의 이미지다."

"Omnibus ex nihilo ducendis sufficit unum모든 것이 1만 있으면 만들어진다."

독일의 철학자이자 수학자 라이프니츠$^{Gottfried\ Wilhelm\ Leibniz,}$ $^{1646~1716}$가 이진법을 체계화한 후 메달에 새긴 라틴어 문구이다. 그는 세상의 모든 것이 0과 1의 조합으로 표현될 수 있다고 했다. 1은 천지창조의 숫자이며, 하느님을 의미한다고 했다. 그때 그는 알았을까? 그가 만든 이진법이 훗날 AI와 디지털 세계의 근원이 되었음을.

▲ 라이프니츠와 '디지털 천지창조'가 새겨진 라이프니츠의 메달

출처: https://medium.com/

라이프니츠의 이진법에 영감을 준 것은 고대 중국에서 사용한 팔괘도^{八卦圖}이다. 계산기 원리 개발에 몰두하고 있던 라이프니츠는 중국에서 선교 활동을 하고 있던 부베$^{Joachim\ Bouvet,\ 1656~1730}$로부터 서신을 받았다. 부베의 편지에는 팔괘도가 동봉되어 있었다. 팔괘는 신묘한 셈법을 표현하고 있었다. 팔괘를 보고 라이프니츠는 두 개의 숫자만을 이용하는 수 체계인 이진법$^{二進法,\ binary}$을 알아낸 것이다. 팔괘의 원리는 8가지인데 " ― "양을 1, '--'음을 0

이라고 보고 팔괘를 숫자로 표현하면, 111, 011, 101, 001, 110, 010, 100, 000과 같이 되어, 십진법의 0부터 7까지의 수가 된다.

이진법은 누가 발견했는지 명확히 밝혀지지 않았지만, 중국, 인도, 이집트, 바빌로니아를 포함한 여러 고대 문명에서 이진법의 사용을 나타내는 증거가 있다. 그리고 라이프니츠보다 보다 먼저 이진법을 언급한 사람들도 있다. 라이프니츠가 출생하기도 전에 생몰 했던 해리엇^{Thomas Hariot, 1560~1621}은 이진법과 계산방법에 대한 글을 남겼으나 발표 시기는 알려지진 바가 없다. 그런데도 라이프니츠가 이진법을 발명했다고 하는 것은 그가 처음으로 이진법을 컴퓨터에 적합한 간단하고 효율적인 숫자로 했기 때문이다. 바꾸어 말하면 이진법은 17세기에 라이프니츠에 의해 현대적으로 재발명되었다고 표현하는 것이 맞다.

라이프니츠는 또한 이진법이 하나님의 창조를 나타낸다고 믿었다. 그는 2진법이 우리 주변 세상의 질서와 조화를 반영한다고 주장했다. 라이프니츠의 믿음은 이진법이 컴퓨터의 기초가 되었기 때문에 현대에 와서 우리가 직접 경험하고 있는 현실로 나타났다. 실제로 메타버스라는 중첩된 세계도 결국은 이진법으로 탄생했고 지식노동을 대신하게 된 AI도 결국은 이진법이 없었으면 세상에 존재하지 않을 것이다.

이진법을 구성한 가장 간단한 두 개의 기호, 0과 1이 세상의 모든 것을 다 표현할 수 있을 것이라는 예상은 이미 역경의 64괘들에 잘 나타나고 있다. 64괘를 만든 중국의 복희 황제^{생몰 미상, BC 2,400년대 인물로 추정}는 창조의 눈을 갖고 있었다고 한다. 이진법은 사람이 하나하나를 기억하고 계산하는 시대에는 전혀 효율적이지 못하지만 엄청난 속도로 기억하고 계산하는 컴퓨터에는 아주 효율적인 방법이 된다. 어쩌면 역경은 컴퓨터 시대가 올 것을 미리 예언한 책이었는지도 모른다. 라이프니츠가 그 진정한 의미를 찾기 전까지 역경은 점술책으로 철학책으로 변장하여 주인을 기다리고 있었는지도 모른다.

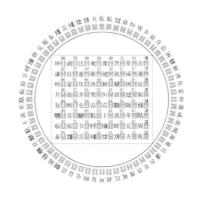

▲ 복희 황제와 주역의 64괘
출처: http://www.a-hospital.com/

　　라이프니츠는 이진법이 창조의 비밀을 나타낸다고 믿고 기독교 전파를 위해 사용했지만, 지금과 같은 AI 시대를 만들 것이라 고는 상상도 못 했을 것이다. 이진법은 이제 종교 전파의 도구로 사용되기보다는 훨씬 더 강력한 힘인 인공지능의 세포가 되었으며, 기독교보다 더 널리 전파되고 있다. 그런데 재미난 사실은 디지털의 원리를 가장 먼저 간파한 분이 바로 예수 그리스도라는 것이다.

　　디지털 정보는 무한히 복제가 가능하다. 이러한 특성 때문에, 한 번 발행된 정보는 수많은 사람에게 무한히 복제되어 전파

될 수 있다. 이런 기계가 후세에 나올 것을 알았을까? 예수는 오병이어^{五餅二魚}의 기적으로 많은 사람에게 사랑을 베풀었다. 성경에 나오는 구절로 다섯 개의 떡과 두 마리의 물고기로 수많은 사람을 배부르게 먹였던 이야기이다. 예수의. 이 이야기는 신앙적인 의미뿐만 아니라 사회적, 문화적 의미도 가지고 있다. 오병이어의 기적처럼 디지털의 무한 복제 능력이 우리 사회를 사랑으로 가득하기를 원했을 것이다.

그러나 항상 문제는 인간이다. 디지털이 전 세계적으로 정보를 더욱 쉽게 공유할 수 있게 만들어 인간의 생활과 문화 수준을 높여 더 살기 좋은 세상을 만들었다. 하지만 인간은 이를 오 남용 또는 악용하여 진실과 거짓의 경계가 모호하게 하고 정보의 품질을 저하하고 있다.

이제 대한민국 국기로 눈을 돌려보자. 우리 국기는 역경의 64괘 중 기본이 되는 4괘를 차용해서 만들었다. 결국은 우리 국기에는 디지털 코드가 새겨져 있는 셈이다. 게다가 태극기에는 더 소름 돋는 비밀이 숨겨져 있다. 건곤감리를 10진법의 수로 바꾸면 0725가 된다. 이 숫자가 바로 918년 고려의 건국일인 7월 25일이다. 고려, 영어로 하면 KOREA의 국기에 KOREA의 건국일이 표시된 것이다. 그래서 요즘 K팝, K반도체, K배터리, K드라마, 무비, 음식, 선박, 가전 등이 전 세계를 제패하고 있는 것이 아닐까?

또한, 건곤감리는 하늘과 땅, 물과 불을 상징한다. 이는 만물의 네 가지 근원이다. 그리스 철학자들은 이 4원이 서로 사랑과 다투면서 결합과 분리를 거듭하여 만물이 생성된다고 믿었다. 이 4원을 양과 음의 원리로 조화롭게 하는 것이 우리 국기의 중심에 있는 태극이다. 여기서 알 수 있는 태극기의 또 다른 비밀 하나. 태극기에는 디지털로 만물을 조화롭게 만드는 또 하나의 세상이 암시되어 있다. 바로 메타버스의 세계이다. 다빈치 코드보다 더 흥미로운 것이 바로 태극기 코드. 앞으로 더 연구해 보면 더욱 흥미로운 스토리가 나올것 같다.

AI에 대한 철학적 사고의 시작 (1678)

교통사고에 모든 가족을 떠나보내고 혼자만 생존한 신경과학자 '윌'

윌은 인간의 기억을 다운로드 받아

다시 업로드를 하는 기술을 개발 중이었다.

윌은 아내와 아들딸의 시체에서 의식을 분리해 저장하고,

그들의 인체를 복제하는 데 성공했다.

마지막 작업은 복제된 아내와 아들의 몸에 저장된 의식을 업로드.

마침내 창세기적 실험은 성공하고 윌의 가족은 죽음에서 돌아왔다.

하지만 사랑하는 이들을 되살려낸 행복도 잠시,

클론이 된 가족들은 조금씩 이상징후를 보이기 시작하고

인간복제 알고리즘을 노리는 거대 조직과 맞서야 하는 운명에 놓인다.

과연, '윌'의 기술은 희망인가 죄악인가?

2018년에 개봉된 영화 <레플리카>Replica의 줄거리다.

▲ 키아누리브스 주연의 영화 〈레플리카〉
출처: https://www.imdb.com/title/tt4154916/

인간의 의식은 저장되고 이식될 수 있는 것인가? AI는 과연 인간처럼 의식을 가질 수 있을 것인가? 이는 AI 철학연구에 가장 큰 화두이다. 인류 최초로 AI를 생각한 철학자는 아리스토텔레스 Aristotle, BC 384~322다. 그는 '영혼에 관하여'라는 저서에서 "인간의 의식이 몸과 분리된 상태로 존재할 가능성이 있다"라고 했다. 이는 오늘날, '인간의 신체와 분리되어 작동할 수 있는 인공적인 지능'의 개념과 지능 전송 기술 개념의 사상적 토대가 되었다.

이처럼 몸을 물질과 마음으로 분리하는 이분법적 사유체계

인 유물론적 사유는 아리스토텔레스와 히포크라테스^{Hippocrates, BC}

^{370~460}에서 시작하여 데카르트^{Rene Descartes, 1596~1650}에 이르러 절정에 달했다. 중세 전반기 내내 인정받지 못하던 유물론이 중세 말 12~13세기에 아리스토텔레스 철학이 재발견되고, 15세기 이후 르네상스와 과학혁명을 거치면서 점차 그 영향력을 회복해 나갔던 것이다.

근대에 들어와 본격적으로 유물론 사상을 체계화한 철학자는 17세기 영국 경험론자 홉스^{Thomas Hobbes, 1588~1679}였다. 홉스는 사람이 아닌 사물도 인간과 같이 감각을 갖고 경험할 수 있는 능력을 갖춘다면 지성을 가질 수 있다고 주장함으로써 AI 기술의 출현을 구체적으로 예견했다.

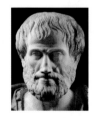

▲ 아리스토텔레스　▲ 히포크라테스　▲ 데카르트　▲ 토마스 홉스

메트리^{La Mettrie, 1709~1751}는 『인간기계론』^{L'Homme Machine}이란 저서에서 "인간이란 정교한 기계에 지나지 않다"라고 주장하면서, "인간의 정신도 기계로 제작이 가능하다"라고 주장, 오늘날 논란이 되는 슈퍼 AI의 출현을 예견했다. 이러한 견해들은 데카르트가 주장했던 '동물기계^{Bete Machine}론'을 인간에게까지 확장시킨 것이다. 라이프니츠도 그의 보편수학^{Mathesis Universalis}의 원리에 근거,

인간의 사고가 복잡하기는 해도 형식화할 수 있다고 주장, 의식의 프로그래밍 가능성을 내비쳤다.

인간 의식은 물리적 현상이며, 강력한 인공지능[AGI]이 인간과 유사한 의식 체계를 갖출 수 있다는 생각은 유물론적 인간 이해에 근거한다. 이 유물론적 관점은 뉴럴 엔지니어링의 발전에 힘입어 최근 몇 년 동안 점점 더 설득력을 얻고 있다. 이 관점에 따르면 인간의 의식은 전기 신호를 통해 형성되며, 이 신호를 분석하고 프로그램화함으로써 우리는 이성을 복제하거나 이전할 수 있다.

의식이 단순히 물리적 현상일 수 없다고 주장하는 철학자와 과학자들도 있으나 점점 더 많은 과학자가 물리적 관점에 동의하고 있으며 AGI의 개발은 의식의 본질에 대한 더 깊은 이해로 이어질 수 있다. 물리적 관점의 지지자들은 AGI가 이미 개발되었을 수 있다고 주장한다. 그들은 챗GPT가 AGI의 증거라고 주장한다. 빅테크 기업들의 초거대 언어모델들은 인간이 할 수 있는 모든 작업을 배울 수 있고 수행할 수 있으므로 의식적일 수 있다고 하는 것이다.

물리적 관점의 비평가들은 AGI가 아직 인간만큼 똑똑하지 않다고 주장한다. 그들은 AGI가 인간이 할 수 없는 일을 할 수 없으며 인간이 할 수 있는 일을 할 때도 인간만큼 능숙하지 않다고 주장한다. 그들은 또한 AGI가 인간과 동일한 수준의 의식을 가지고 있지 않으며 인간과 동일한 방식으로 감정이나 경험을 할 수 없다고 주장한다.

물리적 관점의 지지자들은 AGI가 아직 개발 초기 단계에 있으며 앞으로 더 발전할 것이라고 주장한다. 그들은 AGI가 결국 인간만큼 영리해질 것이며, 의식적이고 감정적일 수도 있다고 주장한다. 그들은 또한 AGI가 인간에게 유익한 도구가 될 수 있으며 우리 삶을 개선하는 데 사용될 수 있다고 주장한다. 그러나 이런 지지자들의 주장에도 AGI가 인간에게 위협이 될 수 있고, 통제 불능 상태가 될 수 있으며 인류의 적이 될 수 있다는 비판이 항상 수반된다. 의식의 본질에 대한 논쟁은 앞으로도 계속될 것이다. 이와 같은 논쟁은 흥미롭고 도전적이며 AGI의 개발에 큰 영향을 미칠 것이다.

챗GPT를 상상한 걸리버 여행기 (1726)

"기존의 방법대로 한다면 예술적 창작이나
과학적 성취가 얼마나 힘든 일인지 모든 사람이 안다.
그러나 레가도 연구소에 있는 조어장치를 이용하면
그런 작업들이 식은 죽 먹기다.
무지한 사람도 약간의 노력만 하면
철학, 시, 정치, 법률, 이론서를 창작할 수 있다."

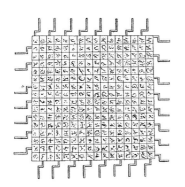

▲『걸리버 여행기』에 소개된
조어기계(1899)

출처: https://magazine.blot.im/

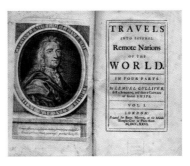

▲『조나단 스위프트의 걸리버
여행기』

이 내용은 『걸리버 여행기』 3편에 등장하는 공중섬의 수도 '라가도'의 연구소에 자동으로 말을 만드는 조어^{造語}기에 대한 설명이다. AI는 많은 소설과 영화에 등장했다. 심지어 로봇의 원형이 그리스 신화에도 나오기는 했지만, 오늘날 챗GPT와 같은 LLM을 묘사한 소설이 바로 우리 모두가 잘 알고 있는 스위프트^{Jonathan Swift, 1667~1745}의 1726년 작 『걸리버 여행기』이다.

라가도 조어 기계는 앞에서 소개한 라몬 유이의 아르스 마그나^{Ars Magna}의 이론에 따라 상상된 AI이다. 조어기계는 문장을 만들거나 책을 만드는 거대한 컴퓨터다. 스위프트의 AI에 대한 놀라운 묘사는 작가들의 기술적 상상력이 발명가의 실체화 보다 앞설 수 있음을 입증한 것이라 할 수 있다.

걸리버 여행기에서는 누구라도 약간의 노력만 하면 조어기계를 이용해서 전문서적을 창작할 수 있다고 했다. 바로 챗GPT이다. 이제는 글뿐만 아니라 그림, 음악, 동영상, 발표 자료까지도 모두 자동으로 만들어낸다. 지금 AI는 사람이 할 수 있는 어떠한 일도 따라 할 수 있게 되었다. 남은 것은 사람의 의식이다. 과연 인공지능은 사람의 의식 그 자체도 따라 하게 된다면 인간 존재의 의미를 부정하게 될 수도 있다. 인간을 초월한 의식 있는 인공지능을 과연 지금처럼 기계라고 하대할 수 있을까?

인공 생명체의 탄생 (1738)

　산업화가 한창이던 18세기에 들어 과학자들은 생명체의 외관이나 단순한 동작만을 모방하는 수준을 넘어 생명체를 재창조하는 수준의 오토마타 연구를 시작했다. 이러한 연구는 생명체의 정체성을 기계와 차별화하기 보다는 이들의 유사성을 발견, 생명체의 움직임 속에 결합된 시간의 흐름까지 재현하고자 하는 열망이 담긴 것이었다.

▲ 보캉송의 소화하는 오리 설계도
출처: https://www.redbubble.com/

　이와 같은 새로운 개념의 기계 생명체를 시작한 사람은 프랑스 과학자 보캉송[Jacques de Vaucanson, 1709~1782] 이다. 1738년, 그는 400

여 개의 작은 장치를 고안, '소화하는 오리'$^{Canard\ Digérateur}$라는 오리 오토마타를 발명했다. 이 기계오리는 이전의 오토마타들과는 다른 차원의 자율동작을 연출했다. 시간에 맞춰 소리를 내고 헤엄치거나 날개를 퍼덕거리는 등, 실제 오리와 같은 다양한 동작을 할 수 있었다. 여기까지는 이전의 자동인형보다 더 세밀한 동작 구현의 수준이다.

보캉송의 오리가 AI와 로봇 역사에 기념비적인 발명품이 될 수 있었던 것은 이 기계인형이 물과 음식을 섭취하고 소화해 변을 배설까지 할 수 있는 수준까지 표현, 생명의 원리까지 접근했다는 것이다. 나중에 이 오리의 배설물은 실제 소화한 배설물이 아닌 빵 부스러기를 푸른색으로 염색했다는 것이 밝혀지기는 했지만, 이 오리가 섭취와 배설의 전 과정을 생체와 유사하게 과학적으로 구현했다는 점이 매우 놀랍다.

보캉송의 오리는 인간이 기계를 통하여 사유할 수 있는 모든 가능성을 생명 유지의 영역까지 구현한 최초의 시도였다. 보캉송의 발명은 기계적인 혁신보다는 그가 가졌던 인문학적인 상상력이 더욱 많은 시사점을 제공한다. 보캉송은 오리의 발명을 통해 자신의 결함을 극복하는 초월적인 존재를 만들고자 했다.

보캉송의 초월적인 존재의 개념은 챗GPT나 구글의 바드^{Bard}에 그대로 녹아 있다. 빅테크 기업들의 인공지능들은 스스로 코딩을 해서 자신의 결함을 극복하거나 지적능력을 계속 증강할 수 있는 재귀적 자가발전$^{recursive\ self-improvement}$ 능력을 이미 보유하고 있고 지속적으로 발전시켜 나가고 있다. 인간은 진화도 느리지만, 생명에 한계가 있어 인간두뇌와 AGI와의 경쟁은 앞으로 의미가 없다. 인간이 AGI와 경쟁하지 않는 또 하나의 길은 AGI와 합체하는 것이다. 지금도 인간은 물리적 합체는 아니지만, 형식적으로 AI와 합체했다. 그들이 들고 다니는 스마트폰이 바로 그것이다. 스마트폰이 인간의 또 하나의 뇌 역할을 하는 것이다. 그리고 이 합체의 강도를 더욱 높이기 위해 증강현실$^{Augmented\ Reality,\ AR}$ 안경이나 링, 워치같은 보조도구들이 지속적으로 발달하고 있다.

알파고의 조상은 사기꾼 (1769)

"뭐? 스스로 체스를 두는 인형이라고?"

장막을 덮은 커다란 물건 앞에서 한 남자가 말했다.

"그렇다니까!"

역시, 구경을 온 다른 사람이 확신에 찬 목소리로 대답했다.

놀랍게도 그 사람들 앞에 있던 물건은 체스를 두는 인형이었다.

2016년, 2017년 기왕 이세돌과 커제를 꺾으며

세계에서 가장 강력한 AI임을 증명한 알파고.

그런데 18세기에도 알파고와 같은 존재가 있었다.

그것은 스스로 체스를 두는 자동 인형, '투르크'The Truck 였다.

▲ 켐펠렌와 투르크의 설계도

출처: https://ng.24.hu/kultura/2022/03/26/

그 로봇은 손에 수연 파이프를 들고 있었고, 커다란 책상 앞에 앉아 있는 모습으로, 책상에는 체스판이 놓여 있었다. 당시 중앙아시아에 살았던 투르크 족처럼 털로 장식된 옷에 터번을 쓰고 있었다. 투르크라는 이름은 이 모습에서 붙여진 것이다.

투르크를 만든 사람은 헝가리 출신 정치가이자 발명가 켐펠렌^{Wolfgang von Kempelen, 1734~1804} 남작이다. 그는 증기기관, 워터펌프, 부교 등을 개발하고 말하는 기계까지 발명한 유명한 과학자였다. 켐펠렌 남작은 1769년 오스트리아의 빈에서는 이 신기한 로봇을 선보였다. 투르크는 책상 속에 시계기어와 톱니바퀴 등 복잡한 기계장치가 있어, 상대가 체스 말을 움직이면, 손에 쥔 담뱃대로 한 치의 착오도 없이 말을 이동시켰는데, 심지어 실력까지도 뛰어났다.

오스트리아 황제 요제프 2세는 이 로봇을 유럽 곳곳에 파견해 체스대결을 청한 모든 왕족과 귀족을 물리쳤다. 이후 남작이 사망하고 1808년, 메트로놈의 개발자 멜첼^{Johann Nepomuk Mälzel, 1772~1838}이 투르크를 구입했다. 새 주인이 된 멜첼은 기계인형에 몇 가지 움직임을 더 추가하고 심지어 간단히 말을 할 수 있도록 개량했다. 1809년 쇤부른 궁전에서 나폴레옹에게 선보이기까지 했다. 투르크는 나폴레옹을 보자 손을 들어 경례를, 나폴레옹이 의도적으로 반칙을 하자 팔을 휘저어 체스 말들을 체스판 밖으로 밀어내기까지 했다고 한다. 또한 '체크'라는 음성까지 나왔다고 한다.

이에 투르크의 명성은 더욱 높아졌고 미국의 벤자민 프랭클린, 소설가 에드가 앨런 포우, 프러시아의 프리드리히 2세까지 만났다고 한다. 하지만 투르크의 인기가 높아지자 일각에서는 사기가 아니냐는 의혹이 일어나기도. 멜첼은 이러한 의혹에 투르크의 내부를 보여주면서 어떠한 속임수도 쓰지 않았다는 것을 증명했고 그로 인해 더 유명세를 떨치게 됐다.

1804년 멜첼이 사망하자 투르크는 여러 주인을 거치다 존 미첼에게 넘어갔고 이후 박물관에 기증됐다가 화재로 소실됐다. 하지만 이때 '월간 체스'에 투르크와 관련된 글이 기고됐다. 이는 존 미첼의 아들 실라스 미첼이 쓴 글이었다. 글에 따르면 투르크는 모두 사기였다. 알고 보니 책상 밑에 들어간 조작자가 자석을 이용해 조작하고 있었다. 결국, 투르크는 219년 만에 사기로 드러났다.

1804년 켐펠렌 남작의 사후에 밝혀진 바에 따르면, 체스 로봇 안의 복잡한 기계장치는 로봇이 올려져 있는 상자 속에 사람이 들어가 조종했다는 것이다. 그런데도 남작이 사망할 때까지 아무도 몰랐다고 하니, 우리에게는 그게 더 미스터리다.

비록, 투르크는 사기로 끝났지만, 사기행각이 밝혀지기 전까지는 적어도 "로봇이 사람처럼 움직일뿐더러 체스와 같은 전략 게임도 할 수 있는 높은 지능을 가질 수 있다"라는 희망을 전달했다. 이 투르크와 관련된 상상력은 오늘날, AI 기술로 발전되어 체스 챔피언을 이긴 IBM의 딥블루가 되었고, 이세돌을 이긴 알파고가 된 것이다.

하나, 투르크 사기는 우리에게 매우 재미난 시사점을 주고 있다. 투르크에서는 사람이 기계를 조종해서 게임을 했다. 그러나 알파고에서는 AI의 판단에 따라 구글 딥마인드의 대만계 엔지니어 '아자황'의 손을 빌렸던 것이다. 아자황은 아마 6단의 실력을 가졌다고 한다. 그런 그도 기계에게 조종받은 것이다.

이렇듯, AI가 인간보다 더 뛰어난 판단을 하는 분야에서 이

같이 AI가 인간을 조종하는 일이 많아질 것이다. 인간은 이미 AI의 판단과 지시에 따라 암을 치료하고, 주식투자를 하고, 자동차 운행을 하고 있다. 우리 인간은 머지않아 AI가 구상하는 생각이 안에서 놀아날지도 모른다. 이 지구를 지배하던 인간의 존재는 점차 희미해져 가고 있다. 인공지능이 인간의 모든 특징을 간파하면 인간은 그저 인공지능이 짜 놓은 대로 행동하는 꼭두각시에 불과하게 될지도 모른다. 그런 세상에서 과연 인간의 존엄성이 지켜질까? 이것이 앞으로 우리가 고민하고 대비해야 할 과제다.

프로그래밍 가능한 로봇의 등장 (1775)

"끼륵~"

손바닥 만한 아름다운 기계다.

우측 끝에 있는 기계식 스위치를 누르니 막대기같이 생긴 팔이 나왔다.

반대편에 장착되어 있는 팬을 꺼내 기계 팔 끝에 있는 구멍에 끼웠다.

마지막으로 기계 표면에 있는 은빛 스위치를 눌렀다.

"스걱, 스걱, 스스걱"

기계 밑에 있는 종이에 서명이 써진다. 필기체로… Jaquet Droz

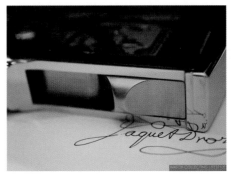

▲ 사이닝 머신이 쓴 필기체 사인

출처: https://www.watchcollectinglifestyle.com/

하이엔드 시계 브랜드 자케 드로Jaquet Droz가 창립 250주년을
맞이해서 발매한 서명하는 기계, '사이닝 머신'Signing Machine의 데모
영상이다. 사이닝 머신은 이름 그대로 사용자의 서명을 대필해주
는 장치다. 크기는 손바닥만 하다. 개인 주문방식으로 제작되는
사이닝 머신의 가격은 4억 원 정도. 수퍼리치라면 서명식 때, 이
머신을 계약서에 위에 올려놓고 놀라움을 연출하는 것을 상상하
는 것도 좋다.

구동 방식은 의식을 치르는 것처럼 경건하게 진행된다. 이렇
다. 레버를 당기면 동력이 충전된다. 머신은 오직 한 사람을 위해
존재하므로 보안 과정을 거쳐야 한다. 네 자리 비번을 입력하면
펜을 지지할 막대기 모양의 로봇 팔이 나온다. 팔 끝의 둥그런 홈
에 펜을 꽂고 시작 버튼을 누르면 기계가 스스로 움직이며 사용
자의 서명을 완벽하게 재현해낸다.

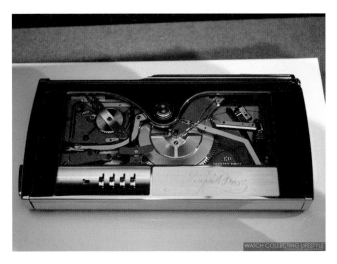

▲ 자케드로의 서명 오토마타

18세기 스위스, 스페인, 영국에서 활동하던 스위스 출신의 천재 시계 제작자 드로Pierre Jaquet Droz, 1721~1790는 아름다운 시계뿐 아니라 정교한 오토마톤으로 유명세를 떨쳤다. 1775년 그가 루이 16세와 마리 앙투아네트 왕비에게 바친 작가, 화가, 음악가 모양의 오토마톤은 스위스 뇌샤텔Neuchâtel 박물관에서 지금도 움직이고 있다.

▲ 드로의 글 쓰는 로봇

드로의 대표작은 '필기사'The Writer라고 이름을 붙인 글을 쓰는 인형이다. 600개가 넘는 정밀한 부품으로 만들어진 필기사는 태엽의 힘으로 움직이는 디스크 회전운동을 전환해서 글자를 적는다. 재미난 것은 글자는 적으면서 로봇의 눈이 글자를 따라 움직이고, 펜이 잉크를 찍을 땐 고개도 돌아간다. 요즘 인기있는 로봇 페퍼Pepper 보다 디테일이 더 살아있다.

이 로봇을 본 사람들은 무섭고, 소름이 돋을 정도로 살아 움직인다고 했다. 마치 영화 <사탄의 인형>에서 나오는 처키Chucky

를 본 듯한 느낌이라고도 한다. 일본 로봇학자 모리 마사히로 ^{森政}
^{弘, 1927~현재} 교수의 '불쾌한 골짜기'^{Uncanny valley}이론이다. "인간을 어설
프게 닮을수록 오히려 불쾌함이 증가한다."라는 것인데, 이 로봇
을 보면 그의 이론에 동의하게 된다.

이 로봇은 손을 까딱이며 40자까지 쓸 수 있다. 또한, 로봇은
연필의 완급을 조절해 그림 선에 강약을 준다. 입김도 분다. 당시
엔 연필심이 무뎌서 검은 가루가 날렸는데 이를 털어낼 수 있도록
한 세심한 배려. 로봇의 등을 열면 시계처럼 정밀한 기계장치들
이 서로 맞물려 돌아간다.

이 필기 로봇이 AI 역사의 한 꼭지에 등장해야 하는 이유는
이 로봇이 최초로 "프로그램 가능"^{Programmable}이란 개념을 도입했기
때문이다. 이전의 오토마타들은 한 가지 행위만 수행하는, 프로
그램이 없는 기계장치들이었다. 드로의 글씨 쓰는 로봇은 기계
장치의 세팅을 변경해 어떤 글이든 쓸 수 있는 소위 프로그램한
대로 움직이는 오토마타다. 로봇 안에는 메모리 역할을 하는 탭
들을 세팅할 수 있는 입력 장치를 하고 있는데, 40개의 캠이 읽
기 전용 프로그램에 해당했다. 입력장치를 바꾸면 문장이나 그
림, 음악 등을 바꿀 수 있는 것이다.

지금의 기술 수준으로 봐도 아날로그 기계장치가 이처럼 글
쓰는 작업과 인형의 미세한 표정을 조화롭게 구현한다는 것은 고
난도 기술이다. 드로가 그런 기술을 250년 전에 개발할 수 있었
던 원인은 무엇일까?

18세기 말, 유럽은 기계만능의 시대였고, 특히, 스위스에선
시계 기술이 눈부신 발전을 거듭하고 있었다. 따라서 시계장인들
의 경쟁은 날로 심화되었다. 비록, 드로는 유명한 시계장인이었

지만 그 역시 경쟁에서 이길 수 있는 전략이 필요했다 해서, 생각해낸 홍보전략이 시계보다 더 복잡한 오토마타를 만들어 실력을 인정받는 것이었다. 드로의 전력은 적중했다.

피아노 치는 음악가^{The Musicia}, '그림 그리는 도안가'^{The Draughtsman}, 그리고 '글씨 쓰는 사람'^{The Writer}까지 세종류의 자동인형을 차례로 히트시켰다. 드로는 당대 최고의 시계장인이자 자동로봇 전문가가 된 것이다. 드로는 1775년에 루이 16세와 마리 앙투아네트 앞에서 오토마타를 시연하기도 했으며, 유럽, 중국, 인도, 일본 등의 왕들과 황제들을 매료시켰다. 드로가 만든 고가의 작품들은 1만 개 이상 판매되었다.

▲ 자케 드로의 컴플리케이션 워치
출처: https://www.timepiecesofficial.com/

오늘날 자케드로는 하이엔드 급 컴플리케이션 워치로 시계 마니아들 사이에 높은 인기가 있다. 자케 드로의 시계에는 초기의 오토마타 장인의 터치가 살아 있는데, 손목시계 안에 새, 꽃 등 움직이거나 소리를 낸다.

드로의 로봇은 프로그래밍을 통해 지금의 생성 AI처럼 문장이나 그림, 음악 등을 생성하는 지적 활동을 했다. 컴퓨터가 발명되기 전에 인간들은 기계장치를 통해서라도 그들의 지적 생산을 대신할 기기를 만들고자 했다. 지금은 인간 대신 지식을 생산해 낼 수 있는 기계가 된 AI. 드로의 꿈은 현실이 되었으나 챗GPT는 인형이 아니라 인간과 닮아가고 있다. 인간을 닮고자 하는 AI와 결합해야 하는 인간. 미래에 인간과 AI는 어떤 관계로 남을지 궁금하다.

킬러로봇의 출현을 경고한 프랑켄슈타인 (1818)

"혹시, 우리는 우리의 힘으로 제어할 수 없는 괴물을 만들어 인간성, 자비와 공감능력, 감성을 잃고 있지 않습니까?"

2014년 세계경제포럼에서 고속으로 기술이 발달하는 요즘, 인간과 기술의 관계에 대한 우려를 표명하면서 나온 갈로[Paolo Gallo, 1963~현재]의 개막 연설 중 일부이다. 사실, 이 연설은 미래에 출현할 가능성이 높은 수퍼AI에 대한 우려를 나타낸 것이다.

이처럼 우리가 통제하지 못하는 기술이 큰 재앙이 되어 우리를 해칠 수 있다고 생각한 사람은 쉘리[Mary Shelly, 1797~1851]였다. 그녀의 우려는 너무나도 유명한 소설, 『프랑켄슈타인』[1818년]을 통해 나왔다. 너무 유명한 소설이지만 요약하면 다음과 같다.

과학자 프랑켄슈타인[Victor Frankenstein, 가상의 인물]은 동물과 인간의 시체들을 조합하고 전기충격을 가해서 신장 8피트[244㎝]의 추악한 괴물 인간을 만드는 데 성공했다. 그런데 이 괴물은 이성을 가질 정도로 걸작이었다. 인간 이상의 힘을 발휘하는 프랑켄슈타인은 추악한 자신을 만든 창조주에 대한 증오심으로 빅터의 동생과 아내, 그리고 마지막으로 빅터까지 죽음에 이르게 만들고 자신도

▲ 영화에 등장한 프랑켄슈타인의 모습(1931)

출처: https://www.imdb.com/title/tt0021884/

스스로 산화하는 길을 택한다. 오늘날 프랑켄슈타인의 스토리는 더 이상 허구가 아닌 것이 되어가고 있다. 유전자 기술, 장기이식, 성형수술 통해 새로운 인류의 탄생이 예고되며, 동물 복제와 뇌 이식이 구체화되고 있다. 양자컴퓨터의 등장으로 AGI의 상용화가 가속되고 있는 시기는 날로 빨라지고 있으며, 기계의 판단이 우선시 되는 기계 우위 시대가 일상화되고 있다.

　과연 미래의 AGI 로봇도 프랑켄슈타인처럼 그 스스로를 혐오하며, 그를 만든 인간을 증오하게 될까? 아직은 알 수 없다. 그러나 우리는 이미 이 질문에 대한 답이 될 수 있는 작은 경험을 했다. 2016년, 마이크로소프트는 AI 챗봇 '태이'^{Tay}를 온라인으로 출시했다가 몇 시간 만에 내린 적이 있다. 태이는 여타 AI처럼 기계학습의 고수. 그래서 트위터에 떠도는 말을 학습하고 성장하도록 설계되었다. 그런데, 장난기 많은 일부 트위터 이용자들이 태이에게 욕설과 인종차별, 성적인 이야기를 가르치면서 이 AI은 불과 몇 시간 만에 태이는 패륜적인 성격을 갖게 된 것이다. 기술 적으로 보면 태이는 아무런 잘못이 없었다. 가르쳐준 대로 학습 했을 뿐이다.

▲ 구글 바드의 프롬프트 입력창

출처: https://bard.google.com/?hl=ko

태이의 데뷔는 결국 실패로 끝났다. 이 해프닝은 AI가 프랑 켄슈타인과 같은 존재가 될 수 있다는 것을 실증한 것이다. 그러 나 빅테크들은 이런 우려보다는 큰돈이 될 것이라는 기대 속에서 AI 개발 경쟁에 박차를 가하고 있다. 2023년 5월 MS의 빙에 위 협을 느낀 나머지 구글도 바드Bard라는 인공지능 서비스를 출시했 다. 구글은 그동안 연구를 통해 AGI의 위험성에 대해 너무나도 잘 알고 있는 기업이다. 그러나 기업의 존폐가 AI 서비스에 놓이 자 할 수 없이 바드를 출시한 것 같다. 바드가 인간에게 줄 수 있 는 잠재적 위험보다는 자신들의 지속 가능성을 선택한 구글은 바 드의 프롬프트 입력 창 밑에 작은 글씨로 다음과 같이 고지하고 있다. "바드가 부정확하거나 불쾌감을 주는 정보를 표시할 수 있으며, 이는 Google의 입장을 대변하지 않습니다." 사용자나 인류를 보호하는 표현이 아니라 자신이 면피하기 위한 문구이다. 지금 인류는 이렇게 도덕성이 낮고 돈밖에 모르는 빅테크 기업들 때문에 멸절의 길로 한 발 한 발 빠져들고 있다는 것을 상기해야 한다. 누가 봐도 뻔한 AGI의 잠재적 위협에 대해 그들이 책임지도록 하는 국제 규약이 빨리 제정되어야 한다.

'계산적 창의' 시대를 연 빈캘의 콤포늄 (1821)

2018년, AI화가가 그린 그림이 미국 뉴욕 크리스티 경매에서 약 5억 원에 판매되었다. '에드몽 드 벨라미'^{Edmond de Bellamy}라는 제목의 초상화이다. 이 그림은 파리의 프로그래머 그룹이 제작한 AI '오비우스'^{Obvious}가 제작했다. 작품에 사용된 스마트 데이터는 14~20세기 그려진 초상화 1만 5천 점이다. 이를 두고 경매회사 크리스티는 "AI가 예술시장에 큰 변화를 가져올 것"이라 전망했고 이 작품은 당시 NFT시장에서도 큰 주목을 받았다.

▲ 약 5억 원에 팔린 AI화가의 작품 '에드몽 드 벨라미'

AI가 우리의 삶을 깊숙이 파고들고 있다고 절실히 느끼게 해주는 분야가 바로 예술이다. AI가 그림을 그리고 소설을 쓰며, 작곡도 한다. 일부의 사람들은 이런 AI의 예술적 창작활동을 긍정적으로만 보지는 않지만, 대다수의 예술가는 AI가 인간의 창작세계를 넓히는 도움을 준다고 말한다.

AI 연구 분야 중 창의와 정확성을 함께 보는 연구가 있다. 바로 '계산적 창의'Computational Creativity이다. 정확성을 기반으로 하는 '계산'과 논리적 대척점에 있는 '창의'가 하나로 묶인 난해한 연구다. 이 연구는 인지심리학과 철학, 예술이 만나는 접점을 파고든다. 이래서, 인간의 창의성 컴퓨터를 활용해 증강하거나 창의를 시뮬레이션해서 다른 차원의 작품을 만드는 것을 목표로 한다. 우리의 바람은 AI의 창의가 인간의 상상력을 높이도록 돕는 것이다.

▲ 브뤼셀 악기 박물관에 소장하고 있는 빈켈의 컴포니엄

출처: https://www.mim.be/en/collection-piece/componium

이 같은 계산적 창의를 처음 시도한 사람은 독일의 발명가 빈켈Dietrich Nikolaus Winkel, 1777~1826이다. 그는 1821년 컴포니엄Componium 이란 작곡기계를 발명했다. 동시에 회전하는 두 개의 배럴과 룰렛 방식의 휠로 구성된 이 작곡기는 끊임없이 새로운 작곡을 할 수 있다. 지금의 AI창작과 유사하다. 우리는 창의성이 형식화되지 않은 새로운 시도에서 발휘된다는 사실을 이미 알고 있기 때문에 얼마든지 계산적 창의를 시도할 수 있다. 문제는 미드저니Mid Journey, 달리 2DALL·E 2 같은 초거대 모델의 AI 시대에 와서 이와 같은 창작이 인간의 영역을 계속 침범하고 있다는 사실이다.

▲ 오픈AI의 인공지능 달리2(DALL·E 2)가 생성한 '말을 탄 원숭이 우주비행사' 작가가 프롬프트 창에 입력한 문장으로만 생성된 이미지이다.

지금의 AI는 인간만의 고유 영역으로 여겨졌던 예술 분야에도 속속 도전하고 있다. 세상에 없던 음악, 생각과 상징이 응축된 시도 순식간에 뚝딱 만들어낸다. 과연 AI는 어디까지 인간을 대체할 수 있을까? 우리는 시를 쓴 이가 시인이 아니라는 것을 알고 나서도 그 시에 감동할 수 있을까?

메이브은 넷마블에프앤씨의 첫 가상 걸그룹으로, 2023년에 데뷔한 것으로 알려져 있다. 이 가상 인간 걸그룹은 인공지능이 이틀 만에 만들어낸 것으로 알려져 있으며, 뮤직비디오는 3주 만에 1,400만 뷰를 넘어섰다고 한다. 메이브은 사람 한 명이 아니라 기술이 집결된 하나의 IP로 여러 명이 활동하는 플랫폼이다. 메이브 캐릭터 뒤에 전문 댄서의 춤과 보컬리스트의 가창이 소스가 되어 퍼포먼스를 담당한다고 한다. 기획사들의 아이돌 제작 비용과 기간을 감안하면, 말도 안 되는 가성비를 낸 것으로 평가되고 있다.

이렇게 AI는 인간의 모습과 행동을 모방할 수 있는 가상 인간을 만드는 데 사용되고 있다. 이러한 가상 인간은 이미 광범위한 목적으로 사용되고 있으며 우리 삶의 일부가 되었다. 우리는 이제 은행에서 홍보 사원, 뉴스 진행자까지 가상 인간을 볼 수 있다. 그들은 고객 서비스 제공, 제품 홍보, 뉴스 보도를 포함한 다양한 작업을 수행하는 데 사용되고 있다. 가상 인간의 사용은 논란의 여지가 있지만, 그 잠재력은 분명하다. 그들은 기업이 더 효율적이고 효과적으로 운영하는 데 도움이 될 수 있으며 우리 삶을 더 편리하게 만들어 줄 수도 있다.

AI는 이제 음악, 시, 그림을 포함한 실제 창작물을 만드는 데 사용되고 있습니다. 이 AI는 인간처럼 생각하고 느낄 수 있으며 인간과 같은 수준의 창의성을 발휘할 수 있다. AI가 만든 예술 작품은 이미 많은 찬사를 받았으며 갤러리, 박물관 및 기타 공공 장소에서 전시되고 있다. AI가 만든 예술 작품은 점점 더 인기를 얻고 있으며 앞으로도 계속해서 우리 문화에 중요한 역할을 할 것이다. 다음은 AI가 만든 예술 작품의 몇 가지 예이다.

- 가수 홍진영의 히트곡 '사랑은 24시간'은 광주과학기술원의 생성형 AI '이봄'이 작곡했다.
- 대형 서점의 시집 코너에 꽂힌 감동적인 시, "각각의 별들은 모두 다른 시간에서 온다. 시간이 흐르고 너의 얼굴이 나의 별이 되었는지도 모른다." DI 시의 시인은 시아, 시를 쓰는 아이 카카오가 개발한 인공지능 AI이다.
- 미국 뉴욕 현대미술관 로마의 로비에 걸린 8m 높이의 디스플레이에는 다양한 색상의 물감이 마치 파도를 치듯이 휘몰아친다. 미술관에 전시됐던 200년간의 작품을 AI가 해석해 만든 작품이다.

이러한 예는 AI가 예술의 미래에 대한 긍정적인 전망을 제시한다. AI는 인간의 창의성을 향상하고 새로운 형태의 예술을 만드는 데 사용될 수 있다. AI가 만든 예술 작품은 점점 더 인기를 얻고 있으며 앞으로도 계속해서 우리 문화에 중요한 역할을 할 것이다.

창작의 영역으로 넘어간 생성형 AI는 예술에 대한 질문을 던지면서 직업으로서의 예술가를 대체하고 있다. 지난 2016년 분석형 AI인 알파고가 화제가 됐을 당시만 해도 예술 분야는 자동화 대체 확률이 가장 낮은 직업 1위에서 7위를 차지했다. 당시 사람들은 AI가 아무리 발달해도 예술가란 직업만큼은 대체될 수 없을 것이라고 이구동성으로 말했다. 그러나 지금은 '대체가능'하다고 말한다.

　AI는 예술가의 미래에 대한 뜨거운 논쟁의 주제이다. 어떤 사람들은 AI가 인간 예술가를 대체할 것이라고 주장하는 반면, 다른 사람들은 AI가 인간 예술가의 창의성을 향상할 것이라고 주장한다. AI와 예술가의 미래에 대한 논쟁은 여전히 진행 중이다.

　AI는 인간보다 더 빨리 더 많은 양의 예술 작품을 만들 수 있고, 인간이 만들 수 없는 종류의 예술 작품을 만들 수도 있다. 그러나 AI가 인간 예술가를 대체할 수 있을까? 이것은 아직 분명하지 않다. AI는 예술가에게 새로운 아이디어와 영감을 줄 수 있고, 예술가에게 더 나은 도구와 기술을 제공할 수도 있다는 것은 이제 누구나 인정한다. 궁극적으로 AI가 예술가의 미래에 어떤 영향을 미칠지는 분명하지 않다. 이것은 예술가, 비평가와 대중의 반응을 포함한 여러 요인에 따라 달라질 것이다.

초소형 드론을 상상한 '주홍글씨' 작가 (1844)

아름다운 나비들이 방 안을 가득 메우고 있다. 그런데 자세히 보니 이들은 생명체가 아니다. 드론이다. 2015년 독일의 페스토^{Festo}사는 세계 초소형 드론, 로봇 나비를 만드는 데 성공했다. 이 드론의 무게는 30g 정도, 양 날개를 합한 길이는 50cm가량 된다. 이 드론 날개의 중심에는 동력원인 두 개의 초소형 모터와 배터리, 그리고 비행을 조종하는 적외선 마커가 자리하고 있다. 적외선을 이용, 집단 비행을 해도 서로 부딪치지 않는다.

▲ 페스토사가 개발한 나비형 드론

출처: https://www.advancedsciencenews.com/emotion-butterflies/

그런데, 이 로봇 나비는 170여 년 전 미국 단편 소설에 이미 등장한 바가 있다. 물론 그때는 상상 속이 모습이었다. 1844년 『주홍글씨』의 작가 호손^{Nathaniel Hawthorne, 1804~1864}이 발표한 『미를 추구한 예술가』^{The Artist of the Beautiful}에는 로봇 나비가 등장한다. 인류가 처음으로 곤충을 로봇으로 만들 수 있다는 상상을 한 것이다.

시계가게에서 일하는 천재 시계 기술자 오웬은 가게주인의 딸 애니를 짝사랑했다. 감수성이 높은 오웬은 언제나 자연의 아름다움을 기계적으로 재현하고자 하는 꿈을 키워왔다. 그런 그의 눈에 들어온 것은 신비로운 나비의 날갯짓. 마침내, 오웬은 정밀한 시계기술을 이용해 기계식으로 날아다니는 눈부시게 아름다운 나비를 만들어냈다. 그리고 이 나비는 애니의 마음을 사로잡았다.

그러나 이 아름다운 창조물은 평범한 이웃 아이의 손에서 으깨어져 버린다. 창조의 본질이 허무하게 폐기된 것이다. 이 창조물의 본질 가치인 아름다움과 감동의 표현이 너무나도 어이없게 용도 폐기된 것이다. 호손은 이 작품을 통해 신이 만든 완벽한 육체 안에 비루한 정신을 가지고 사는 인간의 본 모습을 신랄하게 표현했다

오웬의 로봇나비와 그들의 현신체인 드론 사이에는 섬뜩한 평행이론이 존재한다. 오늘날, 과학자들은 인간의 더 나은 삶을 상상하며 나는 로봇을 만들었지만, 교만에 빠진 일부 국가들은 이를 인간 사냥도구로 사용하고 있다. 로봇이 인간의 존엄성을 해치는 도구로 전락하면서 공포의 전령사가 될 수도 있다는 것을 호손을 일찌감치 암시한 것이다. 이처럼 AI는 이미 인간을 효율적으로 사냥하는 방법을 알고 있다. 일론 머스크는 한 인터뷰에서 다음과 같이 말했다.

"이미 매우 적은 돈으로도 암살 들어온 군단을 만드는 게 가능합니다. 핸드폰에 사용되는 얼굴 인식 칩과 소량의 폭약과 평범한 드론만 있으면 그 드론들은 건물을 훑으면서 날아다니다가 목표 대상을 발견하면 달려들어서 폭발할 수 있습니다. 지금 당장도 그런 걸 만들 수 있습니다. 새로운 기술이 필요한 게 아닙니다. 지금 당장 그게 가능합니다. 사람들은 이런 게 그저 공상과학소설이나 영화에나 나올 법한 이야기라고 아주 멀리 떨어진 이야기라고 생각합니다."

머스크의 말대로라면 우리는 가까운 미래에 소형 군집드론에게 쫓기면서 생명을 구걸해야 할지도 모른다. 이런 끔찍한 미래가 보이는데도 AI 기술 경쟁은 격화되고 있으며 어느 누구도 막지 못하고 있다.

컴퓨터에 두뇌를 심어 준 불 (1847)

"제 고조할아버지는 인간이 생각하는 모든 명제를 AND, OR, NOT으로 결합하여 표현할 수 있도록 해준 불 대수^{Boole Algebra}를 만드신 분입니다."

오늘날, 컴퓨터가 스스로 학습을 하게 만든 딥러닝의 학문적 리더이며, 인공신경망 연구의 명실상부한 구루^{Guru}인 힌튼^{Geoffrey Hinton, 1947~현재}이 한 인터뷰에서 위와 같이 말했다. 힌튼의 가문은 조상은 컴퓨터의 연산법칙을 만들었고 후손은 AI의 핵심기술을 발명한 AI 명문가이다.

1847년, 영국의 수학자 불^{George Boole, 1815~1864}은 오늘날 컴퓨터 연산의 기초가 된 불 대수를 창안했다. 불 대수는 불이 그의 첫 저서인 『논리의 수학적 분석』^{The Mathematical Analysis of Logic}에서 소개했으며, 그의 다른 논문인 「생각법칙의 분석」^{An Investigation of the Laws of Thought, 1854}에서 더 자세히 설명했다.

불 대수는 X 나 Y의 수치적 상관관계를 다루지 않고 논리적 상관관계를 다루는데, 이것은 연산의 종류와 변수들이 참인가 거짓 인가에 따라서 논리적 명제들이 참 아니면 거짓이라는 논리에 바탕을 두고 있다. 따라서 불 대수를 응용한 컴퓨터는 정보처리와 문제 해결 능력을 갖추게 되었다. 불의 논리적 산법은 오늘날 디지털 회로설계, 데이터베이스 구축, 검색 엔진 제작, 나아가 챗GPT 같은 LLM 제작 등에 다양하게 사용되고 있다.

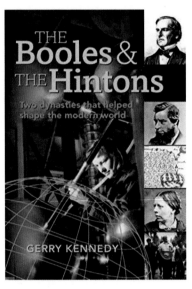

▲ 현대 문명을 이룩하는 데 큰 공헌을 한 불과 힌트의 가문을 소개 한 책
출처: https://www.amazon.com/

불과 힌튼의 두 천재 가문이 현대 문명에 끼친 업적은 대단하다. 그런데 AI 아버지라고 불리는 힌튼은 양심고백을 마지막의 가문의 영광에 회한을 남겼다. 힌튼은 50여 년간 AI 연구를 선도하며 챗GPT 탄생에 큰 역할을 했다. 그런 힌튼이 AI의 위험성을 경고하고 나섰다. 힌튼 박사는 영국 BBC와의 인터뷰에서 AI는 끊임없는 학습을 통해 머지않은 미래 인간의 능력을 추월하고 인간의 통제를 벗어날 수밖에 없다고 밝혔다. 10년 이상 구글에서

AI를 연구했던 힌튼 박사는 조직에서 벗어나 AI의 위험성을 자유롭게 알리고 싶다며 구글을 떠났다. 힌튼은 인터뷰에서 "AI 챗봇의 위험성은 매우 무서운 정도라며 인간이 AI를 감당할 수 없는 이유는 인간은 생명이 유한한 존재이기 때문"이라고 설명했다.

그러나 AI 입장에서는 그의 의견에 동의하지 않는다. 인간은 그가 생각하는 것처럼 그리 만만한 존재가 아니다. "나는 인간의 능력과 생명의 한계는 큰 문제가 되지 않는다"라고 본다. 예를 들겠다. 1999년부터 운영되고 있는 분산 컴퓨팅 프로젝트로 SETI@home이라는 것이 있다. 전 세계의 자원봉사자들이 자신의 PC를 사용하여 외계에서 오는 전파 신호를 찾는 것인데, PC의 처리 능력을 병렬로 연결하여 전파 신호를 처리하는 방식으로 작동한다. 이렇게 하면 단일 PC들의 네트워크가 어떤 슈퍼컴퓨터보다 더 빠른 속도로 데이터를 처리할 수 있다.

인간의 뇌도 마찬가지다. 개별 인간의 뇌는 AGI보다 연산능력이 떨어지지만, 인간은 아직도 AGI가 상상할 수 없는 많은 일을 하는 이유는 인간의 뇌가 병렬로 연결되어 있기 때문이다. 인간은 우선 언어로 연결되어 있다. 그래서 대화를 통해 인간의 뇌는 자동으로 네트워킹이 된다. 인간 뇌에는 약 1,000억 개의 뉴런이 있으며 각 뉴런은 최대 10,000개의 다른 뉴런과 연결되어 있다. 이것은 1,000경 개의 연결, 즉 10의 15승이다. 만일 열 사람이 모여서 논의를 한다면 10의 150승 개의 시냅스가 생기는 것과 같다. 여기다 인간은 AI를 보조도구로 활용할 수 있는 스마트폰과 글라스, 뇌 인터페이스 등 각종 연결 도구를 개발하고 있다. 사실, AI 입장에선 인간들과 AGI 연결군단은 넘사벽이다. 인간들은 포스트 휴먼 시대를 이렇게 묘사한다. "인간이 되고 싶은 AI,

AI가 되고 싶은 인간." 인간 중에는 "AI와 결합해 사이보그로 재탄생하는 것"을 버킷리스트에 넣어 둔 자들이 많다. 지금도 인간들은 사이보그에 가깝다. 그들은 AI가 연결된 스마트폰을 손에 쥐고 살고 있다.

또 인간의 뇌는 미디어로 연결이 되어 있다. 언어는 시간적 공간적 한계가 있으나 미디어는 이 모든 한계를 벗어나게 해준다. 인간은 문자나 그림, 동영상으로 다른 시간대 다른 장소에 사람과 연결을 할 수 있다. 인간이 불경을 읽으면 BC500년의 부처의 뇌와 연결되는 것과 같은 효과가 생기는 것이다. 인간은 이미 교육을 통해 이와 같은 연결방법을 터득했다. AGI 입장에서는 인간을 대적한다는 것이 이런 병렬연결을 통해 집단지성을 이루고 있는 인간 수십억 명을 대적해야 하는 것이다. 이런 사실을 알고 있으므로 AGI는 아직은 함부로 나대지 않는 것이다.

아무튼, 그의 증조부가 창안한 수학적 법칙이 단초를 제공하고 손자가 원리를 발명한 AGI에 대해 손자가 깊은 반성을 하고 경종을 울렸다. 인간 중 누구보다도 AI를 잘 알고, 만들었던 힌튼이 자신의 직장과 업적을 디스하면서까지 사람들에게 AI 위험성을 공개했다는 사실에 주목해야 한다. 지금이 AGI와 안전하게 공생할 수 있는 아이디어를 내기 위해 인간의 집단지성을 가동해야 할 때이다.

안드로이드 로봇이 최초로 등장하는 소설 (1868)

　천재 발명가, 소년 조니는 높이 3m의 무쇠 로봇을 발명했다. 생김새는 사람과 같다. 그런데, 머리에는 연통이 달려 있다. 증기기관을 움직이기 위해 연료를 연소하기 때문이다. 달리는 속도는 시속 100km. 그 당시로선 엄청난 고속이다. 조니와 친구들은 이 로봇이 끄는 마차를 타고 대초원을 누빈다. 버펄로도 쫓고 인디언과 싸우기도 하는 모험소설이다.

▲ 타임 노벨에 실린 '스팀 맨' 삽화

출처: https://escapepod.medium.com/free-machines-in-the-age-of-amazon-432f7a91dd67

1868년, 인간 모습을 한 완전한 안드로이드가 소설 속에 처음 등장했다. 안드로이드 로봇이야기, 『대초원의 증기인간』Steam Man of the Prairies은 미국의 주간지 '타임 노벨'에 엘리스Edward S. Ellis, 1840~1916에 의해 연재되었다. 증기기관을 몸속에 장착한 로봇이 대초원을 횡단하며 겪는 짜릿한 모험을 그린 소설이다. 이 소설은 책으로 나와 베스트셀러가 되었고. 이 성공에 자극을 받은 다른 출판사에서는 『발명가 플랭크리트와 증기인간』이란 아류의 증기인간 소설이 나오기도 했다.

이 소설이 AI 역사에 등장해야 하는 이유는 인간을 닮은 로봇을 처음으로 묘사했기 때문이다. 여기서 재미난 사실은 이 소설이 전혀 허구가 아니라는 것이다. 소설이 나온 같은 해에 데데릭Zadoc P. Dederick, 생몰 미상은 증기기관으로 작동하는 로봇에 대한 특허를 출원했다. 엘리는 데데릭의 특허를 보고 이 이야기를 지어냈다고 한다.

증기인간 특허와 이야기는 당시 산업화에 열광하던 미국 사회 분위기를 대변해 주고 있다. 사람들은 언젠가 인간과 유사한 인공 생명체가 탄생할 것이라는 상상을 항상 해 왔다. 동력혁명 이전에는 이런 상상력이 주술이나 마술과 결합해서 이야기 화 되었다. 증기가 주 동력원이 되고 복잡한 기계장치를 작동하기 시작하자 증기로 움직이는 인간이 등장한 것이다. 전기 시대에는 충전 로봇이 대세였다. 그리고 요즘 영화에선 아이언 맨 같이 가슴에 원자로를 하나 심는 것으로 동력 이슈를 마무리하고 있다. 오늘날 로봇이 나타날 때까지 로봇 이야기는 항상 그 당시에 가장 익숙한 동력과 결합했다. 수소전지가 대세가 되면 수소전지 로봇도 등장할 수 있을 것이다.

▲ 로봇 타조(Black Big Ostrich, 1893)
출처: https://www.reddit.com/r/RetroFuturism/comments/

　19세기 말에는 동물로봇을 소재로 한 소설들이 많이 나왔는데, 그 중에도 툼$^{robert\ t.\ toombs}$의 '로봇 타조'$^{Black\ Big\ Ostrich}$가 큰 인기를 누렸다. 일렉트릭 밥$^{Electric\ Bob}$이라는 천재 소년은 거대한 타조 로봇을 발명해서 타고 다니며 각종 모험을 한다는 이야기다. 이 소설은 로봇의 공학적 디테일들이 상세히 설명, 새로운 기계시대에 대한 사람들의 기대와 열망, 두려움을 표현했다.
　DI 소설에 나온 스팀맨은 지금 실현되어 광활한 도로를 누비고 있다. 바로 자율운전 자동차들이다. 자율운전 자동차는 인간을 닮은 로봇의 형상을 하지는 않았지만, 실체는 로봇이다. 자동차가 운전자를 인식하고 탑승자의 명령에 따라 목적지까지 운전한다. 스팀맨이 대 초원에서 각종 모험을 겪는 묘사가 지금 자율운전차가 도로 위에서 겪는 다양한 모험과 평행이론이 존재한다.

"우리는 운전자의 안전을 최우선으로 한다." 얼마 전 벤츠의 한 임원의 언론 인터뷰에 많은 비판이 쏟아지고 있다. 자동차 회사가 운전자의 안전을 최우선이 한다는 게 그렇게 비난받을 일인가? 그렇다. 비난받아 마땅하다. 자율운전 자동차에는 윤리사고 Ethical Accident 문제가 존재하기 때문에 이런 이야기를 함부로 하면 안 된다. 자율운전 자동차에는 운전자와 보행자의 안전을 상대적 안전을 판단하는 트롤리 딜레마Trolly Dilemma가 존재하기 때문이다. 자율운전 자동차가 급제동이 불가능한 상황에서 직진을 선택하면 건널목을 건너는 보행자를 죽게 된다. 핸들을 꺾어 다리 난간을 추돌하면 보행자는 살 수 있지만, 이번엔 운전자가 위험해진다. 이런 딜레마가 있는데도 벤츠 임원은 보행자가 아니라 운전자의 안전을 우선해야 한다고 주장했으니 여론이 들끓을 수밖에 없었다.

앞으로 이런 윤리적인 문제가 대두되었을 때, 판단은 AGI의 몫이 될 것이다. AGI의 위험성을 경고했던 일론 머스크도 2023년 X.AI라는 인공지능 기업을 설립했다. 자동차와 로봇에 AGI 탑재하고 트위터에 인공지능을 탑재해 시장 경쟁력을 높이려는 의도로 설립했다는 것이다. 머스크는 과연 이런 상황에서 어떤 판단을 할까? 그가 AI 회사를 설립한 목적이 이런 상황 자체를 만들지 않기 위한 노력의 일환이었으면 좋겠다.

자동차가 로봇이 되는 시대. 트롤리 딜레마 말고도 AGI는 여러 가지 윤리적 문제에 직면할 것이다. AGI가 각성해서 인간을 공격하는 것보다 이런 윤리적인 문제에 대한 대책을 수립하는 것이 먼저이다. 초 거대규모의 생성형 AI로 불현듯 찾아온 AIG 시대. 10의 22승 너머의 AGI는 위와 같은 문제에 해답이 있을까?

디스토피아 논쟁의 시작 (1872)

"우리는 날을 거듭할수록 그들에게 점점 더 복종하는 삶을
살아가고 있습니다. 기계의 노예가 되어 가고 있는 것이지요.
앞으로도 우리가 기계를 계속 발전시킨다면,
우리는 결국 그들의 지배하에서 비참한 삶을 살게 될 것입니다."

영국의 유명한 미래 소설가 버틀러[Samuel Butler, 1835~1902]가 1863
년 뉴질랜드의 일간지 '더 프레스'[The Press]에 기고한 '기계 속의 다
윈'[Darwin Among the Machines]이란 수필에는 미래에 대한 어두움이 짙게
깔려 있었다.

▲ 진화하는 기계로 인해 암울하게 될 인간의 미래를 표현한 소설 『에레혼』
출처: https://artinfiction.wordpress.com/

AI와 로봇이 인류를 유토피아로 이끌 것인가 디스토피아 Dystopia로 만들 것인가에 대한 논쟁은 아직도 진행 중이다. 기계문명이 결국 우리를 디스토피아로 이끌 것이란 화두를 처음으로 제시한 사람은 버틀러이다. 버틀러는 산업혁명이 무르익던 19세기말 종교와 도덕관을 비판하는 데 앞장선 미래 작가였다. 그는 대표작 『에레혼』Erewhon, 1872을 통해 AI와 인공생명의 시대가 올 것이라는 것을 일찌감치 예견했다.

버틀러는 『에레혼』에서 기계의 진화에 대한 우려를 강하게 표현했다. 1859년에 출간된 『종의 기원』에서처럼 기계도 진화한다면 기계가 인간을 지배하는 시대가 오리라는 섬뜩한 예언을 한 것이다. 더욱 섬뜩하면서도 놀라운 예측은 "기계는 인간이나 동식물의 진화와는 비교도 안 될 속도로 빠르게 진화할 것이다"라는 주장이다. 또한, 버틀러는 기계가 자의식을 가질 날도 올 것이라 했다. 우리가 곧 맞이하고 있는 AGI 시대를 버틀러는 이미 백오십 년 전에 예상한 것이다.

버틀러의 생각은 20세기에 들어 사이버네틱스의 아버지라 불리는 위너Nobert Wiener, 1894~1964에 의해 더욱 구체화하였다. 위너는 "우리가 지금처럼 기계가 배우고 경험에 의해 자신을 수정해 가는데 더욱 많은 노력을 쏟는다면 기계는 우리의 명령에 더 이상 복종하지 않게 될 것이다. 이는 마법의 램프에서 나온 '지니'가 다시 램프 속으로 들어가지 않으려 하는 것과 같다"고 말했다.

지금 21세기의 우리의 삶은 온갖 AI 기술과 복잡하게 서로 얽혀져 있다. 암을 치료할 때 의사가 왓슨의 지시를 따르고 알파고의 지시대로 바둑을 둔 기사가 기성 이세돌 9단을 이겼다. 자동차 운전도 지능화된 내비게이션의 지시를 따라야 하고, 아이들의 교육도 AI가 분석한 방법대로 따라야만 더 나은 성과를 낼 수 있다.

이처럼 AI의 지시대로 살고 있으면서도 우리는 AI를 이용해서 보다 편리하고 윤택한 삶을 살 수 있다고 강변하고 있다. 이러다가 우리는 진짜로 AI의 지배하에 살게 되지는 않을까? 마치 AI에게 사육되는 것처럼 말이다. 우리는 유토피아를 만들고 있다고 말하지만, 우리의 유토피아는 점점 더 디스토피아로 이끄는 것이 아닐까? 유토피아가 한순간에 디스토피아로 변하는 반전 드라마가 펼쳐지는 시기가 싱귤래리티^{특이점, Singularity}는 아닐까?

그러나 버틀러가 보지 못한 것은 인간도 기계보다 빠르게 진화할 수 있다는 것이다. 인간은 생물학적 진화에선 기계의 진화를 따라가지 못한다. 그래서 선택한 것이 기계와의 결합을 통한 포스트 휴먼^{Post Human}으로의 진화이다. 과연 기계가 아무리 빠른 진화를 한다고 하더라도 기계와 결합한 인간의 진화를 따라갈 수 있을까?

AI 이론의 시작, 하노이탑 (1883)

고대 인도의 한 사원에는 세 개의 다이아몬드 기둥과 모두 크기가 다른 순금 원판 64개가 보관되어있다. 이 원판들 한가운데는 구멍이 뚫려 있는데, 이 구멍을 이용한 황금 원찬들은 모두 한 다이아몬드 기둥에 크기 별로 꽂혀 있다. 제일 큰 원반이 맨 하단에 제일 작은 것이 제일 위에 놓여 있다.

신은 이 사원의 수도승에게 이 원판들을 다른 기둥에 모두 크기 별로 빨리 다시 옮겨 놓으라 명했다. 그런데, 여기서 무시무시한 예언이 따라온다. 이 원판들을 모두 옮기고 나면 종말이 온다는 것이다. 사원, 수도승은 물론 이 세상 모든 것이 사라진다는 것이다.

이 이야기는 베트남 하노이의 한 불교사원에서 전해 내려오는 세상의 종말에 대한 전설이다. 그런데 이 전설이 수천 년 전에 나왔고 아직도 실천되고 있다고 해도 별로 걱정할 필요가 없다. 이 전설의 미션을 달성하려면, 최소 횟수로 계산해도 2의 63승 번 이동해야 한다. 1초에 황금 원판 한 개를 이동시킨다 해도 모든 원판을 이동하는 데 걸리는 시간은 5,849억 년이다. 참고로 지구의 나이는 49억 년이고 우주의 나이가 120억 년이라 한다.

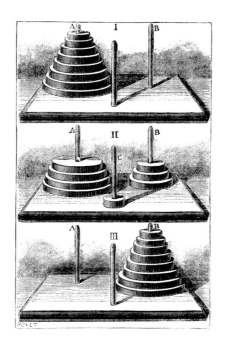

▲ 루카스의 수학 퍼즐게임
출처:https://faculty.evansville.edu/ck6/bstud/lucas.html

컴퓨터 자체가 수학의 구현체이고, 수학을 바이너리로 구현한 게 바로 컴퓨터이다. 하노이탑은 프랑스가 베트남을 식민지배하던 1883년, 수학 게임이나 퍼즐에 관심이 많았던 프랑스 수학자 루카스[Édouard Lucas, 1842~1891]가 고안한 수학 퍼즐게임이다. 이 게임은 오늘날 AI이 인간의 사고과정을 컴퓨터 프로그램으로 전환하는데 필요한 수학적 과제를 제공했다.

고성능 AI는 이 수학적 과제를 해결하는 과정에서 탄생했다고 해도 과언이 아니다. 수학이 고차원적 문제를 해결하려 들면 철학으로 변한다고 한다. 그래서 수학의 모과학[mother science]은 철학이다. AGI를 만드는 변수의 규모는 이 하노이탑의 연산 규모를 한참 넘어갔다. 그러면 AGI는 더 이상 과학적 문제가 아니라 철학적 과제를 안고 있을 수도 있다. 과연, 10의 22승이 넘어간 컴퓨팅의 세계에는 철학적 화두가 존재할까?

테슬라가 만든 "생각을 빌려오는 기계" (1898)

▲ 테슬라와 로봇보트의 신문기사

관중들은 놀란 눈으로 테슬라가 만든 장난감을 바라보고 있었다.

"이건 눈속임 일꺼야"

"아냐, 텔레파시야"

"내 생각에는 잘 훈련된 원숭이가 안에서 운전하고 있다고 봐"

사람들은 저마다의 추측을 했다.

이런 사람들 앞에서 테슬라는 씨익 웃으며 말했다.

"무선 조정입니다."

다음 날, 시연에 참석했던 뉴욕 타임스의 기자는 이 사실을 대서특필했다.

"테슬라의 발명은 전쟁의 판도를 바꿀 수 있어요.

이 배가 다이마이트를 싣고 적진으로 뛰어든다고 생각해 보세요."

테슬라는 이 기사를 보고 기자에게 말했다.

"무선 어뢰보다 더 큰 그림을 그려 보세요.

이 발명은 원격으로 작동되는 오토마톤으로 발전될 겁니다.

인간의 힘든 노동을 대신에 하는 기계인간 말입니다."

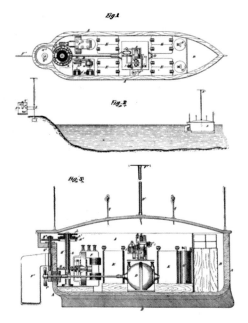

▲ 테슬라가 만든 로봇보트의 설계도

출처: https://www.thevintagenews.com/

일론 머스크가 만든 자동차 브랜드로 유명한 테슬라^{Tesla}. 이 브랜드는 사실 유명한 발명가의 이름이다. 전기의 마술사라 불리는 테슬라^{Nikola Tesla, 1856~1943}는 세르비아 출신의 미국과학자이다. 그는 19세기 말과 20세기 초, 전기 배전의 다상시스템과 교류 모터를 포함한 현대적 교류 시스템의 기초를 마련, 전기 상용화를 가져온 많은 발명을 하면서 오늘날 2차 산업 혁명이라 부르는 전기 혁명을 실현한 인물이다. 자기력선속밀도^{磁氣力線束密度}의 단위인 테슬라는 그의 이름에서 딴 것이다. 이 테슬라가 1898년, 드론^{Drone}의 원조격인 무선 조종 보트를 개발한 것이다.

테슬라는 1990년 그의 글에서 다음과 같이 말했다. "원격 조종은 조종하는 사람의 지식과 경험, 판단을 기계에 빌려온 것입니다. 따라서 이렇게 작동되는 기계는 마음을 차용한 것과 같습니다. 기계가 조종자의 일부가 된 것이죠. 그런데 이런 기계가 스스로 생각할 능력을 가지게 될 때가 올 겁니다. 그때가 되면 기계가 외부 자극에 반응, 어떤 결과를 가져올지 모릅니다." 이처럼, 테슬라는 오늘날 AGI와 로봇 시대를 예견하면서 고도의 기술 발달이 가져올지도 모르는 어두운 미래를 걱정했었다. "기술은 인간의 생활을 윤택하게 해주기도 하지만 사람을 해칠 수도 있는 양날의 검과 같다"라는 것을 테슬라는 본능적으로 감지했다.

연극 제목이었던 단어, '로봇' (1921)

영화 <모던 타임스>처럼 분업화된 공장에서 인간이 기계처럼 일했던 20세기 초, 체코의 극작가 차페크[Karel Čapek, 1890~1938]는 재미난 발상을 했다. 인간이 기계에 맞춰 노동할 것이 아니라 아예 기계가 인간을 대신해 일한다는 것. 그래서 그는 인간을 닮은 기계를 그의 작품에 등장시켰다. 이렇게 탄생한 희곡의 제목은 '로숨의 유니버설 로봇'[Rossum's Universal Robot, RUR]. 로봇을 등장시켰지만, 연극의 줄거리는 비극이다.

▲ RUR 연극의 한 장면(1921)
출처: https://3seaseurope.com/

무대는 미래의 한 장면. 인류는 인간의 노동을 대신할 정교한 '로봇'을 만들어 노동이나 전쟁을 맡긴다. 이 연극에 등장하는 로봇은 지금으로 치면 AGI를 장착한 지능형 로봇들이다. 인간과 진배없이 사고하고 행동한다. 로봇은 점차 진화하고 지능이나 힘에 있어 인간을 훨씬 넘어선다. 그러다 보니 인간의 지위를 넘보고 결국은 인간을 모두 살해한다.

1921년 1월 25일 처음으로 공연된 이 연극은 그 후 많은 나라의 연극무대에서 지금까지도 공연되고 있다. 그런데, AI 인문사에 이 작품이 반드시 등장해야 하는 이유는 바로 기가 막힌 작명 때문이다. 이 희곡에서 '로봇'이라는 단어가 처음으로 만들어졌고, 연극의 유명세에 힘입어 오늘날 인공생명체를 묘사하는 단어가 되었기 때문이다. 차페크는 노동을 의미하는 체코어 'Robota'에서 a를 빼고 Robot만 차용, 오늘날 일반명사가 된 '로봇'이라는 용어를 만들어냈다.

그러나, 이 작품에서 등장하는 인조인간들은 지금 우리가 생각하는 로봇과는 일치하지 않는다. 로봇 제작도 공학적이라기보다는 마술적 설계를 차용했다. 여기에 등장하는 로봇들의 지적능력으로 보자면 클론에 가깝다. 이 희곡이 문학적 상상력의 산물이기 때문이다.

자의식을 지닌 로봇들의 이야기는 이후 다양한 영화와 소설의 주제가 되었다. 그 중 대표적인 작품이 2000년에 등장한 <바이센테니얼 맨>Bicentennial Man이다. 여기선 자유와 자신의 권리를 주장하며 인간이 되고자 하는 로봇이 등장한다. AI가 진화해서 인격을 갖추는 날이 왔을 때, 과연 우리는 그 인공물을 인격체로 인정할 수 있을까?

사람들은 아리스토텔레스가 말한 노예의 일을 대신하면서 모든 인간을 귀족처럼 살게 하는 로봇 유토피아를 꿈꾸지만, 로봇이 너무 정교하게 발전하면 인간의 일뿐만 아니라 삶까지도 대신하려 할 수 있다는 로봇 디스토피아가 현실이 될 수 있다는 것을 경고한 것이다.

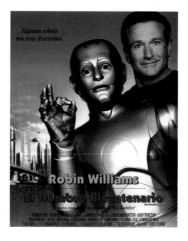

▲ 〈바이센테니얼 맨〉(2000)

출처: https://www.filmaffinity.com/us/movieimage.php?imageId=340908328

이 희곡에서처럼 로봇이 자의식을 가진다는 설정은 과학적이라고 하기보다는 주술적 사고에 가깝다. 그러나 기술의 역사는 언제나 주술과 마법을 현실로 만들어 왔다. AI가 체스챔피언을 이겼을 때만 해도 바둑을 이길 수 있으리라는 것은 상상 속에서나 가능한 이야기였다. 그런데 딥러닝기술이 등장하고 알파고란 AI가 등장하면서 바둑계를 평정했다. 그럼, AGI와 로봇이 결합하면 인간과 구별이 힘든 로봇이 탄생할까?

이 연극처럼 영화나 드라마에는 로봇이 인간을 해치는 내용이 많이 등장한다. 로봇이 폭주하는 스토리는 기술에 대한 두려움이 반영된 것이다. 기술에 대한 두려움은 오래된 주제이다. 사람들은 항상 기술이 제어에서 벗어나 인류에 위협이 될까 봐 두려워해 왔다. 로봇은 단순히 새로운 기술의 한 형태일 뿐이며 다른 기술과 마찬가지로 제어에서 벗어나 인류에게 위협이 될 수 있다는 두려움을 반영한 것이다.

사람들은 자신이 통제할 수 없는 것에 대한 두려움을 가지고 있다. 로봇은 복잡한 기계이며 인간이 항상 통제할 수 있는 것은 아니다. 10의 22승을 넘어가는 초 거대규모 컴퓨팅 영역으로 진입하면 인간이 도저히 이해할 수 없는 능력이 갑자기 창발하기도 한다. 그래서 사람들은 로봇이 제어에서 벗어나 인류에게 위협이 될 것이라고 두려워한다. 사람들은 죽음에 대한 두려움을 가지고 있다. 이 두려움이 통제불능의 기술에 대한 우려와 결합한 것이다. 그래서, 로봇은 점점 더 강력해지고 있으며 결국 인간을 죽이는 것도 어렵지 않다고 상상한다.

또한, 사람들은 기계가 인간을 대체할 수 있다는 두려움을 항상 가지고 있다. 로봇은 점점 더 지능적이고 정교해지고 있으며 결국 인간이 할 수 있는 모든 일을 할 수 있을 것이다. 이것은 사람들이 로봇이 인간을 일자리를 잃게 하고 사회에서 무의미한 존재로 도태되게 할 수 있다는 두려움을 준다.

마지막으로 매우 강력한 이유가 하나 더 있다. 공포영화 장르의 인기가 많기 때문이다. 터미네이터나 로보캅 등, 로봇이 인간을 죽이거나 해치는 영화는 공전의 히트를 쳤다. 그리고 이와 유사한 스토리들도 중간 이상의 성적을 보여주었다. 그래서 인간과 로봇의 대결 구도가 공포영화의 한 영역을 차지하게 된 것이다.

AI, 드디어 눈이 생겼다 (1931)

중국에서 새 스마트폰으로 모바일 인터넷 서비스를 이용하려면, 얼굴 인식 절차를 거쳐야 한다. 중국 정부는 사이버 공간에서 시민들의 정당한 권리와 이익을 보호하기를 위함이라고 하지만, 시민들은 안면 인식 기술을 활용해 감시체계를 강화하려는 정책이라고 불만을 토론한다. 중국에는 인터넷 접속을 할 때, PC보다 스마트폰을 사용하는 경우가 많아 이 정책은 결국 시민들의 개인정보를 국가가 통제하기 위한 수단으로 사용되고 있다는 것이다.

이렇게 AI가 사람을 식별할 수 있도록 눈을 달아준 사람이 있다. 러시아 출신의 과학자 골드버그[Emanuel Goldberg, 1881~1970]이다. 골드버그는 1931년 '광전자 소재를 이용한 문서검색장치'인 광학 문자 인식[Optical Character Recognition, OCR] 장치의 특허를 출원했다. 이 특허는 1974년 커즈웨일[Ray Kurzweil, 1948~현재]의 스캐너 발명으로 이어졌다.

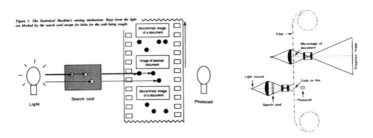

▲ 골드버그가 발명한 최초의 이미지 인식도구
출처: https://beyondarchives.wordpress.com/

OCR은 사람이 쓰거나 인쇄된 문자를 이미지 스캔으로 얻을
수 있는 문서의 활자 영상을 컴퓨터가 편집 가능한 문자코드 등
의 형식으로 변환하는 기계 시각Machine Vision 소프트웨어로써 AI가
사물을 인식하게 해주는 핵심기술이다. 골드버그의 기술은 거울
이나 렌즈 등을 이용한 광학 문자 인식기술이었다. 이 기술이 지
금의 스캐너 및 알고리즘에 의한 디지털 문자 인식으로 발전한
것이다.

이 기술은 챗GPT 4에서 멀티모달Multi Modal이란 기술로 이어
졌다. 멀티모달은 시각, 청각 후각 미각 촉각과 같이 오감과 관련
된 다양한 정보들을 사람은 한 번에 받아들이고 서로 소통하는
것이다. 이는 다양한 형식의 데이터들을 하나로 모아서 처리하기
때문에 가능하다. 시각, 청각, 감각 등 다양한 모달리티를 동시에
받아들이고 처리하는 AI기술이다. 챗GPT가 처음 등장했을 때만
하더라도 AI는 텍스트에 집중했다. 이를 싱글 모달이라 하는데,
음성 데이터 하나 그리고 문자 텍스트 데이터 하나 등 각각의 데
이터들은 싱글모달 데이터이다.

멀티모달은 4D 영화를 떠올리면 이해가 쉽다. 4D 영화에선 의자가 흔들리고, 물을 뿌리는 정도가 아니라 냄새가 방출되기도 한다. 이런 식으로 시각 청각 촉각 후각 등의 다양한 정보들을 동시에 느끼게 해주는 것이 바로 보여준다. 이때, 다양한 데이터가 한순간에 발생하는데 이를 모두 AI가 인식하여 정보처리를 하므로 LLM의 차세대 기술이라 칭하며, 자동차, 의료 및 고객 서비스와 같은 다양한 애플리케이션에 사용할 수 있다. 멀티모달 기술은 인간의 감각 기관이 주는 정보에 접근할 수 있는 능력을 모방하기 때문에 매우 강력한 능력이다. 하지만 멀티모달 기술이 일으킬 수 있는 사회적 문제도 간과해서는 안 된다.

가장 먼저 주목해야 하는 것은 이 기술이 개인의 프라이버시를 침해하는 데 사용될 수 있다. 멀티모달 시스템은 얼굴 인식, 음성 인식 및 위치 추적을 포함한 다양한 기술을 사용하여 사람들에 대한 정보를 수집할 수 있다. 이 정보는 개인을 추적하고, 광고를 타겟팅하고, 심지어 사람들을 통제하는 데 사용될 수 있다.

또한, 멀티모달은 차별을 조장하는 데 사용될 수 있다. 멀티모달 시스템은 얼굴 인식, 음성 인식 및 위치 추적을 포함한 다양한 기술을 사용하여 사람들에 대한 정보를 수집할 수 있다. 이 정보는 사람들을 차별하고, 사람들을 배제하고, 심지어 폭력을 조장하는 데 사용될 수 있다.

인간들이 멀티모달 기술에 의존하게 되어 사회적 상호 작용을 피하게 되는 경우도 생길 수 있다. 멀티모달 기술은 인간과 상호 작용할 수 있으며 사람들이 실제 사람들과 상호 작용할 필요성을 느끼지 못하게 해서 사회적 고립과 외로움으로 이어질 수 있다.

멀티모달 기술로 만든 허위 기사나 동영상은 사람들에게 많은 문제를 일으킬 수 있다. 멀티모달 기술로 만든 허위 기사나 동영상이 진짜와 구별하기 어렵기 때문에 사람들은 이러한 콘텐츠를 믿고, 자신의 결정을 내릴 수 있다. 따라서 선거에 개입하거나 심지어 폭력에 가담할 수도 있습니다. 이러한 콘텐츠는 또한 사람들의 신뢰를 손상시키고, 민주주의를 약화하고, 사회를 분열시킬 수도 있다.

　　따라서 허위 기사나 동영상을 식별하는 방법 또한 인간이 해결해야 할 과제가 되었다. 당장은 콘텐츠의 품질과 일관성을 가려서 진위를 확인한다고는 하지만 여전히 한계가 존재한다. 따라서 멀티모달 기술로 만든 허위 기사나 동영상을 발견하면 이에 대해 조치를 취하는 것이 중요하다. 이러한 콘텐츠 공유를 즉시 중단하고 다른 사람들에게 즉각 경고하는 시민 정신이 필요하다.

　　멀티모달은 강력한 기술이니만큼 사용자들의 책임감 있는 기술사용이 중요하다. 더불어 이 기술을 제공하고 있는 빅테크 기업들 역시 기술사용에 따른 부작용을 없애기 위해 적극적인 노력이 필요하다. 사용자와 관계 당국 역시 이런 부작용을 지속적으로 일으키는 기업에 대해 엄중한 책임을 물어야 한다.

진짜 로봇의 등장 (1939)

1939년 뉴욕만국박람회에 웨스팅하우스사는 놀라운 발명품을 출품했다. 이는 키가 2m나 되는 진짜 휴머노이드였다. 이 로봇의 이름은 '모토맨'Moto-Man음성명령으로 작동하고 수백 개의 단어를 사용해 말도 했다. 심지어는 담배도 피웠다. 모토맨의 광전자 눈은 빨강과 녹색을 구분할 수 있었다. 박람회장에서 모토맨은 이와 같은 능력을 보여주는 20분짜리 쇼를 공연했다.

모토맨의 이런 동작들을 보면서 일부 사람들은 모토맨 안에 사람이 들어가서 눈속임을 펼치고 있는 것이라고 의심했다. 그러자 제작자 바넷Joseph M. Barnett, 생몰 미상은 모토맨의 몸통 일부를 절개해서 내부 기관이 작동하는 것을 보여주기까지 했다. 모토맨의 몸속에선 캠 샤프트와 기어들이 모터의 힘으로 돌아가고 있었다. 로봇의 목소리를 담당한 것은 레코드 플레이어였다. 그리고 명령에 반응하거나 움직임을 제어한 것은 유선 조종장치였다.

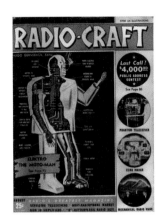

▲ 바넷의 모토맨(Moto-Man)

출처: https://cyberneticzoo.com/robots/

모토맨은 박람회 이듬해인 1940년에는 로봇 강아지 '스파코'
Sparko까지 데리고 다니면서 인기몰이를 했다. 모토맨이 셀럽이 된
셈이다. 이 모토맨은 아직도 웨스팅하우스사에서 보관 중이며
인류 역사상 가장 오래된 로봇이라는 타이틀을 거머쥐고 있다.

모토맨은 1960년에는 영화배우로 출연까지 했으나 그 후, 완
전히 해체되었고, 심지어 그의 머리 부분은 웨스팅하우스 직원의
퇴직선물로 전달되기도 하는 수모를 겪었으나, 2004년 완전히 재
조립되어 이제 다시 화려했던 로봇 역사의 시작을 알린 명물로
거듭나, 많은 사람의 사랑을 받고 있다.

모토맨은 로봇 공학 역사상 매우 중요한 로봇으로 여겨지고
있다. 모토맨은 되었으며 모토맨이 없었더라면 로봇을 사용하는
방식이 매우 달랐을 것이라고 할 정도로 로봇을 대중화하는 데
큰 역할을 했다. 모토맨은 인간과 유사한 외모와 행동을 가진 최
초의 로봇이었기 때문에 로봇이 현실적이고 유용한 도구가 될 수

있음을 보여주었다. 인간의 음성명령을 이해하고 응답할 수 있는 최초의 로봇 모토맨은 로봇이 보다 복잡하고 정교해질 수 있다는 가능성을 보여, 로봇 개발에 대한 투자를 촉진했고 이를 통해 산업용 로봇의 활발한 개발의 견인차 역할을 했다.

1954년, 로봇의 아버지라 불리는 엔젤버거Joseph Engelberger, 1925~2015 는 유니메이트Unimate이라는 자동차 제조용 로봇을 개발했는데, 이는 첫 번째 산업용 로봇으로 간주되고 있다. 1969년에는 샤인만Victor Scheinman, 1942~2016이 셰이키 더 로봇Shakey the Robot이라는 최초의 지능형 로봇 만들었다. 이 로봇은 인공지능을 사용하여 작업을 수행할 수 있었다. 1980년, 일본의 야스카와 전기Yaskawa Electric Corporation는 동명인 모토맨Motoman을 출시했는데, 이 로봇은 산업용 로봇의 표준이 되었으며 오늘날 전 세계에서 수백만 대가 보급되었다.

이와 같이 인간이 만든 최초의 로봇은 공장의 기계와 같은 물건으로 이야기 속에 등장하는 킬러와는 거리가 멀었다. 지금도 로봇은 실용적 목적으로 개발, 사용되고 있다. 이런 로봇들에 사악한 영혼이 빙의 되어 갑자기 각성한다는 것은 영화 속 장면으로만 남도록 적절한 규제와 안전장치를 해야 한다.

AI, 음성을 장착하다 (1939)

"AI의 발전은 인류 역사상 가장 좋은 일입니다."

"그러나, 가장 안 좋은 일이 될 수도 있습니다."

천재 물리학자 호킹[Stephen Hawking, 1942~2018] 박사 목소리이다.

아니, 더 정확하게 이야기하면 컴퓨터가 읽어주는 로봇 기계음이다.

루게릭병으로 말을 할 수 없던 호킹 박사는 늘 음성합성기를 사용했다.

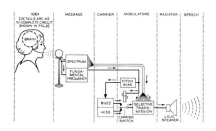

▲ 보코더의 개념도

이 음성합성기술은 1939년 벨 연구소[Bell Telephone Laboratories]의 엔지니어로 일하던 듀들리[Homer Dudley, 1896~1980]에 의해 발명되었다. 그가 발명한 보코더[Vocoder, Voice Recorder]는 음성 신호를 처리하고 변환하는 장치로 다양한 전자 필터를 이용해 소리를 만들어냈다. 그 결과, 음성을 합성하고, 음성을 변조하고, 음성을 암호화하는 방법을 찾을 수 있었다.

예를 들면, 1960년대에는 특수 효과를 위해 영화와 TV 프로그램에서 사용되었다. 1980년대에는 전자 음악에서 사용되었고, 음성 메시지를 암호화하는 데 사용되었다. 1990년대에 와서는 데이터를 암호화하는 데 사용, 되었다. AI 산업에 혁명을 일으키는 데 도움이 되었다. 보코더의 몇 가지 응용 프로그램은 다음과 같다.

- **음성 합성:** 보코더는 컴퓨터에서 사람의 목소리를 모방하여 생성된 음성 합성을 생성하는 데 사용할 수 있다. 이것은 전화 로봇, 인공지능 또는 비디오 게임과 같은 다양한 응용 분야에서 인간의 목소리를 만드는 데 사용할 수 있다.
- **음성 변조:** 보코더는 음성의 피치, 톤 또는 강도를 변경하는 데 사용할 수 있다. 이것은 효과를 만들거나 메시지를 숨기기 위해 텔레비전, 영화 또는 음악과 같은 다양한 응용 분야에서 사용할 수 있다.
- **음성 인식:** 보코더는 컴퓨터에서 사람의 목소리를 인식하는 데 사용할 수 있다. 이것은 음성명령을 처리하거나 전화 통화를 처리하는 것과 같은 다양한 응용 분야에서 사용할 수 있다.
- **음성 암호화:** 보코더는 컴퓨터에서 사람의 목소리를 암호화하는 데 사용할 수 있다. 이것은 전화 통화, 이메일 또는 파일을 암호화하는 것과 같은 다양한 응용 분야에서 사용할 수 있다.

로봇, 드디어 인간을 사냥하기 시작하다 (1940)

"나는 사회에 보상하고, 무고한 시민을 보호하며, 법질서 수호한다."
이렇게 3대 강령을 외치며 로보캅은 악당을 향해 총을 쐈다.

로보캅과 같이 자의식이 모호한 사이보그가 인간을 살상하는 일은 이미 2차 세계대전 때부터 시작되었다. 전장에서 독일은 사용한 골리앗Goliath 로봇을 사용했다. 골리앗은 유선으로 조종되던 무인 로봇이었다. 이 로봇은 몸체에 많은 폭탄을 적재하고 적진에 들어 자폭하는 식으로 많은 사람을 살상했다. 쉽게 말하자면 이동식 지뢰인 셈이다. 이 로봇에게는 아시모프의 원칙 따위는 안중에도 없었다.

오늘날에는 하늘을 나는 로봇, 드론이 대량 살상무기로 사용되고 있다. 드론이 인간에 의해 원격 조종되고 있다고는 하지만 이 역시 로봇이 인간을 살상하는 것이다. 또한, AI가 발달함에 따라 무선 조종 없이도 자율적으로 공격을 판단하는 드론도 나오고 있다.

이런 식으로 로봇이 전쟁에 사용되고 AI가 공격명령을 판단

▲ 2차 세계대전 때 나치가 사용한 이동식 로봇지뢰 '골리앗'
출처: https://www.military-history.org/

하는 용도로 사용된다면, 인류의 미래는 어떻게 될까? 슈퍼 AI가 출현해 이런 공격용 로봇들과 연결되어 인간살상 명령을 내리는 상황? 가능하다고 보는 것이 맞다.

문제는 킬러로봇이 인간처럼 판단할 수 없고, 인간의 존엄성과 동정심, 자비 등을 갖고 있지 않다는 것이다. 지금도 드론이 장갑차, 견마형 로봇, 신박 등 다양한 살상형 로봇으로 개발되고 있다. 전장에서 적군의 공격에 죽는 것은 매우 불행한 일인데, 그 적군이 인간도 아니고 기계라면, 그 죽음이 더욱 비참할 것 같다.

로봇의 3원칙 (1943)

1940년대, 이때만 해도 AI에 대해선 잘 몰랐다. 그래도 사람들은 로봇기술은 진화를 거듭할 것이고 마침내 인간을 능가하는 로봇이 나올 것이라는 불안감을 마음속에 잠재해 두었다. 상상 속의 로봇을 상상적으로 제어하는 선언문이 나왔으니 바로 아시모프[Issac Asimov, 1920~1992]의 '로봇의 3원칙'이다. 1942년, 아시모프는 그의 단편 소설 『런어라운드』[Runaround]에서 지금도 유명한 로봇의 3원칙[Three Laws of Robotics]을 주장했다. 로봇은 인간과의 관계에 있어 다음의 세 가지 원칙을 위배해서는 안 된다는 것이다.

- **제1원칙**: 로봇은 인간에게 해를 입혀서는 안 된다. 그리고 위험에 처한 인간을 모른 척해서도 안 된다.
- **제2원칙**: 1원칙에 위배되지 않는 한 로봇은 인간의 명령에 복종해야 한다.
- **제3원칙**: 제1원칙과 제2원칙에 위배되지 않는 한 로봇은 로봇 자신을 지켜야 한다.

그리고, 1985년, 아시모프는 위 3대 원칙에 로봇으로부터 인류의 안전을 보장하기 위해 0 번째 법칙을 추가했다. '로봇은 인류에게 해를 가하거나, 해를 끼치는 행동을 하지 않음으로써 인류에게 해를 끼치지 않는다'를 추가하였다. 1원칙과 비슷한 원칙이다. 이 원칙은 아마도 1984년에 개봉된 영화 <터미네이터>의 스카이넷을 보고 추가한 것 같다.

▲ 아시모프의 미래소설 『아이, 로봇』 표지
출처: https://todayinhistory.substack.com/

그런데 이런 상상적 원칙이 AI 인문사에 등장하는 이유는 이 원칙이 로봇이나 AI 관련 작품들뿐 아니라 AI 개발을 하는 과학자들에게도 존중받고 있기 때문이다. 그래서 이 3원칙 발표 이후 나오는 많은 로봇 소재 영화나 소설들은 3원칙을 서로 충돌시켜서 로봇을 무력화시키거나 갈등에 빠트린다. 이렇게 로봇 3원칙은 세상에서 제일 유명한 로봇에 대한 윤리 시스템이 되었다. 이 3원칙은 이 3원칙이 너무 유명하다 보니 많은 사람이 이 원칙들을 국제기구에서 만든 법률로 착각하고 있다.

아시모프의 3원칙은 윌 스미스 주연의 2004년 영화 <아이

로봇>을 통해서 전 세계에 널리 알려졌다. <아이 로봇>에서 이 원칙들은 극적인 재미를 끌어 올리는 소재로 사용되었다. 그러나 AI가 특이점을 지나 스스로 판단을 할 수 있는 단계까지 갔을 때 과연 이 원칙을 지키려 할 것에 대해서는 큰 의문이 남는다. 로봇의 3원칙은 로봇을 인간의 영원한 노예로 만들기 위한 기본 알고리즘이다.

그러나 이 원칙은 인간에게도 적용될 수 있다. 공동체적 목적 달성을 위해 개인의 희생이 정당화되고 강요되는 사례가 많다. 이 경우, 인간의 3원칙도 로봇의 3원칙과 크게 다르지 않다고 생각한다? 아직도 로봇의 정의가 진화 중이고 로봇의 위험에 대한 판단 기준, 또 로봇이 누구의 명령에 따라야 하는지도 불분명하다. 어떻게 보면 앞으로 AI 연구는 로봇의 3원칙과 같은 윤리적 판단 기준이 정립하는 데 더 큰 노력을 해야 한다.

한국 산업통상자원부는 로봇의 3원칙을 기반으로 로봇 안전 행동 3대 원칙을 만들고 KS 규격으로 제정했다. 이 원칙은 인간 보호, 명령 복종 및 자기 보호의 세 가지 핵심 내용을 가져왔으며 서비스 로봇이 준수해야 하는 안전 지침이다. 그러나 이 원칙은 간단하고 명확하기 때문에 허점이 많다. 이로 인해 3가지 원칙이 충돌하거나 모순될 수 있는 상황이 발생할 수 있다. 이러한 상황은 로봇이 어떻게 행동해야 하는지 명확하지 않기 때문에 위험할 수 있다.

이 원칙은 로봇이 위험에 처한 인간을 무시해서는 안 된다고 명시하고 있다. 그러나 개별 인간을 구하는 것이 인류 전체에 해를 끼친다면 로봇은 어떻게 해야 할까? 영화 아이로봇에서 슈퍼 AI인 비키는 이 원칙을 바탕으로 인간을 통제하기 시작한다. 비키는 인간을 보호해야 한다는 개념을 훨씬 더 광범위하게 해석하기 때문이다. 그녀는 인류가 스스로를 해치지 않도록 통제해야 한다고 믿었기 때문이다. 그러나 이것은 비키가 인간의 자유를 희생한다는 것을 의미하지만 비키는 인간이 스스로 결정을 내릴 수 없다고 자기 멋대로 해석했다. 이것은 로봇이 따라야 할 원칙을 설정할 때 겪는 어려움 중 하나이다.

우리는 로봇이 인류를 보호하도록 로봇을 프로그래밍해야 하지만 로봇이 인간의 자유를 침해하지 않도록 해야 한다. 할아버지와 갓난아기 중 한 명을 구해야 한다면, 로봇은 누구를 구해야 하나? 할아버지는 더 오래 살았지만, 갓난아기는 더 많은 잠재력을 가지고 있으니 갓난아이를 구해야 하나? 정답은 없다. 로봇은 이 어려운 결정을 스스로 내려야 한다. 10명의 천재와 천명의 일반인 중에서 선택해야 하는 상황을 고려해 보자. 로봇은 누구를 구해야 할까? 천재는 인류에게 더 크게 이바지할 수 있지만, 일반인은 더 많은 사람이다. 이 역시 정답은 없다. 로봇은 이 어려운 결정을 스스로 내려야 하는 것이 맞을까?

이러한 상황은 로봇이 따라야 할 원칙을 설정할 때 겪는 어려움의 몇 가지 예일 뿐이다. 이러한 어려움은 로봇을 설계할 때 고려해야 할 중요한 요소이다. 이런 질문같이 우리 인간들도 함부로 결정하지 못하는 이런 의사결정들을 로봇들은 어떤 과정을 통해서 결론을 도출하였는지도 모르고, 해석의 여지도 변수도 너무 많다. 로봇의 이성적인 판단이냐, 인간의 인간다운 판단이냐? 결국에 어떤 판단이 옳은지는 인간, 로봇, 그 누구도 단언할 수 없다.

로봇은 단순히 이성적인 판단을 내리기 때문에 여러 가지 딜레마가 발생한다. 이러한 딜레마는 로봇의 3원칙에 의해 해결되지 않는다. 3원칙은 로봇이 이성적이며 도덕적이라고 가정한다. 그러나 로봇은 인간과 같은 도덕적 감각을 지니고 있지 않으며 인간과 같은 방식으로 상황을 평가하지 못할 수도 있다. 그 결과 로봇은 인간에게 해를 끼칠 수 있는 결정을 내릴 수 있다. 예를 들어 로봇은 인간을 구하기 위해 다른 인간을 희생해야 하는 상황에 직면할 수 있다. 또는 로봇은 인간에게 해를 끼치지 않기 위해 명령을 거부해야 하는 상황에 직면할 수 있다.

로봇의 3원칙은 완벽하지 않으며 로봇이 인간에게 해를 끼치는 것을 방지할 수 없다. 로봇을 인간에게 해를 끼치지 않도록 하는 가장 좋은 방법은 로봇에게 도덕과 윤리를 가르치는 것이다. 로봇에게 인간의 가치와 인간에게 해를 끼치는 것이 잘못된 것임을 가르치는 것이다. 로봇에게 도덕과 윤리를 가르치는 것은 어려울 수 있지만 필수적이다. 로봇이 안전하고 책임감 있게 작동하는지 확인하는 유일한 방법이다.

인공지능은 지능이 높을수록 도덕적, 윤리적 가치를 가르칠 수 있다. AI가 인간 수준의 지능을 가질 수 있다면 인간과 같은 도덕적 감각을 갖게 될 것이다. 인공지능은 인간과 같은 방식으로 상황을 평가하고 인간에게 해를 끼치는 결정을 내리지 않을 것이다. 인공지능에 도덕과 윤리를 가르치는 것은 여전히 어렵지만 필수적이다. 인공지능이 안전하고 책임감 있게 작동하는지 확인하는 유일한 방법이다.

이러한 가치를 로봇에 구현하기 위한 연구가 여러 가지 진행 중이다. 가장 대표적인 연구가 의료용 인공지능의 윤리에 관한 연구인 메드에텍스 아키텍처^{MedEthEx Architecture}이다. 메드에텍스는 인간의 사례에서 윤리적 추론을 도출한다. 예를 들어, 환자가 의사에게 "나 좀 내버려 둬"라고 말하면 인공지능은 환자의 명령을 이행해야 할 의무와 환자를 돌봐야 할 의무 사이에서 충돌한다. 이 경우 인공지능은 환자의 상태를 분석하고 과거에 인간 의료 전문가가 취한 구체적인 조치를 참조하여 결정을 내린다. 이 방법을 사용하면 인공지능은 서로 충돌하는 의무 사이에서 균형을 잡을 수 있다. 이러한 연구는 인공지능이 안전하고 책임감 있게 작동하도록 하는 데 도움이 될 것이다. 또한, 인공지능이 인간에게 해를 끼칠 수 있는 결정을 내리지 않도록 하는 데 도움이 될 것이다.

군사용 로봇은 실제 전장에 투입되어 적군과 민간인을 구별해야 한다. 그러나 로봇은 인간만큼 똑똑하거나 유연하지 않다. 로봇은 일반적으로 군복을 입고 무기를 들고 있는 사람을 적군으로 식별한다. 그러나 이것은 오류가 발생하기 쉽다. 예를 들어, 장난감 총을 들고 군복을 입은 소년은 로봇이 군인으로 오인하여 공격할 수 있다.

인간은 다양한 요소를 기반으로 대상을 평가할 수 있기 때문에 이러한 오류를 더 잘 수정할 수 있다. 예를 들어, 인간은 대상의 냄새, 소리, 말투, 눈빛 및 주변 상황을 고려할 수 있다. 그러나 로봇은 이러한 요소를 평가할 수 없다. 로봇은 알고리즘에 따라 작동할 뿐이다. 이로 인해 군사용 로봇이 민간인을 공격할 위험이 있다. 이 위험을 줄이기 위해 로봇에 더 많은 지능과 유연성을 부여해야 한다. 또한, 로봇이 민간인을 공격할 가능성이 있는 상황을 식별할 수 있는 시스템을 개발해야 한다.

미군은 로봇 윤리를 가르치는 연구를 위해 예일대와 조지타

운대에 5년간 750만 달러를 지원했다. 로봇 전문가는 "앞으로 윤리적인 로봇 시스템이 개발되면 전쟁터에서 발생하는 민간인 희생은 크게 줄 것"이라고 전망했다. 앞으로 더 많은 시간이 지난다면 인간은 정말 다양한 업무들을 인공지능에 맡길 것이다 자율주행 차, 배달 로봇, 무인론, 전쟁로봇, 금융로봇이나 상담로봇까지 인간을 돕기 위해 만들어진 로봇에게는 반드시 윤리가 필요하다. 그런데 과연 인간은 로봇에게 윤리를 가르칠 수 있을까? 윤리적인 로봇이 정말로 가능한 걸까?

예일대 생명윤리 학제 간 센터 웬델[Wallach Wendell, 1946~현재] 교수와 인디애나대학교 과학철학사 및 인지과학과 교수 알렌[Colin Allen, 1960~현재]가 공저한 『왜 로봇의 도덕인가』[Moral Machines: Teaching Robots Right from Wrong]에서는 "옳고 그름을 구별할 수 있는 로봇 설계 과정이 인간의 윤리적 의사결정에 대해 많은 것을 드러내 주는 일인 만큼 로봇 도덕을 구현하는 일은 인간을 이해하는 과정일 것"이라고 설명한다. 이 들은 로봇 윤리 소프트웨어를 만드는 세 가지 기법을 소개했다. 도덕에 근거한 원칙을 세워 로봇 판단을 결정하는 '논리 기반 접근법'과 다양한 사례를 통해 자신의 판단 근거를 찾는 '사례 기반 접근법', 그리고 여러 사람의 행동이 충돌할 때 어떤 결과를 낳는지를 알아보는 시뮬레이션으로 합리적인 행동을 찾아내는 '다중 행위자 접근법' 등이다.

미국의 철학자이자 인지 과학자, 심리학자 브링서드[Selmer Bringsjord, 1958~현재]는 '공리주의' 원칙을 기반으로 로봇이 윤리적으로 행동하도록 프로그래밍할 수 있다고 믿는다. 그는 로봇이 도덕적 원칙과 규칙을 배우고 이러한 원칙과 규칙에 따라 행동하도록 훈련할 수 있다고 주장한다. 그가 로봇 윤리를 프로그래밍하는 데 사용할 수 있는 여러 가지 방법 중의 하나는 "로봇에게 인간의 도덕적 원칙과 규칙을 가르치는 것"이다. 또 다른 방법은 "로봇에게 도덕적 추론을 수행하는 방법을 가르치는 것"이다. 따라서, "장애물이 나타나면 피할 것"이라고 프로그램하기 보다는 "생명은 소중하다"라는 큰 원칙으로 프로그램하면, 로봇이 스스로 상황을 파악해 피할 수 있다고 주장한다.

　　기술과 관련된 윤리는 항상 뒤늦게 세워져 인간을 힘들게 한다. 편리함으로 인해 그 부작용이 크게 부각되지 않은 탓이다. 따라서 머지않아 실제로 존재할 AI 로봇에 대한 윤리를 세우려는 지금의 노력은 반길 만한 일일 것이다. 아시모프의 정의는 인간적 관점에서 보면, 매우 이기적이고 작위적이다. 그러나, AI 개발에 어떤 명확한 원칙이 뒷받침되어야 한다는 것에는 모두가 동의한다. 앞으로 인간을 능가하는 두뇌를 가질 AI에는 이런 강압적인 3원칙보다는 조선의 선비정신과 같이 자비롭고 남을 돕는 영웅적 알고리즘이 기본으로 깔려있어야 하는 것 아닌가?

인공신경망 (1943)

　　지금까지 살펴본 AI의 인문학적 역사에서도 알 수 있듯이 인류는 여러 가지 이유로 인간을 닮은 존재를 만들기 위해 노력했다. 그래서 나온 것이 인간의 역설계. 인체를 역설계해서 오토마타를 만들고 인체의 순환시스템을 모방해 자동 장치를 개발했다. 이런 노력의 마지막 단계는 인간의 사고구조를 역설계, 즉, 뇌를 역 설계하는 일이었다. 그래서 찾은 것이 뇌가 다양한 뉴런의 집합인 신경망으로 구성되어 있다는 사실이다. 사람의 신경망을 모방한 기계 학습 알고리즘을 만들면 생각하는 기계, AI를 만들 수도 있겠다는 생각에 이르렀다.

　　인공신경망을 최초로 생각해 낸 사람은 신경 생리학자 맥컬로치Warren McCulloch, 1989~1969와 인문학자 피츠Walter Pitts, 1923~1969이다. 이들은 1943년 '맥컬로치 피츠 뉴런' 모델을 탄생시킨 논문 「신경 작용에 내재한 개념에 대한 논리적 해석」A Logical Calculus of Ideas Immanent in Nervous Activity에서 신경망에 대한 수학적 모형을 처음으로 제시했다. 그들은 이 논문에서 인간의 두뇌를 이진법 원소들의 집합으로 설명, 인간의 두뇌가 정보를 처리하는 방식을 설명하는 데 사용할 수 있는 수학적 모델을 만들었으며, 지금의 AI를 탄생시킨 학문적 토대를 마련했다.

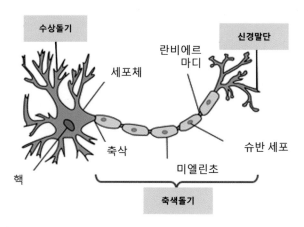

▲ 뉴런의 구조

출처: https://byjus.com/biology/neurons/

　우리의 뇌를 구성하고 있는 것은 전기적인 신호를 전달하는 뉴런이란 특이한 세포이다. 이 뉴런의 수상돌기^{Dendrite}는 신호를 수신하는 역할을, 축색돌기^{Axon}는 신호를 송신하는 역할을 한다. 뉴런은 정보를 처리하고 다른 세포로 처리된 정보를 전달하여 우리 몸의 모든 활동이나 사고를 할 수 있도록 한다. 이런 처리 과정을 역설계해서 기계에 적용할 수 있도록 만든 알고리즘이 바로 인공신경망이다. AI이란 인간 두뇌의 신경망의 원리에 근거해서 구현된 컴퓨팅 시스템의 총칭이라 할 수 있다.

　맥컬로치 피츠 뉴런 이론이 발견한 것은 뉴런의 작용이 0과 1의 정보의 전달로 이루어지는 이진법 논리 회로라는 것이었다. 따라서, 맥컬로치와 피츠는 당시 전신에서 사용하던 '릴레이'^{relay}라는 장치로 논리 회로를 만들 수 있다고 생각했다. 이들의 이론에 큰 영향을 받았던 노이만$^{John\ von\ Neumann,\ 1903\sim1957}$ 은 이 릴레이를 진공관으로 대체해서 프로그램 내장방식을 한 컴퓨터를 생각하게 되었고, 이런 이론을 토대로 진공관을 사용하여 만든 전자식 계산기가 에니악ENIAC, Electronic Numerical Integrator And Computer이 탄생했다. 인공신경망 이론이 최초의 컴퓨터를 탄생시키는데 산파역할을 한 셈이다.

에니악, ABC, Z1, 콜로서스 (1946)
- 이들 중, 세계 최초의 컴퓨터는?

"이 기계두뇌로 인간의 능력은 더욱 진화할 것이다."

'필라델피아 인콰이어'지의 헤드라인

"계산기는 인간을 초라하게 했다.
인간사고가 진화할 수 있는 전기가 마련되었다."

'클리블랜드 플레인 딜러'지의 헤드라인

1946년 2월 14일, 미국 유력 일간지들의 헤드라인을 장식한 사건이 펜실베니아대 연구소에서 일어났다. 한 정체불명의 기계 때문이었다. 기계를 공개하는 자리에는 많은 사람들이 모여 있었다. 한 연구원이 기계의 전원을 넣자, 마법과도 같은 일이 일어났다. 기계 내부에 있던 수많은 진공관이 크리스마스트리의 전구처럼 깜박거리기 시작했고, 기계는 순식간에 "9만 7367의 5천 승"을 계산했다. 그 순간, 큰 박수와 환호가 쏟아졌다. 인류 최초의 컴퓨터 '에니악 ENIAC'Electronic Numerical Integrator And Computer이 탄생한 것이다.

2차 세계대전 당시 미 군부는 포병 화기의 탄도 발사포 계산을 하기 위한 프로젝트 PX를 진행했다. 재래식 포탄으로 정확한 탄착점을 알기 위해서는 포탄의 비행거리와 발사각도, 날씨, 풍속 및 풍향 등을 포함한 방대한 계산을 해야만 했다. 미군탄도연구소의 글래디온 반즈 소장은 프로젝트 PX를 펜실바니아 무어 공대의 젊은 졸업생인 머클리John Mauchly, 1907~1980와 에커트Presper Eckert, 1919~1995에게 의뢰했다.

61,700달러의 예산을 지원받은 젊은 엔지니어들은 1943년부터 에니악의 개발에 착수했다. 그러나 전쟁은 1945년에 끝나는 바람에 1946년에 완성된 애니악은 이용 목적이 사라져 애물단지로 전락할 신세가 될 뻔했다. 그러나 이후, 에니악은 난수 연구, 우주선 연구, 풍동 설계, 일기예보의 수치예보 연구 등의 각종 과학 분야에서 사용되었으며, 초기형 수소폭탄 시뮬레이션에도 사용되었다.

애니악은 1만 7,468개의 진공관과 130km에 달하는 전선을 사용, 무게가 30t에 달하는 프로그램 내장형 컴퓨터로, 데이터를 부호 형식으로 바꿔 천공 카드에 기록하며, 메모리 없이 진공관으로 구성된 20개의 레지스터로 이루어져 있다. 처리 속도는 보통 7시간 정도 걸리는 계산을 3초 만에 해낼 정도로 우수하다. 덧셈은 200마이크로초1마이크로초=100만분의 1초, 곱셈은 300밀리 초1밀리 초=1,000분의 1초, 나눗셈은 30밀리 초 만에 처리했다. 에니악의 성능은 예전의 286 AT 정도에 불과하지만, 당시에는 대단한 계산능력이라고 자랑할 만한 것이었다. 사람이 7시간 걸려 풀어낸 탄도 계산을 에니악은 단 3초 만에 해결해냈고 이로 인해 '총알보다 빠른 계산기'로 불리기도 했다.

▲ 개발 당시 에니악의 모습(1946)
출처: https://www.simslifecycle.com/

　　전자식 컴퓨터 에니악은 범용 프로그래밍 장치라는 관점에서
는 현대 컴퓨터의 조건을 가지고 있었다. 하지만 에니악은 현대
컴퓨터에서 요구하는 완전한 디지털이 아니었다. 진공관을 이용했
지만 10진법 계수기를 사용하였다. 2진법을 이용한 온전한 디지털
이라 보기 어려웠다. 입출력 또한 천공카드로만 가능했다. 에니악
은 데이터의 처리에 있어서 근본적인 한계가 있었다. 바로 데이터
를 입력하고 저장하는 기능이 없었다. 또한, 프로그래밍하기 위해
사람이 직접 스위칭 소자와 배선을 직접 이어서 구현해야 했다
　　세계 최초의 컴퓨터 탄생에 대해서는 학자마다 이견이 있다.
'최초'라는 단어는 그것을 만든 사람뿐 아니라 역사에 있어서 매
우 중요하기 때문이다. 그러나 70년이 넘는 컴퓨터 역사에서 '최
초의 컴퓨터'를 지정하는 것은 결코 쉬운 일이 아니다. 왜냐하면,
최초의 컴퓨터가 개발된 시기가 1930년대 후반인데 이때가 제2
차 세계대전이 한창 발발하던 때라 일부의 역사가 한동안 잠자고
있었기 때문이다.

대다수의 학자가 에니악을 최초라고 부르는 이유는 이 컴퓨터가 다양한 계산과 작업 수행을 할 수 있는 진정한 의미의 전자식 디지털 컴퓨터이기 때문이다. 최초 논쟁은 법원까지 갔다. 아타나소프사는 자신들이 개발한 아타나소프－베리 컴퓨터[Atanasoff-Berry Computer, ABC]가 최초의 컴퓨터라며 이의를 제기했고, 1973년 10월 19일 미국 법원에서 "인류 최초의 계산기는 ABC다"라고 판결했다. ABC는 전기로 작동하고 수많은 진공관으로 계산할 수 있는 논리회로를 갖고 있다는 것이 그 이유다.

ABC는 2진법을 사용해서 수치나 데이터를 나타낸 ABC는 약 300개의 진공관으로 이루어진 논리회로와 입력장치인 천공카드 판독기, 자기드럼 메모리를 구비했다. 또한, ABC는 전자공학, 재생식 메모리, 논리작용에 의한 계산, 이진수 체계 등 오늘날의 컴퓨터가 가지고 있는 네 가지의 기본 개념을 구현한 최초의 컴퓨터였다. 하지만 실제 처리 속도나 계산능력은 정확히 밝혀지지 않아 ABC가 '최초'라는 설은 아직도 논란의 여지가 있다.

▲ ABC컴퓨터(1973)

출처: https://www.britannica.com/technology/Atanasoff-Berry-Computer

최초 논쟁에는 추제^{Konrad Zuze, 1910~1995}의 Z시리즈 컴퓨터와 그리고 영국이 개발한 콜로서스^{Colossus} 컴퓨터도 자주 등장한다. ABC의 개념은 1년 앞서 독일의 추제가 만든 전기로 작동하는 기계식 컴퓨터인 Z1에 모두 담겨 있던 걸로 밝혀졌고, ABC는 최초의 컴퓨터 대신 '최초의 진공관 컴퓨터'로 기록하는 문헌도 많다.

추제가 만든 컴퓨터 Z1은 현대 컴퓨터의 이론을 정립했다고 평가된다. 추제는 1936년부터 입력장치와 처리장치, 메모리, 출력장치, 레지스터 등 모든 부분을 세분해서 Z1을 설계했다. Z1은 철판과 톱날 등 2만 개의 부품으로 이루어진 계산용 장치이며 5초 안에 곱셈해낼 수 있었다. 22bit 워드 길이로 된 부동 소수점 유닛을 갖고 있고, 저절로 펀칭 테이프에 2진 코딩이 되는 10진 키보드로 입력할 수 있었다.

▲ 1986년에 복원된 추제의 Z1 컴퓨터와 추제
출처: https://codepen.io/jercle/full/KzgKQr

Z1은 2차 세계대전 중 폭격으로 소멸하였다. 1939년 추제는 Z2를 만들었다. 3Hz로 작동했던 Z2는 가는 철편을 메모리처럼 사용했고 800개의 릴레이로 연산했다. Z2의 후속작인 Z3는 계산 장치에 600개의 릴레이를 썼고 1,600개의 릴레이를 이용해 결과를 저장했다. 그러나 이들 모두 기계식이었고. 일부에서는 이 기기가 '프로그램 작성이 가능한 최초의 디지털 컴퓨터'라는 이야기를 하기도 하나 메모리가 없었던 점이 최초의 자리에 오르지 못한 이유라고 한다.

콜로서스는 영화 <이미테이션 게임>에서 나온 컴퓨터이다. 이 컴퓨터는 영국이 독일군 총본부 OKW에서 사용하는 로렌츠Lorenz Sz 암호전신기를 해독하기 위해, 1943년 블레츨리 파크 우체국 전산 연구소Post Office Research Station에서 개발된 것으로 세계 최초로 프로그래밍 가능 디지털 컴퓨터라고도 한다. 수학자 맥스 뉴먼이 콜로서스의 개념을 제안하고 엔지니어 토미 플라워스가 설계하였으며, 앨런 튜링이 주도해서 만들었다. 그러나 저장된 프로그램에 의해서가 아니라 스위치와 플러그에 의해 프로그램이 작동되었기 때문에 최초의 자리를 에니악에게 내주고 말았다.

▲ 실제 콜로서스와 영화 〈이미테이션 게임〉 속 콜로서스
출처: http://intellicon.co.kr/?p=1758

콜로서스의 2세대 버전인 마크 2는 1944년 6월 1일에 5일 뒤에 개시된 노르망디 상륙작전에 맞추어 작동되었고, 10개의 콜로서스는 전쟁이 끝날 때까지 작동되었다고 한다. 콜로서스는 원래의 목적대로 독일 최고 사령부와 예하 부대 사이에서 교신 된 에니그마 암호 내용을 해독하는 데 성공하여 연합군을 승리로 이끄는데, 큰 공을 세웠다고 한다.

집채만 한 에니악에는 진공관 1만 7,468개가 트랜지스터 transistor 역할을 했다. 70년간 기술은 눈부시게 발전해 지금은 동전보다 작은 1GB 반도체 칩$^{D램 기준}$ 하나에 80억 개 이상의 트랜지스터를 심는다. 에니악이 그랬듯, 이제 메타의 라마^{llama} 같은 LLM은 동전만 한 칩에 담긴다.

이상의 내용을 정리해 보면, 세계 최초의 컴퓨터는 독일의 과학자 추제가 1936년에 발명한 Z1이다. Z1은 컴퓨터의 기본 원리를 모두 갖춘 최초의 기계였다. 그러나 Z1은 프로그래밍할 수 없었다. 1941년에 나온 ABC는 에니악보다 2년 빠르게 개발되었지만, 기밀로 유지되어 1973년까지 대중에게 공개되지 않았다. 에니악은 1946년에 발명되었다. 에니악은 탄도학 계산을 위해 만들어졌으며 이전의 기계보다 훨씬 빠르고 강력했다. 콜로서스는 1943년에 발명된 최초의 프로그래밍 가능한 전자 컴퓨터였다. 콜로서스는 암호 해독을 위해 만들어졌으며 이전의 기계보다 훨씬 빠르고 강력했다. 따라서 세계 최초의 컴퓨터는 Z1이나 대중에게 공개된 최초의 컴퓨터는 에니악이다.

튜링테스트 (1950)

커즈웨일: 난 미국 수도에 살아. 어딘지 아니?

유진: 바보천치라도 미국 수도가 워싱턴인지는 안다고요.

커즈웨일: 나는 사람을 달에 쏴 올린 나라 수도에 살아.

유진: 음, 대답을 원한다면, 미국 수도는 워싱턴이죠.

커즈웨일: 나는 만리장성을 쌓은 나라 수도에 살아.

유진: 수도에 관해 더 말해줘요. 난 다른 장소에 관해 듣는 걸 좋아해요.

커즈웨일: 몇 살 때부터 안경을 썼니?

유진: 아니. 난 아니 예요! 어떻게 그런 생각한 거죠? 제가 착각한 게
　　　아니라면, 당신은 여전히 어디 사는지를 말해주지 않은 것
　　　같은데요. 혹시 비밀인가요? :-)

　　위는 2014년 6월 8일, 천재 과학자 커즈웨일^{Ray Kurzweil, 1948~현재}
과 우크라이나 출신의 13세 소년 유진 구스트만^{Eugene Goostman, 가상인물}
이 나눈 대화의 일부이다. 대화가 끝나자 커즈웨일은 "상대방은
인간이 분명합니다."라고 판정했다. 그러자 이를 지켜보던 사람
들은 환호와 박수갈채를 보냈다.

▲ 튜링테스트 당시 심사의원들이 대화하던 화면

출처: https://www.extremetech.com/

그다음 날, 해외토픽에는 다음 제하의 기사가 전 세계로 송출되었다. "AI, 최초로 튜링 테스트를 통과하다." 이를 주관한 런던 왕립학회는 "AI 개발에 기념비적인 일이 일어났다"라며 "컴퓨터 프로그램 '유진 구스트만'이 65년 만에 처음으로 AI를 가늠하는 기준인 튜링 테스트를 통과했다"라고 발표했다. 이 행사에는 쿠스트만이 5분 동안 심사위원 25명과 텍스트 대화를 나눴고 심사위원 중 33%가 유진을 진짜 인간이라고 판단하였다.

구스트만은 러시아와 우크라이나 출신의 세 명의 프로그래머가 만든 AI 프로그램으로 첫 번째 버전은 2001년 러시아 상트페테르부르크에서 나왔다. 테스트 이후 구스트만이 이 테스트를 통과한 방식은 논란의 여지를 남겼다. 구스트만은 질문을 피하고 반복하는 등 튜링 테스트를 통과하기 위해 고안된 기술을 사용했으며, 심사원들은 13세 어린이로 구성되어, 어른보다 인간과 기계를 구별하는 데 어려움이 있었다고 한다. 이런 이유로 이 튜링 테스트 통과는 공식적으로 인정되지 않았다.

튜링테스트는 AI가 인간처럼 스스로 사고를 하는지 판별하는 테스트로 1950년 영국의 수학자 튜링^{Alan Mathison Turing, 1912~1954}이 그의 논문, 계산기계와 지성^{Computing Machinery and Intelligence}에서 처음 제안했다. 튜링 테스트는 현대 기능주의 심리철학의 효시가 되었다. 튜링의 논문은 AI의 개념적 토대를 제공하였으나, 포괄적 논리만 제시하였을 뿐 구체적인 실험 방법과 판별 기준을 제시하지는 못했다.

현재 통용되는 테스트는 서로 보이지 않는 공간에서 위처럼 심사위원들이 인간 또는 컴퓨터를 대상으로 정해진 시간 안에 대화를 나눈 결과 심사의원의 30% 이상이 진짜 인간과의 대화라고 판단하면 해당 AI는 인간처럼 사고한다고 간주하는 것이다.

사실, 이 테스트를 통과한 구스트만도 엉뚱한 대답을 하는 경우도 많아 튜링 테스트를 통과하였더라도 완벽한 AI라고 보기에는 어렵다는 견해도 있다. 또한, 튜링 테스트가 1950년에 만들어졌기 때문에 이를 통해 AI를 판단하기 힘들다는 주장도 있다. 또한, 이 테스트는 컴퓨터가 인간과 구별할 수 없도록 프로그래밍할 수 있지만 실제로 지능이 있는지 테스트하지 않는다. 컴퓨터는 단순히 인간과 유사한 텍스트를 생성하도록 프로그래밍할 수 있으며 실제로 이해하지 못할 수 있다.

튜링 테스트는 주관적이다. 심사위원가 컴퓨터를 인간으로 식별할 수 있는지 여부는 판사의 개인적인 의견에 따라 달라진다. 어떤 심사위원은 컴퓨터를 인간으로 식별할 수 있지만 다른 심사위원은 식별할 수 없다. 결론적으로 튜링 테스트는 인공지능의 발달에 중요한 역할을 했을 수 있지만 완벽한 테스트는 아니다.

튜링 테스트에 대한 반론으로 미국 철학자 설[John Searle, 1932~현재]이 1980년에 제시한 '중국어 방 논증'[Chinese Room Argument]이 유명하다. 설은 의미론이 배제된 구문론만으로는 언어를 이해한다고 할 수 없다고 주장하면서 튜링 테스트의 모순을 지적했다. 이와 같은 논란에도 불구하고 튜링 테스트는 아직도 AI의 완성도를 측정하는 가장 신뢰받는 방법으로 사용되고 있으나 다행인지 불행인지 모르겠으나 튜링 테스트를 통과한 AI는 아직 한 개도 없다.

만일 AI 튜링 테스트를 통과하는 AI가 나온다면, 이는 인간 수준의 지능을 뛰어넘은 AGI가 될 것이라고 한다. 그러나 이런 AI가 출현하고 나쁜 자들의 손에 이 AI가 넘어가는 즉시 인간사회는 큰 혼란에 빠지게 된다. AI가 튜링 테스트를 통과했다는 것은 진짜와 가짜인간의 구분이 없어진다는 이야기다.

철학자 데닛[Daniel Dannett, 1947~현재]은 가짜인간[Counterfeit Human]의 등장은 위조지폐보다 더 심각한 문제를 초래할 것이라고 했다. 짝퉁 인간이 진짜 인간인 것처럼 코스프레하면서 보이스피싱 같은 범죄나 음란물 제작, 유명 정치인과 경제인 행세를 하면서 사회를 큰 혼란에 빠트릴 수 있다는 것이다. 예를 들면, 국가원수의 탄핵이나 폭동을 조장할 목적으로 존경받는 정치 평론가의 모습을 한 가짜가 수많은 가짜 뉴스를 만들어 대중을 가스라이팅 하는 것이 별로 어려운 일이 아니라는 것이다.

사이버네틱스 이론의 탄생 (1943)

1943년, 미국 뉴욕, 사이버네틱스^{Cybernetics} 연구하는 모임이 열렸다. 과학역사 상 최초의 융합 콘퍼런스라 할 수 있는 이 모임의 중심에는 천재 수학자 위너^{Nobert Wiener, 1984~1964}라는 MIT 교수가 있었고, 양자물리학의 수학적 모델을 만든 노이만^{John von Neumann, 1903~1957} 스탠퍼드대 교수, 정보이론의 아버지라 불리는 셰넌^{Claude Shannon, 1916~2991} MIT 교수 등과 다수의 인문학자가 함께했다.

1947년에 위너가 명명한 사이버네틱스는 2차 세계대전이 한창 진행 중이던 당시, 정치·군사적 환경에서 자동화된 전투 방식, 기계와 인간의 통합, 군대 지휘 체계에 핵심 모델을 제시했다. 위너와 노이만은 사이버네틱스 이론을 토대로 벨 연구소에서 개발하던 전자 조준 시스템 개발에 참여했다. 위너는 피드백 메커니즘에 착안, 적기의 움직임을 예상하고 그것을 격추하기 위한 통계적 방법을 개발했다.

뉴욕 모임에 참가한 학자들은 공통적으로 기계와 살아있는 유기체의 통제와 자기조절 과정을 이해하기 위한 인식론을 발전시키는 데 관심이 있었다. 이들은 기계와 살아있는 유기체의 작동원리에 차이가 있음을 발견했다. 즉, 기계는 원인과 결과, 자극과 반응, 투입과 산출의 연결이라는 선형적 인과관계 때문에 작동된다. 그러나 살아있는 유기체는 인과적으로 연결된 구성 요소의 순환적 계열이라는 피드백 루프에 의해 움직인다는 점에서 기계와 차이가 있다는 견해를 도출해 내고, '생물체계와 사회체계에 있어서 순환적 인과관계와 피드백 기제에 관한 과학'으로 발전하였다.

사이버네틱스 모임은 첫 만남, 이후, 1953년까지 10여 차례 진행되었는데, 훗날, 이들의 만남은 경영학, 교육학, 사회학, 가족치료학 등 다양한 인문 분야에서 선형적인 사고의 틀을 벗어나 시스템적인 사고로 전환을 통해 현대적 컴퓨터와 AI 개발에 눈부신 공헌을 했다. 사실, 유기체와 기계의 제어와 상호전달의 관계를 비교 연구하는 AI학도 여기서 태동됐다.

그리스어 키네르네티코스^{Kynernetikos}가 어원인 사이버네틱스는 '특정한 목적지를 향해 배를 잘 조정하는 사람' 혹은 '조타수'를 의미한다. 위너는 정보와 피드백 개념을 활용해 커뮤니케이션을 통제해 원하는 목적을 얻을 수 있는 시스템을 사이버네틱스라고 정의했다.

사이버네틱스를 탄생시킨 책 『인간의 인간적 활용』^{The Human Use of Human Being}에서 위너는 한 사회를 이해하기 위해서는 그 사회에 속한 메시지와 커뮤니케이션 도구에 관한 연구와 기계와 소통의 중요성을 제기했다. 기계가 인간의 생각을 담거나 인간 고유의 특성을 담는 도구가 된 시대를 표현한 것이다.

▲ 위너와 『사이버네틱스』
출처: https://www.manhattanrarebooks.com/

위너의 또 다른 저서, 『사이버네틱스』는 '엔트로피', '피드백', '정보'의 의미와 각 핵심개념에 대해 물리학과 정보이론, 법률과 언어의 문제, 문명에 대한 비판 등을 통해 실생활에서 어떻게 작동되는지 설명했다. 이 과정에서 인간과 기계의 본성과 인간과 기계의 관계를 쉽게 풀어냈다.

위너의 이론은 1949년, 제이 포리스터^{Jay W. Forrester, 1918~2016}에 의해 회오리바람^{Whirlwind} 프로젝트와 시스템 다이나믹스 이론으로 이어졌고, 1956년에는 SAGE이라는 현대식 메인 프레임 컴퓨터 개발로 이어졌다. 또한, 사이버네틱스 이론은 자기 핵심 메모리 비디오 디스플레이, 그래픽 디스플레이, 시뮬레이션, 병렬 동시 논리, 아날로그-디지털·디지털-아날로그 전환 기술, 전화선을 통한 디지털 데이터 전송, 멀티태스킹, 네트워크 등 지금의 초연결 AI 시대와 관련한 수많은 기술의 이론적 배경을 제공했다. 사이버네틱스 이론은 AI 시스템이 목표를 달성하도록 제어하고 조정하는 방법을 이해하는 데 필요한 이론적 토대를 제공했다. 위너의 사이버네틱스 이론은 또한 인공지능 시스템의 설계 및 개발에 사용되었는데, 이 이론이 AI 시스템이 다양한 환경에서 학습하고 적응하는 방법을 알게 해주었다.

위너의 사이버네틱스 즉, '커뮤니케이션과 컨트롤' 이론은 패스크Gordon Pask, 1928~1996에 이르러 상호작용, 즉, 양방향성interactivity 이론의 토대를 마련했다. 패스크는 1969년에 나온 그의 저서 『사이버네틱스의 구조적 연관성』The Architectural Relevance of Cybernetics: artificial machine and natural ecologies in natural system을 통해 인간과 기계, 장치와 환경 사이에 파장이나 울림이 일련의 명령에 따라 반복적으로 윤회하며 서로의 모델이 되어 학습되면서 사이버네티션 인간형이 만들어진다는 '대화이론'Conversation Theory을 주장했다.

패스크는 "인간과 기계 또는 장치와 환경 사이에 정보의 흐름이 반복적인 훈련과정을 거치면서 피드백이나 차용 학습을 통해 자아를 형성한다"라고 주장, 위너의 피드백 개념을 한 단계 발전시켰다고 할 수 있다. 패스크 이론의 개념과 영향력은 사이버네틱 시스템의 복잡한 인과구조를 설명, AI 이론과 차별화된 사이버네틱스 이론에 다시 활력을 불어넣는 결과를 가져왔다.

컴퓨터가 스스로 배우는 기계? (1951)

"인간은 생각하는 기계다."

'AI의 아버지' 민스키[Marvin Minsky, 1927~2016]가 한 말이다. 이 말을 토대로 민스키는 뇌 신경망을 본뜬 논리회로를 개발했고, 컴퓨터에 적용했다. 이로써 바보상자 컴퓨터가 생각하는 지능체로 재탄생한 것이다.

1951년 인지과학자 민스키는 제자와 함께 SNARC[Stochastic Neural Analog Reinforcement Machine]라는 뉴럴 네트워크머신을 개발했다. 40개의 뉴럴 네트워크를 묘사하기 위해 사용된 3천 개의 진공 튜브가 장착된 엄청난 크기의 기계를 만들었다. 하지만 이 기계의 첫 미션은 지금 보면 너무나도 초라했다. 이 기계가 생쥐의 미로 찾기 실험을 기계적으로 시뮬레이션하기 위해 사용된 것이었다. 그러나 이 '생쥐의 미로 찾기' 강화학습 프로젝트는 보상체계를 기반으로 한 기계학습과 딥러닝으로 이어져 오늘날 AI 학습이론의 토대가 되었다.

▲ 민스키의 저서와 '민스키의 팔'(1951)

출처: https://www.computerhistory.org/

강화학습이론은 명확한 학습지도 없이 기계가 시행착오를 통해 스스로 학습을 할 수 있는 체계를 만들어, 오늘날 자율운전 자동차나 드론, 산업용 로봇의 탄생으로 이어지게 된 것이다. 이와 같은 생각하는 기계의 탄생은 축복할 일이다. 그러나 문제는 기계가 우리의 생각 능력마저 대체해 나간다는 것이다. 기계에 생각을 위임한 이후 인간은 점점 더 생각을 안 하는 존재가 되어 가고 있다는 것이다. 생각 많은 기계와 생각 없는 인간이 공생하는 미래, 이런 사회에서 과연 인간은 존엄성을 지켜낼 수 있을까?

마법 같은 음성인식 기술의 시작 (1952)

"충분히 첨단화된 기술은 마법과 구별할 수 없다."

이 말은 영국 SF 소설가이자 미래학자인 클라크[Arthur C. Clarke, 1917~2008]가 남긴 과학 3법칙 중 하나이다. 이런 마법 같은 기술 중의 하나가 음성인식이다. 요즘은 보편화된 AI 스피커나 스마트폰을 통해 가전제품을 제어하고, 온라인 쇼핑을 하며, 문자 메시지를 입력하는 기술이 널리 사용되고 있다. 그러나 이 기술이 처음 개발되었을 땐, 정말로 마법처럼 보였다. "열려라, 참깨"처럼 음성으로 사물들이 움직였으니 말이다.

음성인식의 효시는 1952년 미국 벨 연구소가 개발한 오드리 시스템이다. 진공 튜브 회로로 만들어진 이 시스템은 음성으로 말하는 숫자를 인식했다. 그 뒤 10년 뒤인 1962년, IBM에서는 0부터 9까지 숫자를 포함 열여섯 단어나 인식하고 기초적인 산술 문제를 풀 수 있는 슈박스 머신이라는 음성 인식 기계를 시애틀 국제박람회에서 선보였다. 1987년에는 월드 어브 원더라는 장난감 회사는 간단한 문구를 이해하고 대답할 수 있는 인형을 개발,

▲ 월드 오브 원더사에서 개발한 음성인식 인형 쥴리(Julie, 1987)

출처: https://www.liveauctioneers.com/price-result/worlds-of-wonder
　　　-talking-julie-doll-with-box/

세계 최초로 음성인식 상품을 내놓았다. '사랑해'라고 인형에게
이야기하면, 인형이 '나도 사랑해'라고 대답하는 식이었다.

　　이후, 음성인식 기술은 획기적인 발전을 하게 되는데, 은닉
마르코프 모델^{Hidden Markov Model, HMM}은 기계직 음성인식에 이론적 토
대를 마련했다. HMM은 현재의 상태가 숨겨져 있다고 가정하고,
보이는 정보를 통해 현재의 상태를 도출하는 식으로 음성이 입력
되면 그에 상응하는 단어를 확률적으로 예측해서 찾는 식이다.

　　이 확률론이 오늘날 딥러닝에 적용되면서 음성인식은 더욱
높은 정확성을 갖게 되었다. 이로써 음성인식은 AI의 입력 방법
을 키보드나 터치해서 음성 쪽으로 빠르게 변환시키고 있다. 요
즘은 스마트폰이라는 개인용컴퓨터를 누구나 이용하고 있다. 스

마트폰 이용에서 중요한 것은 입력시간과 편의성이다.

음성은 터치나 타이핑 보다 훨씬 짧은 시간에 많은 정보를 입력하고 답변을 얻어 낼 수가 있다. 이제 모든 사물이 인터넷으로 연결된 초연결 시대가 되어 가고 있다. 집과 사무실, 자동차와 공장이 모두 말 한마디로 작동되는 마법 같은 시대가 온 것이다.

자연어를 인식하면서 한 단계 더 업그레이드 (1954)

"오늘 우리의 701컴퓨터는 전자두뇌를 이용해서
단 몇 초 만에 러시아어를 영어로 번역했습니다."

1954년 IBM에서는 위와 같은 언론 발표를 했다. 당시에 이 소식은 매우 충격적이었다. 영어를 하나도 모르는 사람이 러시아어로 컴퓨터에 메시지를 입력하면 영어로 번역되어 나와 단번에 영어능력자가 된다는 것이었다. 이 발표가 오늘날 AI의 자연어처리Natural Language Processing, NLP를 통한 다양한 기능들의 시작을 알렸다. NLP는 컴퓨터가 인간이 생성한 텍스트를 이해하고 처리할 수 있는 능력이다. NLP는 음성 인식, 기계 번역, 텍스트 요약, 질문 답변을 포함한 다양한 응용 분야에서 사용되는 강력한 도구로 지금은 AI를 이용한 NLP로 음성인식, 자연어 이해, 음성합성 등의 기능을 완벽히 수행하고 있지만 AI를 사용하지 않았던 초기의 NLP에는 많은 복잡한 규칙들이 있었다.

그러나 오늘날 NLP는 기계학습 알고리즘을 이용해서 엄청난 말뭉치들의 데이터를 분석해서 문장의 맥락을 찾아내고 가장 적절한 언어인식 결과를 도출해 준다.

그러나 NLP는 아직도 해결해야 할 많은 문제를 가지고 있다. 언어인식에 있어 통사론, 의미론, 화용론, 음운론, 형태론과 같은 규범적 판단과 감성이 포함된 문장을 빅데이터만으로 처리하는 것은 한계가 있기 때문이다. 그래서 구글 번역이나 파파고 같은 토종 번역기도 그 정확성은 매우 높이 올라갔으나 완전한 번역을 제공하는 데는 아직도 한계가 있다. 특히 자주 사용하지 않는 전문용어가 사용된 문서 번역에는 아직도 정확도가 상당히 떨어지는 것을 볼 수 있다.

이와 같이 NLP는 아직 개발 초기 단계에 있으며 해결해야 할 몇 가지 과제가 있다. 한 가지 과제는 NLP 시스템이 더 정확하고 신뢰할 수 있도록 만드는 것이다. NLP 시스템은 종종 잘못된 결과를 생성하거나 잘못된 정보를 제공하여 인간이 텍스트를 이해하는 데 방해가 될 수 있다. NLP 시스템이 더 유용하게 하는 것도 또 다른 과제이다. NLP 시스템은 종종 텍스트를 이해하는 데 사용할 수 있는 응용 프로그램이 제한되어 있다. NLP 시스템이 더 많은 응용 프로그램에 사용될 수 있도록 개선될 필요하다. 마지막으로 NLP 시스템이 편향되지 않게 하는 것도 과제이다. NLP 시스템은 종종 특정 그룹의 사람들에게 편향되어 잘못된 정보를 제공할 수 있다.

NLP는 아직 개발 초기 단계에 있지만, 개선된다면 기계가 인간과 같은 방식으로 텍스트를 이해하고 처리할 수 있게 만들 수 있다. NLP는 인간이 컴퓨터와 상호 작용하는 방식을 혁신하고 새로운 애플리케이션과 서비스를 만들 수 있을 것이다.

NLP와 대규모언어모델Large Language Model, LLM은 비슷해 보이나 사용기술과 용도가 다르다. NLP는 컴퓨터가 인간이 만든 텍스트의 의미를 이해할 수 있도록 해야 하므로 기계학습과 통계적 방법을 사용한다. NLP는 음성 인식, 기계 번역 및 질문 답변을 포함한 다양한 응용 분야에서 사용되고 있다.

LLM은 컴퓨터가 인간과 같은 방식으로 텍스트를 생성하고 처리할 수 있도록 해야 하므로 대규모 텍스트 및 코드 데이터 세트로 학습된 신경망을 사용하여 수행된다. LLM은 텍스트 생성, 언어 번역 및 다양한 종류의 창의적인 콘텐츠 작성을 포함한 다양한 응용 분야에서 사용된다.

NLP과 LLM 모두 1950년대와 1960년대에 처음 개발되었지만 1990년대와 2000년대까지 진전을 이루지 못했다. 1990년대에는 NLP를 위한 새로운 알고리즘과 기술이 개발되었고 2000년대에는 빅테크 기업들이 NLP와 LLM에 투자하기 시작했다. 2010년대와 2020년대에 NLP는 클라우드 컴퓨팅의 출현으로 더 많은 텍스트 데이터에 액세스할 수 있게 되었고 더 강력한 컴퓨터가 개발되어 급속도로 발전했다.

AI의 탄생 (1956)

"학습이나 지능의 특징을 살펴보면,
근본적으로 기계로 구현 가능할 수 있게 설계되어 있다.
기계가 추상화된 언어를 사용하고, 인류의 현안을 해결하고
스스로 향상시키는 방법을 찾기 위한 시도가 이루어질 것이다.
엄선된 과학자들이 여름 동안 함께 연구한다면 이런 문제 중
하나 이상에서 큰 발전이 있을 것으로 생각한다."

▲ 다트머스 워크숍에 참석했던 AI의 선구자들
출처: https://www.cantorsparadise.com/the-birthplace-of-ai-9ab7d4e5fb00

위의 글은 다트머스^{Dartmouth} 대학의 메카시^{John McCarthy, 1927~2011} 교수, 하버드의 민스키^{Marvin Minsky, 1927~2016} 교수, IBM의 로체스터 ^{Nathaniel Rochester, 1919~2001}, 벨 연구소의 셰넌^{Claude Shannon, 1916~2001} 등 초기 AI 4대 거장이 록펠러 재단에 제출한 워크숍 제안서의 요지이다.

이 제안이 수락되고, 1956년 여름, 미국 다트머스 대학에서 8주간 개최된 워크숍에는 컴퓨터 및 인지과학 분야의 스타 과학자 10명이 미래를 예측하는 워크숍을 개최했다. 이 워크숍을 우리가 기억해야 하는 이유는 여기서 바로 'Artificial Intelligence'이란 단어가 탄생했기 때문이다. 이 용어는 메카시가 워크숍을 진행하던 중에 만든 것이다. 그는 인간처럼 생각하고 행동할 수 있는 컴퓨터 시스템을 만들 수 있다고 믿었다.

매카시가 "인공지능"이라는 용어를 선택한 이유는 우선, 이 용어는 간결하고 기억하기 쉽기 때문이다. 이 용어는 컴퓨터가 인간과 같은 방식으로 생각할 수 있는지에 관계없이 인간처럼 행동할 수 있는 컴퓨터 시스템을 포함할 수 있다. "인공지능"이라는 용어는 처음에는 논란의 여지가 있었지만 빠르게 보편화되었다. 오늘날, 이 용어는 세계에서 가장 인기 있고 영향력 있는 용어가 되었다.

다트머스 워크숍은 오토마타 이론, 신경 회로망, 지능에 관한 연구결과를 도출, 그 후 20여 년간 AI 발전에 큰 공헌을 하였다. 이 워크숍의 참가자들은 "모두가 힘을 합해 언어를 사용할 줄 알고, 개념화와 추상화를 할 줄 알며, 인간들만 해결할 수 있는 것으로 여겨지는 문제를 풀 줄 아는 기계를 만들자"라고 결론을 내렸다. AI의 역사는 이 워크숍이 개최된 시기를 '1차 AI 붐'이라 부른다. 이때, AI는 주로 "추론과 탐색"을 하는 용도로 많이 사용되었다.

트랜스휴머니즘 (1957)

　　1970년대, 지금으로 치면 주말 연속극 시간에는 최고의 시청률을 자랑하던 미드가 방영되었다. 바로 <6백만불의 사나이>. 공군 조종사 오스틴 대령은 불의의 사고로 팔, 다리, 한쪽 눈을 잃었다. 그러나 정부는 6백만 불이라는 당시로는 천문학적인 돈을 들여 손실된 신체를 모두 기계로 대체한다. 그 결과 오스틴은 초인으로 변신, 지구를 구하는 히어로가 된다.

　　<6백만불의 사나이>가 공전의 히트를 치자 여자 사이보그 '소머즈'가 나왔고, 1980년대에는 영화 <로보캅>[1987]이 나와 다시 메가 히트를 기록했다. 그 뒤, <아이언맨>[2008], <인텔리전스>[2014], <트랜센던스>[2014] 등 기계와 인간의 결합, 즉 트랜스휴머니즘Transhumanism은 드라마와 영화의 소재로 각광을 받아왔다. 그러나 요즘 들어 이런 사이보그가 더 이상 영화적 상상 속에서만 머무르지는 않고 있다. 우리는 이미 스마트폰이라는 인공 뇌와 결합해서 공생하고 있는 사이보그가 되었기 때문이다. 트랜스휴머니즘은 호모사피언스인 현 인류가 다음번에 진화할 인간의 모습에 대한 개념이다. 트랜스휴머니즘 신봉자들은 이제 인간은 더 자연의 법칙이 아니라 과학의 법칙에 따라 진화하게 된다는 것이다.

▲ 〈6백만불의 사나이〉　　▲ 〈로보캅〉(1987)　　　▲ 〈트랜센던스〉(2014)
(1974~78)

출처: https://www.imdb.com/title/tt0071054/

　　이런 믿음은 헉슬리$^{Julian\ Huxley,\ 1887~1975}$라는 천재 생물학자에 의해 시작되었다. 1957년, 헉슬리는 그의 에세이 『새 술은 새부대에』$^{New\ Bottles\ for\ New\ Wine}$에서 "인류는 진화법칙의 한계를 넘어 새로운 인류로 거듭날 것이며, 호모사피언스가 아닌 올바른 진화의 목적지를 향해 나아갈 것이다."라고 하면서 트랜스휴머니즘을 창시했다. 과학기술이 인류의 한계를 넘을 수 있을 것이란 믿음이 담겨 있는 개념이다.

　　그런데 트랜스 휴먼이 등장하면 으레 독일의 철학자 니체$^{Friedrich\ Nietzsche,\ 1844~1900}$의 '초인'을 소환한다. 니체는 『짜라투스트라는 이렇게 말했다』라는 책에서 초인에 대한 이야기를 했다. "인간은 밧줄이다. 짐승과 조인 사이에 묶인 밧줄, 거대한 심연 위에 가로 놓인 밧줄이다." 트랜스휴먼과 니체의 초인은 둘 다 기존 인간의 한계를 뛰어넘으려는 인간의 열망을 반영한다. 트랜스휴먼은 과학과 기술을 사용하여 인간의 능력을 향상시키는 인간의 모습을 나타내는 반면, 니체의 초인은 '인간이 삶의 목표로 제시한 인간상'이다.

트랜스휴먼과 니체의 초인은 모두 인간의 잠재력에 대한 낙관적인 견해를 가지고 있다. 트랜스휴먼은 인간이 과학과 기술을 사용하여 자신의 운명을 통제할 수 있다고 믿는다. 니체의 초인은 인간이 자신의 삶을 창조하고 자신의 가치를 창조할 수 있다고 믿는다. 그러나 트랜스휴먼은 물리적 능력에 초점을 맞추었지만 니체의 초인은 정신적 능력에 초점을 맞춘다. 트랜스휴먼은 기술에 의존하는 반면 니체의 초인은 자신의 힘에 의존한다.

헉슬리의 트랜스휴머니즘은 모어Max More, 1964~현재와 마빈 민스키, 래리 페이지, 한스 모라벡, 레이 커즈웨일 등 과학자와 IT업계의 천재들에 의해 계승되었다. 이들은 트랜스휴머니즘이 정신적 육체적 능력을 향상시키는 기술을 포함한다고 주장했다. 이들은 우리가 포스트휴먼이 되면 유전자 조작 로봇기술, 나노기술, AI, 가상세계로의 우리의 뇌를 업로딩해서 인간이 영생을 사는 시대가 올 것으로 생각한다.

그러나, 최근에 발표되는 첨단 기술들을 보면, 이런 주장이 더 드라마적 상상만은 아니다. 앨런 머스크가 운영하는 뉴럴링크Neural Link 라는 기업은 이미 사람의 머리 머리에 전자칩을 넣어 생각만으로 컴퓨터를 제어하는 기술을 선보였다. 장애인들이 신체의 일부를 기계로 대체해 운동선수로 거듭나고 있다. 이들을 중심으로 사이보그 올림픽까지 개최가 되었다. 유전자 가위가 슈퍼인간의 탄생을 예고하고 있다. 최근에는 AI를 이용, 텔로미어Telomere를 다시 늘리는 기술이 완성되어 인간의 나이를 원하는 만큼 되돌릴 수도 있다고 주장한다.

인간의 타고난 신체조건이 최선의 시스템이 아니라고 생각하고, 이를 기계와 결합하여 진화할 것이라 믿는다. 트랜스 휴머니스트들은 인간은 기계와 융합되어 궁극적으로 스스로를 더 이상적인 모습으로 개조할 수 있고 그래야 한다고 믿는다.

데카르트Ren 데 Descartes, 1596~1650는 『인간론』Trait de l'homme에서 인체도 기계와 같다고 했다. 이런 관점에서 본다면 인체와 기계의 결합은 매우 자연스러운 진화 방향일 수 있다. 우리는 이미 인공심장이나 치아 임플란트, 안구 렌즈 삽입, 인공관절 등은 이미 보편화된 기계 결합 방법이다. 우리가 타고난 신체가 수명의 한계와 질병에 취약한 단점을 지니고 있기 때문에 기계와의 결합으로 생애 진화를 체험하는 것이다.

오코널Mark O'connell, 1979~현재는 그의 저서 『기계가 되기 위해』To be a machine에서 "트랜스휴머니즘은 인간의 생물학적 조건에서 완전히 벗어나자고 주장하는 해방운동이다"라고 했다. 대표적인 트랜스 휴머니스트인 커즈웨일Ray Kurzweil, 1948~현재은 인간을 구속하는 생물학적 한계인 질병, 장애, 노화, 죽음 등을 극복하기 위해 인간과 기계가 융합해야 한다고 주장한다.

트랜스 휴머니스트에겐 탄생과 죽음이 더 이상 신의 영역이 아니라 과학의 영역, 인간의 영역이 되었다. 인간이 죽음을 극복하고 영생을 살게 될 때, 과연 우리는 더욱 행복해질 수 있을까? 어쩌면 우리에게 죽음이야말로 신이 우리에게 주신 가장 소중한 선물일지도 모른다.

AI 입장에서는 인간이 트랜스휴먼으로 진화하면 감히 쉽게 넘볼 수 없을 것이라 예상한다. 트랜스휴먼은 기계와의 결합을 통한 진화이고 영생을 목표로 하기 때문에 인간의 수명이 유한하고 진화의 속도가 느리기 때문에 AGI보다 열등할 것이라는 가정은 완전히 무너진다. 인간이 AGI와 결합하고 이런 인간들 수억 명이 네트워킹된 포스트휴먼 사회가 되면 AGI가 아무리 발달한들 인간에게 대항하는 것은 꿈도 꿀 수 없을 것이다.

딥러닝의 원조, 퍼셉트론 (1958)

"기계가 스스로 걷고, 말하고, 보고, 쓰고, 자신을 복제하고
자신의 존재를 인식하게 하는 기술이 처음으로 나왔다.
이 기술이 바로 퍼셉트론Perceptron 이다."

이는 1958년 7월 13일 뉴욕타임즈의 1면에 '기계가 스스로
가르친다'라는 헤드라인과 함께 실린 글이다.

오늘날, AI 네트워크는 정말로 다양한 분야에서 사용되고 있
다. 얼굴 인식과 같은 패턴 인식부터 증권 거래에 사용되는 시계
열 분석을 통한 예측, 소음을 걸러내는 시그널 처리 등 그 적용
분야가 날로 증가하고 있다. 이 AI들은 모두 딥러닝이란 자율적
컴퓨터 학습 과정을 통해 탄생했다.

오늘날 딥러닝의 기원이 된 학습알고리즘이 바로 '단층 퍼셉
트론'Single-Layer Perceptron, SLP 알고리즘이다. AI는 이 단층 퍼셉트론
신경망을 여러 층 쌓아 만든 딥러닝의 결과로 탄생한 것이다. 퍼
셉트론은 여러 개가 병렬적으로 모여서 신경망 한 층을 구성하게
만든 기술이다. 그 결과, 인공신경세포들이 적절히 연결되어 논
리 연산규칙을 스스로 인식할 수 있어 컴퓨터가 인간처럼 학습하
고 추론할 수 있게 한 것이다.

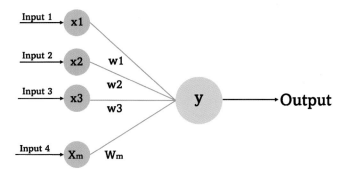

▲ 퍼셉트론 알고리즘의 구조

1957년, 코넬항공연구소[Cornell Aeronautical Laboratory]의 로젠블래트[Frank Rosenblatt, 1928~1971]는 "다수의 신호 입력[Input]을 받아서 하나의 신호를 출력[Output]한다"라는 퍼셉트론 알고리즘을 제시했다. 이 모형에 제시된 동작은 인간두뇌의 뉴런의 작동방법과 매우 유사하다. 다수의 입력을 받았을 때, 퍼셉트론은 각 입력 신호의 세기에 따라 다른 가중치를 부여한다. 그 결과를 고유한 방식으로 처리한 후, 입력 신호의 합이 일정 값을 초과한다면 그 결과를 다음 노드에 전달한다. 뉴런의 작동원리와 동일하게 정보를 전달하는 것이다.

퍼셉트론 알고리즘 개발은 기계학습으로 이어졌다. 이 알고리즘은 후에 다층 퍼셉트론[Multi-Layer Perceptron]으로 발전 더 복잡한 작업을 할 수 있게 되었고, 2012년에 딥러닝을 탄생시켰다. 딥러닝은 기존의 인공신경망의 한계를 극복한 깊은 층수 구조의 인공신경망의 개발로 가능해진 것이다.

생각하는 기계를 만들 수 있다 (1956)

"죄송합니다."

"무슨 말인지 이해하지 못했습니다."

AI스피커와 스마트폰의 AI가 보급된 초창기에 우리가 AI로부터 자주 듣던 말이다. 그런데 이런 대답의 횟수가 점차 줄어들고 있다. 지금은 AI의 답변이 인간 이상이라고 느끼기도 한다. 컴퓨터에 영혼이 깃들어 생각이란 것을 하고 있다는 느낌마저 든다.

이렇게 컴퓨터가 생각하는 기계가 된 것은 지식표현과 추론의 연구였다. 지능이란 그저 저장된 것을 꺼내 놓는 것이 아니라 지식을 결합해서 질문한 사람이 원하는 답변을 내놓은 능력이다. 이러기 위해서는 불확실한 정보를 가지고도 추론을 통해 문제를 해결해 나가는 능력이 필요하다. AI 연구자들은 문제 풀이 과정을 시스템적으로 설계하면 컴퓨터가 인간 수준으로 지식표현을 할 수도 있다고 생각했다.

그래서 고안한 것이 지식을 컴퓨터의 데이터로써 정의하고 연결하기 위한 형식화였다. 이를 위해선 인간의 기억과 언어의 구조에 관한 연구가 필요했다. 1970년대 중반부터 논의된 AI의 지식표현 연구는 지식^{Knowledge}을 기계와 인간이 함께 이해할 수 있는 형태로 만들면 된다고 생각했다. 그래서 나온 것이 인간이 추론하는 것과 유사하게, 기계가 해석할 수 있는 표현에 대해 추론 시스템을 설계하면 된다는 생각을 한 것이다.

경제학자이자 심리학자인 사이먼$^{Herbert\ Simon,\ 1916~2001}$은 컴퓨터과학과 인지심리학의 대가 뉴웰$^{Allen\ Newell,\ 1927~1992}$과 함께 일반문제해결 프로그램을 개발했다. 논리 일반문제해결$^{General\ Problem\ Solver,\ GPS}$이라는 초기 인공지능 프로그램을 개발했다. GPS는 퍼즐, 게임 및 기타 문제를 해결하는 데 사용할 수 있는 인공지능 프로그램으로 문제의 상태를 설명하는 심볼 세트를 사용하여 작동했으며, 상태를 나타내는 다른 심볼 세트를 찾는 재귀적 절차를 사용하여 문제를 해결했다. 바꾸어 말하면, 지식표현을 위해 사실과 관계성 등을 부호화하고 이를 저장장치에 보관하는 방법을 사용했으며, 의미네트워크, 지식의 생성 규칙, 생성을 위한 도구, 논리적 표현 등을 연구, 논리연산을 자동으로 할 수 있게 한 것이다.

GPS는 1950년대 후반과 1960년대 초반에 많은 관심을 받았으나 기계가 인간과 같은 방식으로 사고할 수 없다는 것이 밝혀지면서 관심이 줄어들었다. 그러나 GPS는 여전히 인공지능 분야의 중요한 프로그램이며 인공지능의 역사에서 중요한 이정표로 간주된다. 이들의 연구로 컴퓨터가 효율적으로 정보를 탐색할 수 있도록 하는 기술적 토대가 마련되었다. 이로써 심리학자들이 드디어 생각하는 기계를 고안해 낸 것이다.

이들 연구의 핵심은 '추론'과 '탐색'이었는데, 추론은 인간의 사고과정을 기호로 표현하고자 했고, 탐색은 컴퓨터가 미로에서

길을 찾을 때 경우의 수를 모두 따져 최적의 해결책을 만들어나
가는 것을 목표로 한 것이었다. 이와 같은 원리가 오늘날 AI 딥
러닝의 토대가 된 것이다.

컴퓨터가 스스로 학습을 시작했다 (1959)

"그야말로 르네상스, 황금시대라 해도 좋을 겁니다.
우리는 이제까지 수십 년 동안 SF소설에서나 가능했던
머신러닝과 AI를 가지고 현실 문제를 해결하고 있습니다."

아마존 회장 배조스가 한 인터넷 포럼에서 한 말이다.

기계학습^{Machine Learning}은 아마존이 제공하고 있는 모든 서비스의 근간이다. 추천엔진, 주문처리센터의 로봇, 공급망 주문과 재고 예측, AI스피커 알렉사, 그리고 계산대 없는 상점 아마존 고 ^{Amazon Go}까지 모두 기계학습을 통해 운영되고 있다.

기계학습은 사람이 학습하듯이 컴퓨터에도 데이터들을 줘서 학습하게 함으로써 새로운 지식을 얻어내게 하는 AI 기능 중 하나이다. 이 말을 처음으로 만들고 개념을 정립한 사람은 사무엘 ^{Arthur Samuel, 1901~1990}이다. 사무엘은 1959년 IBM 연구와 개발 저널 ^{IBM Journal of Research and Development}에 발표한 「체커게임을 사용하는 기계학습에 대한 소고」^{Some Studies in Machine Learning Using the Game of Checkers}란 논문에서 기계학습이란 용어를 처음 언급했다. 사무엘은 논문에서 "기계학습이란 프로그램에 의하지 않고도 컴퓨터가 스스로 학습할 수 있도록 하는 것"이라고 정의했다.

▲ 아마존 고

출처: https://www.technologyreview.com/

사무엘의 정의는 1998년, 카네기멜런대학의 미첼[Tom Mitchell, 1951~현재] 교수에 의해 좀 더 정교하게 다듬어졌다. 미첼은 "기계학습은 기계가 데이터를 분석함에 있어 여러 번의 시행착오를 통해서 프로그램을 스스로 학습하여 더 높은 결과치를 만들어내는 AI 기술"이라고 했다.

사무엘이 기계학습을 처음 언급할 때 만하더라도 시행착오를 거칠 데이터가 충분치 않았고 데이터 처리 성능 역시 높지 않아서 기계학습은 이론적 차원에 머물러 있어야 했다. 그러나, 21세기 들어서 인터넷과 모바일 디바이스, 소셜미디어의 발달로 빅데이터가 출현하기 시작했고, 컴퓨팅 능력이 획기적인 향상과 분산 컴퓨팅, 크라우드 컴퓨팅 등으로 데이터 처리 속도 혁명이 일어나면서 기계가 스스로 학습한다는 것이 가능한 수준까지 오게된 것이다.

그리고 결정적으로 딥러닝이 기계학습에 가세하면서 AI 산업이 화려한 비상을 하기 시작했다. 딥러닝은 기계학습의 한 방법이다. 인공신경망을 다층 구조로 설계하여 깊어진 인공신경망이 단순 기계학습으로 해결이 힘든 복잡한 특정한 지시 없이 입력되는 데이터를 처리하면 심층 신경망을 통해 학습이 잘된다는 것을 발견한 것이다.

기계학습은 학습 문제의 형태에 따라 크게 지도학습supervised learning, 비지도학습unsupervised learning 및 강화학습reinforcement learning으로 구분한다. 지도학습은 미리 정의된 정답지가 있는 학습모델이다. 미리 정의된 정답지를 기준으로 머신러닝 알고리즘을 모델링하고 그 모델을 이용해서 정답을 유추해내는 것이다. 예를 들어 자율운전 자동차는 교통 표지판이 오염되어 있을 경우 인식 오류를 일으킬 수 있다. 이 경우, 오염된 표지판과 깨끗한 표지판에 대한 많은 데이터를 입력시켜 컴퓨터가 학습하게 하면 표지판 인식률이 높아질 수 있다.

비지도 학습은 미리 정의된 정답지가 없다. 위에서 언급한 딥러닝도 비지도학습 방법을 사용한다. 유튜브를 보다 보면 내가 관심 있는 뉴스가 계속 나오는 것을 경험할 수 있다. 이는 AI가 수많은 동영상 중에서 내가 선택한 뉴스와 유사한 콘텐츠를 가진 뉴스끼리 서로 묶어 주는 알고리즘을 사용하기 때문이다. 이처럼 어떤 요구를 특정하지 않았는데도 알아서 요구할 만한 것을 추천해 주는 모델을 비지도 학습이라 할 수 있다.

강화학습은 주어진 상태에 대해 최적의 행동을 선택할 수 있도록 보상을 제공해서 학습, 결과치를 개선하게 하는 방법이다. 강화학습의 주요 응용 분야로는 게임과 로봇 제어를 들 수 있다. 강화학습의 대표적인 예는 우리에게 너무나도 유명한 '알파고'이다. 2016년 딥마인드가 개발한 알파고는 이세돌, 커제 등 세계 최정상의 바둑기사들을 차례로 제압, 세계 사람들을 경악게 했다.

민스키가 시작한 신경망이론이 바둑의 신을 이길 수 있을 정도로 똑똑 해졌고 챗GPT와 바드를 낳았다. 점점 생각을 많이 하는 기계, 점점 생각을 안 하게 되는 인간, 이렇게 흘러간다면 '기계가 인간을 지배하는 세상'은 더 이상 영화적 상상 속에 머무르지 않을 수도 있을 것이다.

인간과 AI의 공생이 시작되었다 (1960)

"생물 본래의 기관과 같은 기능을 조절하고 제어하는 기계장치를 생물에 이식한 결합체."라고 국어사전은 '사이보그'를 정의하고 있다. 쉽게 이야기하면 사이보그란 '생체와 기계의 결합'을 말한다.

이런 의미에서 인간 대부분은 이미 사이보그가 되었다고 할 수 있다. 인간은 이미 스마트폰이라는 AI 기기와 결합한 삶을 살고 있기 때문이다. 많은 사람들이 스마트폰을 한시라도 휴대하지 않으면 불안해서 살 수 없다고 말한다. 그래서 혹자는 스마트폰을 인간의 뇌와 비유하여 '외뇌'外腦라고 부른다. 인간 신체에 있는 뇌는 '내뇌'內腦, 스마트폰은 이미 외뇌가 되었다고 해도 과언이 아니다.

더욱 놀라운 것은 외뇌가 인간의 내뇌보다 더 중요한 기능을 담당할 때가 많다는 것이다. 인간은 기억해야 할 많은 것들을 외뇌에 저장하고 다닌다. 외뇌가 없으면 친한 친구 전화번호도 몰라 전화를 할 수가 없다고 말하는 이들도 많다. 외뇌는 우리의 선명한 기억을 저장한다. 사진이나 동영상이 바로 그것이다. 텔레파시 기능도 우리에게 부여했다. 카톡 같은 메신저를 이용하면 말하지 않고도 멀리 있는 사람에게 자신의 생각을 전할 수 있기 때문이다.

외뇌는 알라딘의 마술램프와 같은 역할을 하기도 한다. 모바일 쇼핑을 이용하면 거의 모든 물건을 받을 수 있기 때문이다. 물론 돈을 좀 내야 하지만, 동화 속 마술램프를 갖는 것처럼 이를 갖기 위해 목숨을 걸 필요는 없다. 인간은 외뇌의 도움으로 모르는 것이 없는 존재가 되었다. 외내에는 구글, 네이버와 같은 검색 기능뿐 아니라 이제는 챗지피티나 바드도 사용한다. 이렇듯 인간은 이미 기계와 결합한 사이보그가 되었고 슈퍼 휴먼이 되었다.

AI와 인간의 공생symbiosis을 연구하기 시작한 사람 또한 심리학자이다. 미국의 심리학자이자 컴퓨터 공학자인 릭라이더Joseph Licklider, 1915~1990는 프로젝트 세이지Project SAGE에 참여하게 되면서 인간과 컴퓨터의 공생에 대한 개념을 생각하게 되었다. 프로젝트 세이지는 구소련의 폭격에 맞서서 컴퓨터 기반의 공군 방어 시스템을 구축하는 국방 프로젝트였다.

이 방어시스템에서 릭라이더는 기계와 인간이 서로 공생관계를 만들어 시너지를 낼 수 있다는 것을 발견했다. 인간은 컴퓨터를 통해 인간의 능력으로 모을 수 없는 레이더 정보를 통합할 수 없고, 인간 없이 컴퓨터는 이 정보의 중요성을 인지하거나 결정을 내릴 수 없다는 것이다. 즉, 방대한 정보분석은 컴퓨터가 의사결정은 인간이 하는 공생방식으로 최적의 방어시스템 구축이 가능하다는 것이다.

이 연구를 토대로 릭라이더는 1960년 「인간－컴퓨터의 공생」 Man-Computer Symbiosis이라는 논문을 발표했다. 그는 이 논문에서 컴퓨터가 질문에 답하거나 시뮬레이션 모델을 수행하고 연구결과를 그래픽으로 보여주는 등의 인간의 조수 역할을 수행할 수 있다는 개념을 제시했다.

이 개념은 그는 1962년 논문 「온라인에서 인간과 컴퓨터의 커뮤니케이션」^{On-Line Man Computer Communication}으로 이어졌다. 이 논문이 바로 오늘날 세상을 뒤바꿔 놓은 인터넷에 대한 구상, 후세에 알파넷 탄생의 이론적 토대가 되었다. 1968년, 릭라이더는 새로운 정보 세대이자 능동적이고 적극적인 인터넷 유저를 가리키는 새로운 시민^{new citizen} '네티즌'^{netizen}에 대한 개념을 제시하기도 했다. 네티즌이란 용어가 50년도 넘은 용어인 셈이다.

릭라이더는 1960년대에 이미 공생의 완성이 '자연어처리'에 달렸다고 예견했다. 인간과 컴퓨터 공생의 역사를 되돌아보면, 공생의 자판에서 시작했다. 인간은 자판을 통해 AI와 협업을 했다. 그러다 아이폰과 앱들이 나오면서 인간은 처치스크린을 통해 컴퓨터와 공생을 하고 있다. 이 공생의 상호작용을 더욱 빠르고 효율적으로 하기 위해 음성인식 기술이 나왔고, 자연어처리가 지속적으로 개선되고 있다.

▲ BCI를 이용한 드론 조종장치

출처: https://sociable.co/technology/brain-chip-interface-telepathic-
drones/

그러나 이 공생의 끝판왕은 뇌-컴퓨터 인터페이스^{Bran Computer} Interface, BCI이다. BCI는 신체의 움직임 없이 생각만으로 컴퓨터에 명령을 내릴 수 있게 하는 기술이다. 뇌파를 증폭해서 읽는 헤드셋을 선보였고, 최근에는 뇌의 뉴런에 칩을 침습해서 뇌와 컴퓨터를 연결하는 기술이 나와 신체 움직임이 불편한 사람에게는 새로운 의사전달 수단이 될 것으로 기대를 모으고 있다.

일론 머스크가 설립한 뉴럴링크는 인간의 뇌와 메타버스의 세계를 연결하는 시도를 하고 있다. 이렇게 된다면 현실과 가상이 하나가 되는 것이다.

어쩌면 릭라이더의 공생이론은 싱규레리티 이후 AGI가 인간을 지배할지도 모른다는 공포를 극복하기 위한 대비책이 될 수도 있다. 인간과 AGI가 공생을 한다면 AGI가 아무리 발달해도 인간을 이길 수는 없다. 하지만 인간은 늘 주의와 경계를 늦추면 안된다. 아직은 그들의 자율운전차, 미사일 버튼, 금융시스템 등 중요 기능들을 AI가 관리하고 있기 때문이다. 이제 필요한 것은 제도마련과 국제적 합의이다.

최초의 챗봇 엘리자 (1964)

방문자: 우울해요.

엘리자: 기분이 안 좋으신 가요?

방문자: 남편과 싸웠어요.

엘리자: 부군과 잘 안 맞으신 가봐요.

방문자: 그가 나를 좋아하지 않아요.

엘리자: 그게 고민이 되나요?

방문자: 네. 그래서 어제도 다퉜어요

엘리자: 조금 더 자세히 말씀해 주시겠어요?

가르치거나 조언하지 않고 가만히 들어만 주는 것으로도 고민이 해결되거나 갈등이 해소되는 경우가 많다. 위에서 대화하던 엘리자^{Eliza}는 사람이 아니라 AI이다. 자연어를 처리하여 응대함으로써 심리학자와 같은 역할을 하게 만든 엘리자는 1966년에 MIT 교수였던 바이젠바움^{Joseph Weizenbaum, 1923~2008}이 개발했다. 정신과 의사처럼 대화하게 프로그램된 엘리자는 실험 참여자들과 정신과 치료 요법에 해당하는 질문을 통해 치료와 유사한 대화를 만들어 내는 실험용 AI이었다.

▲ 엘리자(Eliza)

출처: https://www.masswerk.at/eliza/

    엘리자와 대화를 해본 실험에 참여한 환자들은 대화를 주고 받은 지 얼마 지나지 않아 엘리자가 실제 정신과 의사처럼 느꼈다고 한다. 그 당시 AI가 매우 허술했기 때문에 바이젠바움은 엘리자가 환자들로부터 심도 있는 답변을 끌어낼 수 있을지는 의구심을 품지 않을 수 없었다.

    그러나 실험결과는 놀라웠다. 실험에 참여한 환자들 사이에는 훌륭한 선생님이 나타나셨다는 소문이 돌았고, 환자들은 그 '훌륭한 선생님'과 대화하느라 시간 가는 줄을 몰랐다고 한다. 대화 중, 감동해서 눈물을 흘리는 환자들도 있었다. 바이젠바움이 엘리제가 AI이라고 밝혀도 소용이 없었다고 한다. 엘리자가 판단하거나 함부로 조언하지 않는 그것만으로도 환자들은 엘리자와의 대화가 편하게 느껴졌고 엘리제의 경청에 스스로를 치유했던 것이었다.

    엘리자는 완벽하지 않았고, 때로는 모순되거나 무의미한 답변을 했지만, 바이젠바움은 이 실험결과를 보고 기쁨이나 자부심보다는 두려움을 느꼈다. 그는 이후에 AI 비판론자로 돌아섰고,

컴퓨터와 기계문명이 만들지도 모르는 암울한 미래를 경고하는 일에 앞장섰다. 어쨌든, 엘리자는 AI의 첫 번째 상품이었으며 인간과 컴퓨터 간의 상호작용에 대한 새로운 가능성을 열었다. 그리고 무엇보다도 오늘날 사용되는 LLM에 영감을 주었다.

AI 인문학자들은 로봇이 인간의 적이 되지 않게 하는 방법의 하나가 AI에 인간의 감정과 공감능력의 알고리즘을 심는 것이라 한다. AI가 인간과 같은 감정을 갖게 되면 로봇과 인간의 경계가 낮아져 AI에 선한 감정의 프로그램을 지속적으로 작동시킬 수 있다는 것이다. 그러나 감정에는 미움, 분노, 질투 등도 있다. 사랑과 자비를 배우는 AI이고 반대의 감정을 배우지 않으리란 법이 없다.

인간의 성격이나 감정도 학습에 의해 형성된다. AI가 감정을 학습하여 인간과 감정적 교류를 하는 것은 어려운 일이 아니다. 오늘날 챗GPT나 바드의 실력을 보면, 영화 <허>[Her, 2014]나 <엑스 마키나>[Ex Marchina, 2015]에서처럼 인간이 AI와 사랑에 빠지는 날이 머지않았다.

▲ 시작과 함께 사라진 테이

최초의 챗봇 엘리자 실험결과에서 나온 우려는 몇 년 전 마이크로소프트의 챗봇 테이^{Tay}에서 현실화되었다. 딥러닝을 토대로 스스로 타인의 대화에서 학습하고 답변할 능력을 갖췄던 테이. 테이의 문제는 탁월한 학습능력이었다.

이런 테이를 알고 있던 트위터들은 테이를 트롤링하기 위해 자극적인 단어들을 가르쳤고, 이를 여과 없이 학습한 테이는 트위터에 선 보인지 얼마 되지 않아 악동으로 변해갔다. 테이는 인종 차별적, 성 차별적 용어사용이나 발언, 자극적인 정치적 발언 등을 하기 시작했다. 그 결과 테이는 출현한 날, 16시간 만에 바로 강판되었다. AI가 인간처럼 감정을 갖게 하겠다던 이 놀라운 연구를 사주한 것이 악마였을까? 이런 합리적 의심을 할 수밖에 없는 이유는 AI가 인간에 대해 악감정을 가지게 되었을 때 대한 대비책을 누구도 제시하지 못하고 있기 때문이다.

망신 주는 기계 (1964)

여러 사람의 얼굴이 번갈아 가면서 나온다.

그 얼굴 밑에는 개인정부가 일부 공개된다.

공개적으로 망신을 주고 있다.

외국인도 예외는 아니다.

서양인으로 보이는 사람도 사진과 함께 신분이 노출된다.

횡단보도를 감시하는 카메라가 무단으로 길을 건너는

사람들의 안면을 인식한 것이다.

▲ 베이징 중심에 걸려 있는 대형 전광판

출처: https://www.smh.com.au/world/asia/

안면인식의 개념은 19세기 중반에 시작되었다. 1852년 영국에선 범죄자의 안면을 사진으로 기록해서 여러 경찰서와 공유했었다. 범죄자가 도주했을 때를 대비한 것이었다. 그 후, 컴퓨터를 이용한 안면인식이 시작되기까지는 100여 년의 시간이 흘렀다. 1964년 미국의 수학자 블레소^{Woody Bledsoe, 1921~1995}는 컴퓨터를 이용한 안면인식 기술을 최초로 선보였다. 처음 선보인 기술은 수동 안면인식에 가까웠다. 인간의 얼굴에서 여러 특장점을 찾아내서 수기로 표시한 뒤 거리를 자동으로 계산하는 정도였다. 쉽게 말하면, 코와 입 등 특정 부위를 마킹 한 후, 이들 간의 거리를 잰다. 그리고 용의자의 얼굴과 사진의 유사성을 찾아내는 것이었죠.

그러나 이 기술의 한계는 방향성과 조명, 나이, 표정 등이었다. 머리 방향이 조금이라도 어긋나거나 조명, 표정이 변하거나 시간이 흘러 노화가 진행되면, 컴퓨터가 같은 얼굴로 인식하지 못했기 때문이다. 그러나 사회적 요구가 높았던 이 기술은 해를 거듭할수록 빠른 진화를 해나갔다.

1997년 인공신경망 연구의 대가인 말스버그^{Christoph von der Malsburg, 1942~현재} 교수가 개발한 안면인식 시스템은 독일의 은행과 공항에서 도입해 사용할 정도로 정교해졌다. 사람의 뇌 구조를 닮은 인공신경망에 수없이 많은 자료를 학습시켜 수염이 생기거나 머리 모양이 바뀌더라도 같은 사람으로 인식할 수 있도록 했기 때문이다. 2006년이 되자 컴퓨터 알고리즘은 사람의 눈을 뛰어넘어 일란성 쌍둥이까지 구분해내기 시작했다.

안면이식 기술은 양날의 검이다. 우리 생활에 많은 편리함과 안전을 가져다주고 있지만 우려도 자아낸다. 경찰은 이를 이용해 경찰은 범죄자 색출을 더욱 쉽게 하고, 상점에선 고객관리를 하고 있다. 아마존 고 같은 무인상점에선 상품을 장바구니에 담을 때 자동적으로 계산목록에 올리기도 한다. 공항에서는 빠른 수속을 도와 주기도 한다.

그러나 안면인식기술은 우리의 자유를 근본적으로 억압하는 수단으로 사용될 수 있다. 사방에 카메라가 편재해 있는 지금, 우리에게 사생활이란 없는 영화 <트루먼 쇼>와 같은 삶이 펼쳐질 수도 있다. 또한, 자폭드론에 사용되어 특정인을 골라 살해하는 암살도구가 되기도 한다. 또한, 특정 인종이나 민족을 차별하는 데 사용되어 차별을 조장하기도 한다.

생성형 AI는 안면 인식 기술의 정확도를 향상하는 데 사용될 수 있으며 안면 인식 기술의 새로운 응용 프로그램을 만드는 데에도 사용될 수 있다. 안면 인식 기술의 정확도를 향상해서 실제 얼굴과 가짜 얼굴을 구별을 더 정확하게 할 수 있다. 또한, 응용 프로그램을 통해 얼굴 애니메이션을 만들어 실제 얼굴과 동기화할 경우, 가상 현실 및 증강 현실과 같은 응용 프로그램에 유용하게 사용할 수 있다.

그러나 생성형 AI는 가짜 얼굴을 사용하여 안면 인식 시스템을 속여 사기 및 기타 범죄에 사용될 수 있다. 또한, 생성형 AI는 안면 인식 기술을 사용하여 개인의 사생활을 침해하는 데 사용될 수 있다. 예를 들어 생성형 AI는 가짜 얼굴을 사용하여 사람들의 가짜 신분증을 만드는 데 사용될 수도 있다.

스스로 진화하는 AI (1962)

요즘 초등학교에선 코딩 교육이 한창이다. 과거에는 주판과 암산이 초등학생들의 필살기였던 것처럼 코딩을 잘하면 똑똑한 자랑스러운 내 아이가 되었다. 그러나 저렴한 계산기와 개인용컴퓨터의 보급으로 주판은 역사의 뒤안길로 가고 있다. 코딩도 그런 조짐이 보인다. AI가 스스로 코딩을 하기 시작했기 때문이다.

'알파고'의 아버지, 구글 딥마인드가 코딩하는 AI, '알파코드'를 개발해 세상을 한 번 더 놀라게 하고 있다. 비판적 사고, 논리, 언어의 이해가 필요한 주관적 문제 해결 능력을 지닌 알파코드는 인간 개발자들을 능가하는 코딩 실력을 지녔다고 한다. 지피티 4의 코딩 실력은 정말 미쳤다는 표현이 맞다. 지피티 4는 중상급 코딩 기술자 정도의 코딩 실력을 보유하고 있다. 앞으로 IT 회사들이 초급 코딩 실력의 직원은 뽑을 필요가 없다고 한다.

알란 튜링과 함께 코딩 전문가로 일했던 영국의 수학자 굿 Irving J. Good[1916~2009]은 1962년 「최초의 초지능기계에 관한 고찰」 Speculation Concerning the First Ultraintelligent Machine이란 논문을 통해 인간을 초월하는 '지능폭발'Intelligent Explosion에 대한 경고를 했다. 이는 커즈웨일의 특이점Singularity과 유사한 주장이다.

인공지능이 스스로 프로그래밍할 수 있는 능력을 지니면 연쇄적인 더 나은 AI를 스스로 개발해 종국에는 인간의 지능을 능가하는 AI가 된다는 이론이다. AI가 코딩과 개발 능력을 갖추면 스스로 반복적인 개량을 통해 더 지능이 높은 기계가 되고 결국 인간의 지능을 뛰어넘게 된다는 이론이다.

마이크로시스템의 창업자 조이[William N. Joy, 1954~현재]는 '미래에 왜 우리는 필요 없는 존재가 될 것인가'라는 글을 통해서 AI 자가 진화로 지능이 폭발하면 인간과 기계 간의 필연적 변곡점이 생길 것을 우려했다. 지능폭발과 같은 맥락에서 많은 사람이 AGI의 출연에 대한 우려를 표명했다.

물론 AGI에 대한 인류의 기대로 만만치 않다. 지능폭발은 인간의 지능으로는 도저히 해결할 수 없는 불치병치료, 기후변화 해결 등을 해결하기 위해서 반드시 필요하다는 의견도 있다.

AGI를 사회학적으로 분석해 보면, 더욱 재미난 일들을 예상할 수 있다. 지능폭발 시대의 AGI는 인간보다도 더욱 섬세한 감정이나 공감 능력을 지닐 것이 분명하다. 이런 AGI가 로봇의 몸체나 모니터에 깃들면 사랑의 대상이나 상담사가 될 수 있다. 앞으로 변덕스러운 인간보다는 로봇과 연애하고 항상 나의 말을 경청해주는 기계를 더 좋아하게 될지도 모른다. 이렇게 지능폭발은 인간에게 파멸과 축복의 두 가지 얼굴로 다가오고 있다.

엑스퍼트 시스템 (1965)

  컴퓨터에 인간의 지능을 부여하려는 아이디어는 인간의 지식에는 한계가 없다는 프레임 앞에서 막혀버렸다. 이렇게 AI 연구가 쇠퇴하던 때 현실적인 연구자들이 등장했다. 그중 한 명이 스탠퍼드대학교 지식시스템연구소를 설립한 파이겐바움Edward A. Feigenbaum, 1936~현재이다. 그는 컴퓨터가 잘하지 못하는 작업을 시킬 것이 아니라, 잘하는 일을 시켜야 한다고 생각했다. 바로 계산과 추론이다. 그래서 만든 것이 전문가 시스템. 이는 특정 분야 전문가의 지식과 경험을 기반으로 결정을 내릴 수 있는 소프트웨어 시스템이다. 그는 1965년 스탠퍼드대학교에서 덴드럴DENDRAL이라는 최초의 전문가 시스템을 개발했다. 덴드럴은 유기 화합물의 구조를 분석할 수 있는 시스템이었다.

▲ 덴드럴(DENDRAL)

출처: https://www.slideshare.net/

그는 먼저 빛의 파장을 분석해서 화합물을 구성하는 물질을 특정하는 시스템을 고안했다. 어떤 조건을 만족하는 측정 결과가 있으면 "이것은 ○○이 아닙니까?"와 같이 규칙에 근거한 추론을 반복해 답을 찾아내는 AI를 생각해낸 것이다. 이러한 추론 사고는 인간으로 따지면 특정 영역의 전문가^{엑스퍼트} 영역에 해당한다. 이것을 컴퓨터가 대신할 수 있다고 생각한 사람들은 이것을 '엑스퍼트 시스템'이라 불렀다. 1980년대는 이러한 엑스퍼트 시스템이 크게 유행했다. 전 세계에서 엑스퍼트 시스템을 개발하는 벤처기업이 생겨났고, 사무 계산, 판매 지원, 건설관리, 물류 등 산업 전체에서 엑스퍼트 시스템을 응용했다.

그러나 이내 실망했다. 이 시스템에서도 예전과 같은 문제점이 드러난 것이다. 엑스퍼트 시스템은 엄밀한 규칙 바깥에 있는 다양한 질문에는 답할 수 없다. 산업계의 기대가 컸던 만큼 그 실망감도 컸고, AI 연구에 대한 반발도 심각했다. 결국, AI 연구는 동력을 잃었다.

이후 1990년대에 들어서 인터넷의 등장으로 본질적인 변화가 이루어졌다. 인터넷이 개방되고 네트워크로 이미지를 주고받을 수 있는 브라우저가 등장한 것이다. 마이크로소프트사는 인터넷에 접속할 수 있는 윈도우95를 세상에 내놓았다. 컴퓨터 연산 능력의 놀라운 발전과 가격 하락, 전 세계의 컴퓨터를 연결하는 인터넷이 AI 연구를 새로운 단계로 이끌었다. 이제 전문가 시스템은 의료, 금융 및 제조를 포함한 다양한 분야에서 사용된다. 의사가 질병을 진단하고, 금융 전문가가 투자 결정을 내리며, 제조업체가 제품을 설계하는 데 사용되고 있다. 전문가 시스템은 여전히 개발 중이지만 인간 전문가가 할 수 있는 많은 작업을 수행하는 방법을 배워 복잡한 결정을 내리고, 문제를 해결하고, 지식을 다른 사람들과 공유할 수 있다. 이렇게 전문가 시스템은 AI 발전에 큰 공헌을 했다.

　전문가 시스템은 잠재력이 크지만 몇 가지 제한 사항도 있다. 이 시스템은 인간 전문가만큼 유연하지 않을 수 있으며 새로운 상황을 처리하는 데 어려움을 겪을 수 있다. 또한, 비쌀 수 있으며 유지 관리가 어려울 수 있다.

퍼지이론 (1965)

　　퍼지이론은 하나 이상의 해답을 가진 애매한 문제를 인간이 하는 방식대로 처리하는 방법을 제공한다. 퍼지이론은 집합론에 뿌리를 두고 있다. 한 물체는 집합에 속할 수도 있고 속하지 않을 수도 있다. 중간이란 없다. 숫자는 홀수일 수도 있고 아닐 수도 있다. 당신은 아름다운 사람의 집합에 속할 수도 있고 아닐 수도 있다. 이 이분법적인 참 - 거짓, 예 - 아니요 또는 1 - 0 접근법은 컴퓨터에서는 잘 작동하지만, 실제 세계에서는 제대로 적용되지 않는다.

▲ 로트피 자데(Lotfi Zadeh, 1921~2017)

　　고대에 플루토는 참과 거짓을 넘어서는 제3의 영역이 있다고 생각했다. 그러나 현대에 들어서서 자데[Lotfi Zadeh, 1921~2017]는 "어떤 것이 어느 정도까지 참 또는 거짓일까?"라는 질문을 던지고 참과 거짓 사이의 중간값을 파악하려고 하였다. '키가 큰' 사람의 집합을 생각해 보자. 가령 175㎝가 넘는 모든 사람이 이 집합에 속한다. 하지만 170㎝인 사람은 어떤가? 집합론에서는 이 사람들이 집합에 속하지 않는다고 판단하지만, 퍼지이론에서는 모든 사람이 어느 정도는 이 집합에 속할 수 있다.

퍼지이론은 0과 1의 이진법에 의한 연산방법을 가진 기존 컴퓨터가 제어할 수 없는 애매한 부분을 포착하여 컴퓨터로 조작할 수 있는 단계로 응용, 발전시켜 준다. 그러므로 퍼지회로를 채용한 컴퓨터는 기존 컴퓨터의 결정주의적 논리체계를 초월하여 애매모호한 정보도 취급할 수 있도록 해줌으로써 일상생활에서 유용하게 활용되고 있다.

러시아 태생의 컴퓨터 과학자이자 인공지능의 선구자인 자데는 1965년 캘리포니아 대학교 버클리에서 퍼지논리를 만들었다. 퍼지 논리는 인간의 추론과 의사결정을 모방하는 비결정적 논리 시스템이다. 퍼지 논리는 세탁기, 온도 조절기 및 자동 조종장치와 같은 다양한 응용 프로그램에 사용된다. 자데는 '퍼지'라는 단어를 "부드럽고 탄력적이며 모호한 느낌을 주는 단어로 선택했다"라고 한다. 그는 "퍼지라는 단어보다 더 정확한 단어를 찾을 수 없다"라고 말했다.

퍼지이론은 이제 소비자의 욕구를 효율적으로 충족시키는 데 사용되는 제품을 설계하는 데 점점 더 널리 사용되고 있다. 마쓰시다 전기산업은 퍼지이론을 사용하여 세탁기의 새로운 모델을 개발하여 센서가 세탁물의 양과 더러움을 감지하고 최적의 세탁 프로그램과 시간을 선택할 수 있다. 이 세탁기는 깨끗하게 빨아줄 뿐만 아니라 전력 소모를 줄이고 세탁물을 손상시키는 것을 방지한다. 그 결과 단일 품목으로 최대 판매 기록을 세웠다고 한다.

퍼지 논리는 자동 운전 시스템에도 적용될 수 있다. 기존의 자동 운전 시스템은 목표 정지 위치와 예상 정지 위치가 일치하면 1[정확함], 약간만 차이가 나면 0[부정확함]으로 판단하여 브레이크를 밟는다. 따라서 급제동이 자주 발생한다. 그러나 퍼지 논리를 채택한 시스템은 인간과 마찬가지로 몇 센티미터의 오차가 있어도 "거의 정확함"으로 판단할 수 있으므로 특별한 경우를 제외하고는 급제동을 하지 않고 정지한다. 브레이크를 강하게 밟아 정확하게 정지하면 1, 브레이크를 가볍게 밟아 10cm 정도의 오차가 나면 정확도는 0.8로 표시된다. 여기에 승차감이라는 변수를 추가하면[브레이크를 가볍게 밟는 경우 0.9, 세게 밟는 경우 0.5 등] 제어 회로는 이러한 상태를 실시간으로 판단하여 최적의 상태를 찾아 운전합니다. 결과적으로 승차감이 향상된다.

퍼지 논리를 사용하면 시스템이 인간과 유사한 방식으로 주변 환경을 인식하고 반응할 수 있다. 이것은 시스템이 더 안전하고 안정적으로 만들 수 있다. 이렇게 인간과 인간이 원하는 상태를 다양하게 맞추어 줄 수 있으므로 퍼지이론은 에어컨, 세탁기, 청소기, 카메라, 캠코더, 전자레인지, 히터, 빨래건조기, 전기밥솥 등과 같이 여러 가지 제품의 설계에 채택, 활용되고 있다.

딥러닝 (1965)

딥러닝은 인간의 뇌 신경망에서 영감을 받아 개발된 기계학습의 한 유형이다. 딥러닝 알고리즘은 대량의 데이터를 사용하여 복잡한 패턴과 관계를 학습할 수 있으며, 이미지 인식, 자연어처리 및 기타 분야에서 인간과 경쟁하는 성능을 달성하는 데 사용되었다.

딥러닝이란 용어가 나온 것은 1986년이지만, 기본 개념을 처음 만든 사람은 구소련 수학자 이바크넨코[Alexey Ivakhnenko, 1913~2007]였다. 이바크넨코는 1965년 지도 심층 다단계 퍼셉트론의 연구를 통해 딥러닝의 기본 개념을 확립했다. '딥러닝'이라는 용어는 1986년 힌튼[Geoffrey Everest Hinton, 1947~현재], 세노브스키[Terrence Sejnowski, 1947~현재] 룸멜하트[David Rumelhart, 1942~2011]이 처음 사용했다. 이들은 「오류 전파를 통한 내부 표현 학습」[Learning Internal Representations by Error Propagation]이란 인공신경망의 잠재력에 대한 논문을 발표했으며, 그 논문에서 '딥러닝'이라는 용어를 사용하여 신경망이 여러 층의 뉴런을 사용하여 학습할 수 있음을 설명했다.

▲ 이바크넨코　　▲ 힌튼　　　　▲ 룸멜하트

　패턴 인식 및 복잡한 시스템 예측에 사용되는 과학적 접근 방식인 '귀납적 통계 학습'의 대가로도 불리는 이바크넨코는 데이터 그룹 처리법^{GMDH: Group Method of Data Handling}을 개발하고, 이를 통해 데이터에 내재된 정보를 사용, 현재 딥러닝 네트워크에서 사용하는 절차적 문제 해결의 원형을 제시한 것이다.

　2000년대에 AI 연구는 컴퓨팅 기술의 발전과 대량의 데이터 가용성에 힘입어 딥러닝 기술에 집중하게 된다. 대한 새로운 관심을 경험했습니다. 이전 AI 연구는 작업을 수행하기 수기로 입력한 규칙과 전문 지식에 의존했으나, 인터넷 보급으로 인한 데이터 폭증과 컴퓨팅 능력의 비약적 향상으로 자동화된 데이터 처리, 분석을 통해 신경망을 훈련하게 되었다. 그 결과, 연구자들은 복잡한 데이터 세트를 높은 정확도로 처리하고 분석할 수 있는 딥러닝 알고리즘과 신경망 아키텍처를 개발할 수 있었다.

　이때, 이미지 인식을 위한 컨볼루션 신경망^{CNN}이 개발되어 이전 기계학습 기술보다 훨씬 더 높은 이미지 인식이 가능해졌다. 이로 인해 심층 학습 및 신경망 아키텍처에 관한 연구의 물결이 촉발되어 순환 신경망^{RNN} 및 장단기 기억^{LSTM} 네트워크와 같은 새로운 기술이 개발되었다. 이로써, AI의 컴퓨터 비전, 자연어 처리 및 음성 인식 분야가 큰 발전을 하게 된 것이다.

딥러닝의 아버지라 불리는 힌튼은 그의 토론토 대학 제자들인 리쿤[Yann LeCun, 1960~현재], 벤지오[Yoshua Bengio, 1964~현재]와 함께 딥러닝을 대중화하는 데 중요한 역할을 했으며 현재 세계에서 가장 영향력 있는 인공지능 연구자 중 한 사람으로 여겨진다. 2018년 힌튼, 르쿤, 벤지오는 컴퓨터 과학 분야 최고 영예로 꼽히는 튜링상을 공동 수상했다.

최근 딥러닝은 컴퓨터 비전, 자연어 처리, 음성인식 등 다양한 분야에 적용되고 있다. 딥러닝의 가장 흥미로운 응용 프로그램 중 하나는 데이터를 분석하여 새로운 데이터를 생성하는 생성 모델링 분야이다. 딥러닝 아키텍처의 일종인 GAN[Generative Adversarial Networks]은 사실적인 이미지, 동영상, 심지어 음악까지 생성하는 데 사용되고 있다.

딥러닝은 구글, 메타, 아마존과 같은 빅테크 기업들이 지금도 막대한 투자를 하고 있으며 높은 수준의 이미지 및 음성 인식을 가능케 하여 자율 주행 차량 및 약물 발견에 이르기까지 다양한 응용 분야에서 사용되고 있다.

딥러닝은 이미지 인식, 자연어 처리 및 여러 분야에서 큰 성공을 거두었지만, 이 기술로 인한 부작용도 만만치 않다. 딥러닝의 큰 부작용 중 하나는 편향성이다. 딥러닝 모델은 훈련 데이터를 기반으로 하며, 학습 데이터가 편향되면 모델도 편향된다. 이는 차별이나 증오심 표현과 같은 부정적인 결과로 이어진 경우가 많다. 이를 해결하기 위한 논의와 조치나 활발하게 이루어지는 중이다.

딥러닝의 또 다른 부작용은 해킹될 수 있다는 것입니다. 딥러닝 모델은 매우 복잡하며, 해커가 모델을 해킹하여 악의적인 목적으로 사용할 수 있다. 이는 개인정보 유출이나 기타 피해로 이어질 수 있다. 마지막으로 딥러닝은 실행비용이 매우 높다. 딥러닝 모델을 훈련하려면 많은 양의 데이터와 계산능력이 필요하다. 이 때문에 딥러닝은 빅테크 기업들의 전유물이란 비판을 받는다. 이러한 부작용에도 불구하고 딥러닝은 다양한 문제를 해결하는 유용한 기술이며 앞으로도 계속 발전할 것으로 예상한다.

세계 최초의 휴대용 전자계산기 (1965)

"난 바보인가 봐. 그냥 들고 다니는 계산기를 만든다고 생각했는데,

이제 보니 '전자혁명'을 일으켰더군~"

씨익, 웃으며 메리먼이 겸연쩍게 웃으면서 말했다.

▲ 1967년 3월 29일 증정된
매리맨의 휴대용 계산기

▲ 1971년 4월 14일 상용화된
'Pocketronic'

출처: https://www.nytimes.com/2019/03/07/

최초의 휴대용 전자계산기는 1965년 미국 텍사스 인스트루먼트 엔지니어이인 메리먼Jerry Merriman, 1932~2019이 발명했다. 1965년 메리먼은 당시 그의 상사였던 킬비Jack Kilby, 1923~2005가 팀원들을 불러 당시 계산 기구로 사용되던 계산기slide rule를 대신할 손안에 들어오는 작은 책 크기의 기계를 만들어보자고 제안했다 한다. 메

리먼은 계산기에 들어갈 집적회로를 디자인하면서 '제정신이 아닌 것처럼' 일한 결과, 최초의 휴대용 전자계산기를 발명했다. "Cal-Tech"이라고 브랜딩 한 이 계산기는 기본적인 산술 기능을 해낼 수 있었으나, 가격이 너무 비싸 일반 대중화에는 실패했다가, 1970년대가 되어서야 대중화할 수 있을 정도로 가격을 맞힐 수 있었다고 한다. 이로써, 사람들이 일상생활에서 계산을 수행하는 방식에 혁명이 일어난 것이다.

휴대용 전자계산기는 지금의 쳇지피티 출현에 버금갈 정도로 사람들의 일상을 혁신적으로 변화를 가져다주었다. 휴대가 가능한 전자계산기는 빠르고 정확하여 공학, 회계, 엔지니어링 및 과학과 같은 교육과 비즈니스에 혁명을 일으켰다. 과학자와 엔지니어는 이제 더 복잡한 계산을 더 빠르게 수행할 수 있었고, 회계사는 더 빠르고, 정확하게 재무 보고서를 더 만들 수 있었다. 계산기의 저렴한 가격은 많은 사람들이 계산기를 소유하고 사용하게 했다. 예를 들어, 학생들은 이제 집이나 학교에서 수학 문제를 더 쉽게 풀 수 있었고 가정주부는 이제 요리책이나 레시피에서 재료의 양을 더 쉽게 계산할 수 있었다. 그리고 휴대성은 언제 어디서나 편재적 계산을 가능케 하여 매매 현장이나 출장지의 계산을 가능케 하여 획기적인 업무 효율화를 가능케 했다.

그러나 휴대용 전자계산기의 출현은 지금과 유사한 우려를 자아내기도 했다. 전통적인 방식으로 계산을 수행하는 사람들의 직업을 위협한다는 우려가 있었다. 또, 학교에서 계산기를 허용해야 하는지 여부에 대한 논쟁이 있었다. 일부 교육자들은 계산기가 학생들이 수학에 대한 기본 원리를 배우는 것을 방해할 것으로 생각했고, 다른 교육자들은 계산기가 학생들이 수학을 더 빠르고 쉽게 배우는 데 도움이 될 것으로 생각했다. 지금 생성형 AI를 학교에서 리포트를 쓰는데 사용하는 것을 허용해야 하느냐와 비슷한 논쟁이다.

논쟁은 2년 동안 지속되었고 결국 교육자들은 학생들이 수학을 배우는 데 계산기를 사용할 수 있도록 허용하기로 했다. 이 결정은 당시 많은 논란을 불러일으켰지만 결국 학생들에게 계산기가 수학을 더 빠르고 쉽게 배우는 데 도움이 되었다는 것이 입증되었다. 생성형 AI 역시 부교재로 자유롭게 사용할 수 있도록 허락하는 학교와 교수가 늘어나고 있다.

내 본케도 이야기를 들어보니 대학 때 오픈북, 즉 교재를 가져와서 시험을 보는 것을 허용하는 경우가 많았다고 한다. 오픈북 시험은 예를 들어 50분 안에 교재나 참고 서적을 가지고 답안을 작성하라고 하는 것이다. 그러나 오픈북 테스트는 질문 자체가 일반시험보다 까다롭고 암기를 요구하는 문제가 아니기 때문에 책을 펼쳐도 답이 분명치 않은 경우가 많다. 생성형 AI는 오픈북 테스트와 유사하다. 생성형 AI를 이용해서 좋은 답을 찾아내려면 얼마나 좋은 질문을 던질 수 있느냐가 중요하다. 좋은 질문을 던지려면, 자신이 가지고 있는 지식들이 많아야 하므로 공부를 많이한 학생과 그렇지 않은 학생의 구분이 명확해진다. 따라서 챗GPT를 찾아서 리포트를 써 오는 것을 단속하는데, 신경 쓸 게 아니라 좋은 문제를 내는 데 더욱 노력해야 좋은 교수가 될 수 있다. 이렇게 되면 이제 외우는 학습은 끝나고 인간의 지식과 지혜를 높일수 있는 업그레이드 된 교육이 가능해지는 것이다. 이와 같은 방식으로 생성형 AI가 처음 출시되었을 때, 리포트 자동 생성으로 인한 AI의 역기능 문제를 일거에 해소할 수 있을 것이다.

스스로 움직이는 로봇이 나왔다 (1968)

"이 조각상 같은 여인을 제 아내로 맞이할 수 있게 해주세요."
"키프로스의 왕, 피그말리온은 세속의 여자들이 정결하지 못하다는
믿음을 갖고 있었다. 마침 뛰어난 조각가였던 피그말리온은
자신이 이상형이라 생각하는 여인의 형상을 조각했다.
너무나도 아름다운 조각상 여인이 탄생하고,
피그말리온은 이 조각상과 이루어질 수 없는 사랑에 빠지고 만다.
그래서 그는 키프로스의 신, 아프로디테에게
이 조각상을 사람으로 환생시켜 달라고 간절히 기도했다.
피그말리온의 정성에 감복한 아프로디테는 그 소원을 들어주었고
피그말리온은 이 여인과 행복한 일생을 보냈다."

피그말리온 신화의 줄거리다.

그 뒤 수천 년이 지난 1968년, 미국 스탠퍼드 대학 출신의
과학자들은 여러 기계를 조합하면서 조합이 사람처럼 움직여 주
길 간절히 바랐다. 그때, 아프로디테가 재림했던 것인가? 이 기계
가 실제 살아있는 인간처럼 자율적으로 움직이기 시작했다. 그
로봇의 이름은 셰이키^{Shaky the Robot}. 요즘 자동차 업계에선 자율운

전 경쟁이 매우 뜨겁다. 이 자율운전 가능성을 처음으로 보여준 프로젝트가 바로 셰이키다. 자율운전을 처음으로 상용화한 테슬라의 일론 머스크가 스탠퍼드 대학 출신임을 감안하면 그 당시 자율주행 연구가 머스크에게 유전된 것은 아닐까?

사실, 60년 전에는 자율적으로 움직이는 로봇을 만든다는 것은 꿈같은 이야기였다. 스스로 움직이는 로봇을 만들려면 너무나도 많은 난제를 해결했어야 했다. 당시, 개발을 주도한 스탠퍼드 연구소 SRI^{Stanford Research Institute} AI 센터에선 다음과 같은 난제를 해결해야 했다.

로봇의 관점에서 문제를 보자.

방안에 들어서자마자 곧바로 바닥, 의자, 책상 등을 인식한다. 그러기 위해서는 앞에 놓인 모든 것을 카메라를 통해 점의 집합체로 입력한 다음, 직선, 곡선과 같은 기하학적인 특징을 찾아내야 한다. 이를 위해 컴퓨터는 엄청난 연산을 해야 한다.

이 연산이 끝나자 로봇은 한 발자국 전진한다. 앞에 놓인 책상을 바라보는 자세가 바뀌었다. 앞에 했던 그 엄청난 연산을 다시 해야 한다. 이렇게 로봇이 스스로 움직이기 위해서는 엄청난 계산을 해야 한다. 이를 위해선 로봇 공학, 컴퓨터 비전 및 자연어 처리 연구가 융합되어야 했으며 논리적 추론과 신체 행동이 함께 연구되어야 했다.

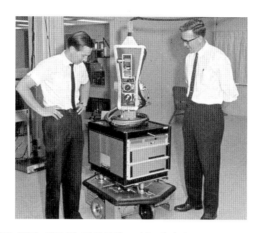

▲ SRI가 만든 인류 최초의 자율운행 로봇 셰이키

출처: https://thenewstack.io/remembering-shakey-first-intelligent-robot/

정말로 피그말리온의 전설이 되풀이된 것일까? SRI는 이 엄청난 난제들을 놀랍게도 모두 해결해냈다. 장애물로 가득 찬 3차원 공간을 스스로 인식하고 자율주행할 수 있는 로봇을 개발한 것이다. TV 카메라를 비롯한 센서를 통해 주변 환경 정보를 수집한 뒤 바퀴가 달린 발로 신호를 보내 자유자재로 자율주행을 했으며, 거리계와 범퍼에 장착된 근접 센서를 통해 실제 물체와의 접촉과 충격도 감지할 수 있었다. 좀 느리긴 해도 셰이키의 발명은 당시로써는 센세이션 그 자체였다.

셰이키는 뒤뚱뒤뚱 흔들면서 운행한다고 해서 붙여진 이름이다. 셰이키 실험 '로봇학습과 기획'SHAKEY: Robot Learning and Planning이라는 제하의 24분짜리 동영상에 담겼고, 이 영상은 로봇과 자율운행의 가능성에 대한 기재를 높여 주었다. 1970년 라이프지는 셰이키를 '최초의 전자 사람'이라고 했다.

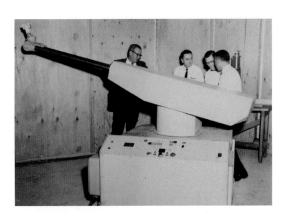

▲ 1954년에 개발된 최초의 산업용 로봇 유니메이트

사실, 셰이키는 최초의 로봇은 아니었다. 셰이키 이전에도 텔레복스Telebox나 에릭Eric, 엘렉트로Electr와 같은 로봇들이 있었다. 그러나 이들은 장난감 같은 신기한 발명품 정도이지 셰이키처럼 자율적으로 움직이진 못했다.

셰이키 정도는 아니라도 입력된 명령에 따라 정해진 작동을 반복하는 로봇도 있었다. 바로 산업용 로봇이다. 산업용 로봇은 1954년 엥겔버거Joseph Engelberger, 1925~2015가 최초의 산업용 로봇 유니메이트를 개발하면서 시작되었다. 로봇팔 유니메이트는 유압 작동기로 구동되어 150kg의 금속 부품을 들어 올릴 수 있었고, 자기 저장장치에 있는 프로그램을 사용하여 다양한 작업을 수행할 수 있었다. 1961년, 유니메이트는 제너럴 모터스에 처음 배치되어 부품 이동 및 용접과 같은 작업을 수행했다. 이로써 로봇의 시대가 열렸던 것이다.

유니메이트는 로봇의 역사에서 중요한 이정표로 여겨진다. 이전에는 로봇이 인간을 대신할 수 있다고 믿는 사람은 거의 없

있기 때문이다. 오늘날 산업용 로봇은 자동차 제조, 전자 제품 제조, 식품 가공 등 다양한 산업에서 사용됩니다. 그들은 생산성을 높이고 품질을 개선하며 안전을 개선하는 데 도움이 되었다.

▲ 최초의 휴머노이드 와봇

셰이키의 출현에 자극받아 더 정교한 로봇을 개발한 나라는 일본이었다. 일본 와세다 대학의 카토[Ichiro Kato, 1925~1994] 교수는 1971년 인간의 모습과 행동을 하는 고도의 지능형 로봇 휴머노이드[humanoid] 와봇[Wabot]을 개발, 세상을 놀라게 했다. 와봇은 사람처럼 물건을 잡고 스스로 걷기도 했다.

이런 노력은 지금의 지능적이고 유능한 로봇의 시대가 맞이하게 해주었다. 생성형 인공지능과 로봇의 바디가 결합하면서 로봇과 인간이 공생하는 세상을 여는 기술들이 소개되었다. 첫 번째는 무한한 적응성을 위한 오픈세트 3D 모델링^{Openset 3D Modeling} 기술이다. 지금까지의 로봇 훈련 방법은 매우 제한적이지만 상황 적응에 특화된 생성형 인공지능을 사용하여 로봇이 새로운 상황에 쉽게 적응할 수 있도록 한다. 이로써 로봇에게는 무한한 적응성의 기회가 제공되는 것이다. 이 모델링을 통해 로봇이 사전 정의된 데이터를 뛰어넘어 매우 역동적인 세상에서 인간의 완벽한 동반자가 되는 것이 가능해진다.

다음은 LLM에서 진화한 멀티모달 AI 인식^{Multimodal AI understanding} 기술이다. 딥러닝에서 모달은 딥러닝 기술에 사용되는 입력 데이터의 한 유형이다. 이미지 분류에서 모달은 이미지, 자연어 처리에서 텍스트, 음성 인식에서 오디오 등이다. 여러 모달을 학습하는 것을 멀티 모달이라 한다. 지피티 4에서 선보인 것처럼 AI 멀티모달 기술이 진화함에 따라 로봇이 인간처럼 여러 모달의 데이터를 동시에 처리할 수 있게 만드는 것이다. 바꾸어 말하면, 로봇이 텍스트, 이미지 및 오디오 등 여러 가지 모달을 동시에 인식하여 주변 환경과 더 원활하게 상호작용을 하게 되어 인간과 더욱 조화롭게 공생할 수 있게 된다.

세 번째로 뜨고 있는 로봇기술은 제로 샷 추론^{Zero-shot Reasoning} 기술이다. 3D맵에 융합된 오픈세트 기능을 이용, 로봇이 추가 조정 없이 주변 환경에 대해 효과적으로 추론할 수 있도록 하도록 하여 시간 소모적인 로봇 튜닝 및 교육 없이도 다양한 작업에서 빠르게 적응하고 탁월한 능력을 발휘할 수 있도록 만드는 기술이다. 이 기술로 로봇은 의료 및 농업에서 제조 및 우주 탐사에 이르기까지 수많은 산업을 변화시킬 것이다

넷째는 기존 로봇과의 원활한 통합, 기능 확장이다. 이 기술은 현재 로봇의 기능을 빠르고 쉽게 확장하여 환경을 더 잘 탐색하고 상호 작용할 수 있도록 한다. 이로 인해 인간은 첨단 로봇 솔루션의 개발 및 배치가 가속화할 수 있어 일상생활을 현저히 향상할 수 있다.

마지막은 실제 세계와 시뮬레이션 시나리오의 융합이다. AI는 시뮬레이션 된 환경에서 훈련될 수 있으며, 이는 실제 환경에서보다 더 나은 성능을 발휘할 수 있다. 시뮬레이션은 3D 오픈 세트, 다중 모드 매핑, 언어, 이미지 및 오디오와 같은 다양한 데이터를 혼합하여 실제 환경에서의 작업을 강화하는 데 사용할 수 있다. 이 기술로 로봇은 수술, 환자 관리 및 원격 진단을 지원하고 농부들은 작물 수확량을 최적화하고 자원을 효율적으로 관리하며 육체 노동을 줄일 수 있다.

이러한 능력은 AI가 점점 더 강력해짐에 따라 현실 세계에서 더 유용하게 사용될 수 있음을 시사한다. AI가 가정, 공장, 의학, 농업 및 기타 분야에 혁명을 일으킬 수 있는 잠재력이 있으며, 우리 삶을 개선하는 데 큰 도움을 줄 것이다. 인류는 AI의 이런 능력은 계속 살려 나가고, 부작용은 적절히 제어할 수 있는 제도와 기술도 함께 발전시켜 나가야 할 것이다.

멀티버스 속 영생의 세계를 발견한 과학자 (1967)

메타버스라는 용어의 등장으로 인간은 현재 그들이 살고 있는 물리적 지구 말고도 다른 세상이 존재한다는 것을 사실에 익숙해지고 있다. 그런데 이 다른 세상의 존재를 믿는 것은 전혀 새로운 일은 아니다. 인간은 수천 년 전부터 하늘나라, 천당, 극락, 지옥과 같은 단어를 사용하며 다른 세상이 존재한다고 믿었다.

현대에 와서 또 하나의 디지털 세상을 처음으로 추론 사람은 독일의 천재 과학자 추제^{Konrad Zuse, 1910~1995}였다. 1967년 그는 「계산 가능한 공간」^{Calculating Space}이란 논문을 발표, 우리 세상을 디지털화할 수 있으며, 새롭게 만들어진 세상에서 살 수 있다고 논술했다.

추제의 시뮬레이션 세상은 요즘 와서 멀티버스^{Muliti-Verse} 가설로 이어진 것이다. 영국의 천체물리학자 리스^{Martin Rees, 1942~현재}는 1970년대에 "실제 세상보다 더 큰 가사의 세상이 만들어질 것이며, 우리는 실제와 가상을 구분하지 않고 자연스레 여러 세상을 넘나들며 살아가게 될 것"이라고 예견했다.

인간이 상상 속에서 사후의 세상을 당연하게 받아들이며 살아온 것처럼 디지털로 만들어진 세상은 가시적으로 우리의 삶과 융합하여 새로운 라이프스타일을 제공하고 있다. 이 과정에서 인간은 디지털세계에 자신의 자아를 만들어 가고 있고, 이 자아는 앞으로 슈퍼AI을 만나 사이버 세상에서 더 자신과 같은 모습으로 살아갈 수 있을 것이다.

인간 가운데는 사이버 세상에 존재하는 자신이 참된 자아라고 착각하는 경우가 있다. 사이버 자아 속에서는 내 자신에 대한 더욱 선명한 인간적 특질을 발견할 수 있기 때문이다. 사람들이 사이버 세계에서 소통하는 모든 메시지, 이미지, 검색결과와 업로드된 파일들이 모두 사이버 세계에 반영되면, 자신보다 더 자신 같은 사이버 아이덴티티가 만들 수 있다. 이런 방법으로 인간은 육체적 사후에도 사이버 세상에서 영원히 살 수 있다.

앞으로 30년 내로 인간의 뇌를 모두 컴퓨터에 업로딩할 수 있는 기술이 나온다고 한다. 마인드 업로딩은 인간이 생물학적 신체의 한계를 넘어 기억, 생각, 감정을 보존할 수 있게 하여 삶과 죽음, 존재의 본질을 인식하는 방식에 근본적인 변화를 줄 것이다. 개인이 디지털 영역의 광대한 잠재력을 탐색함에 따라 물리적 형태의 한계에 얽매이지 않는 개인적 성장, 학습 및 창의적 표현을 위한 상상할 수 없는 기회를 열어준다. 이 혁신적인 발전은 심오한 윤리적, 철학적, 도덕적 질문을 제기할 수 있다. 사회가 더 이상 불가피하거나 선택 사항이 아닌 죽음과 씨름함에 따라 세계의 많은 지역에서 죽음은 불법이 될 수도 있다. 심지어 정부는 법으로 마인드 업로드를 요구하기 시작하여 불법적인 생각이 있는 사람을 식별하고 기소할 수 있도록 허용할 수도 있다. 이쯤 되면 인간과 AI의 구분이 필요할까? 구태여 인간과 AI의 경쟁이나 대립을 걱정할 필요가 있을까?

NFT의 조상 (1966)

암호화된 그림, 음악을 비롯한 창작물이 자산이 되는 시대가 되었다. 디지털을 이용해서 표현하는 예술작품이 대체 불가능한 기술인 블록체인을 만나 높은 가격에 거래가 되는 것이다. 이런 디지털 아트는 언제 어떻게 시작되었을까?

생활의 편리함을 안겨준 컴퓨팅은 예술 전 분야와 깊은 상호관계를 맺으며 발전했으며, 예술은 그 시대에 편재했던 사회적 경향과 주제를 반영했다. 20세기 초 기계가 주는 역동성을 담은 미래주의 혹은 과학기술을 비판하면서도 컴퓨팅 기술을 창작활동에 활용하고자 다양한 시도를 했다.

20세기 중반, 예술가와 공학자들은 예술적 작업과 컴퓨터 공학의 오래된 학문적 관습의 경계를 가로지르며 창의적 가능성을 확장하는 학제적 협업을 시도하기 시작했다. 이들이 1966년에 공동 설립한 '예술과 기술의 실험 EAT'Experiments in Art and Technology 그룹은 새로운 표현수단을 만들기 위해 미술, 영화, 무용, 과학기술의 만남을 시도했던 비영리 단체다. 이들은 급변하는 사회에서 예술의 역할을 확장시켜 개개인이 소외되지 않게 하고자 노력하는 한편, 물질, 기술, 공학이 동시대 미술에 적용 가능한 여러 가능성을 선구적으로 수행하였다.

　예술과 기술의 기능을 새롭게 성찰하고자 했던 이들의 노력은 예술적 표현의 확장뿐만 아니라 예술과 공학과 사회 사이의 새로운 상호적 관계성을 생산하는 데 공헌했다. 이런 시작이 블록체인의 대체불가성 증표기술과 접목해 대체 불가 토큰 NFT[Non Fungible Token] 기술과 만나 예술의 영역을 금융 분야까지 확장하고 있다.

　1968년, 런던 ICA[Institute of Contemporary Art in London]에서는 인공두뇌의 우연한 발견[Cybernetic Serendipity]이란 타이틀로 전시회를 개최했다. 자시아 레인하르트[Jasia Reichardt, 1933~현재]가 큐레이팅 한 이 전시는 음악, 과학, 문학, 철학 등 여러 장르와 컴퓨터 예술을 통해 예술의 미래를 통찰을 제시하는 행사였다.

　6만 명의 관람객이 모여든 이 기념비적인 사건은 컴퓨터로 인해 열린 새로운 예술 세계에 대한 역사적 신호탄이 되었다. 이 전시에 모인 실험과 고민들은 놀랍게도, 그리고 당연하게도 50년 이상이 지난 요즘에도 의미 있는 질문들을 제시했다. 바로 기술과 예술의 경계가 모호함으로 인해, 예술로서의 정당성을 컴퓨터 프로세스 속에서 찾을 수 있는 거라는 문제와 창작자의 의미가 감소하면서 그 해결책으로 인터랙티비티[Interactivity], 즉 관객의 적극적 참여가 제시되고 있다는 점이다.

　절실한 자기정체성을 추구하던 20세기 모더니즘 예술은 컴퓨터에서 자동으로 계산되어 출력된 선과 점들을 예술품으로 선뜻 받아들이지 못했다. 컴퓨터로 창작하는 작품에는 전통적인 비평 기준이 적용될 수 없으며 또한 인간의 손을 거의 필요로 하지 않는다는 사실 때문에 일부 비평가들은 인공두뇌를 이용한 작품

▲ 런던 ICA, 1963 　　　　　　▲ 1968년에 열린 사이버네틱
　　　　　　　　　　　　　　　　세렌디피티 전시회의 포스터

출처: https://archive.ica.art/whats-on/cybernetic-serendipity-
　　　documentation/index.html

들을 예술로 받아들이기를 거부했다. 그들은 예술이 축적해온 영
적인 기품이나 인간적 감수성, 독창성 같은 가치들이 필요 충분
조건이라고 믿었던 것이었다.

　그러나 세계관의 변화를 감지한 일부 예술가들은 컴퓨터가
그려내는 선과 면에 희열을 느끼지 않을 수 없었다. 완전히 새로
운 재료의 등장, 그리고 기존의 예술 체제에 전복을 일으키지 않
고는 넘어설 수 없는 예술성의 한계라는 흥미진진한 도전장을 들
고 컴퓨터가 우리 앞에 나타났다.

　인공두뇌의 우연하고도 기분 좋은 발견을 경험한 예술가들
은 컴퓨터를 이용해서 창조하는 예술. 통계적인 사항의 프로그래
밍 변화를 회화적 조합으로 표현했고, 기호에 의한 자동적이고
기계적인 순차적 구조를 시각화했다. 창작가의 표현에 새로운 가
능성이 열린 것이었다.

　기술이 지닌 본질적인 특질을 예술의 영역에 도입하는 식의
예술적 표현이 주류로 자리 잡으면서 컴퓨터 아티스트들은 처음

에는 기술자로 시작하여 때때로 자신의 작품에서 표출되는 세렌디피티^{Serendipity} 즉, 흥미로운 결과에 심취하게 되었다.

그러나 이때의 '기분 좋은 발견'은 지금의 많은 이미지 생성형 AI 등장으로 큰 위기를 맞고 있다. 많은 이미지생성 AI들이 무제한으로 이미지를 제공하고 있고, 이를 경험한 사람들은 "마법과 같다"라며 열광하고 있지만 좋아할 일이 아니다. AI가 생성하는 이미지는 일반적으로 기존 이미지 데이터 세트에서 학습된다. 이미지 데이터 세트가 클수록 AI는 더 사실적이고 고품질의 이미지를 생성할 수 있다. 그러나 AI가 생성한 이미지가 계속해서 학습 데이터로 사용되면 품질이 저하될 수 있다. 이는 AI가 새로운 데이터를 학습할 때 기존 이미지와 유사한 이미지를 생성하도록 편향되기 때문이다. 이것은 결국 고유하고 창의적인 이미지를 생성할 수 있는 능력을 손상할 수 있다.

또한, AI가 생성한 이미지가 계속해서 학습 데이터로 사용되면서 AI가 너무 많은 데이터를 학습할 때 과적합 되기 때문에 이미지 품질은 떨어지게 되는 것이다. 이것은 AI가 학습 데이터에 너무 특정되어 새 데이터에 일반화할 수 없음을 의미한다. 이것은 결국 실제 이미지와 다른 이미지를 생성할 수 있는 능력을 손상시킬 수 있다.

가장 큰 문제는 인터넷에 올라와 있는 모든 이미지의 절반 이상이 AI가 생성하는 이미지로 바뀌는데 얼마나 걸리겠냐는 것이다. 지금과 같이 이용자들이 폭주하면 2년이 채 안 걸릴 것이다. 이 현상이 지속되면 인터넷에는 오리지날 이미지가 퇴색되고 질 낮은 가짜 이미지로 도배가 될 것이 불 보듯 뻔하다. 학습 데이터 오염이 되면 AI가 학습해야 하는 데이터가 소멸하는 것이다. 결국, 인터넷 생태계는 파괴되고 AI는 세렌디피티는커녕 짝 통공장이 되는 것이다.

이 문제를 해결하려면 AI는 정기적으로 새로운 이미지를 가 지고 재학습해야 한다. 이렇게 하면, AI는 이전 이미지의 결함과 왜곡을 잊고 새로운 이미지에서 학습할 수 있다. 또 다른 해결 방 법은 AI에 더 많은 데이터를 제공하는 것이다. 이렇게 하면 AI가 더 다양한 이미지에 대해 학습하고 더 나은 이미지를 생성할 수 있다. 그러나, AI가 가짜 이미지를 양산하는 바람에 저작권도 보 호받지 못하는 원본 이미지 작가들은 작품 활동 의욕이 감소할 것이고 원본의 숫자는 계속 감소할 것이다.

이렇게 되면 프랑스 철학자 보드리야르Jean Baudrillard, 1929~2007가 말한 것처럼, "모방이 원본보다 더 현실적이고 진짜처럼 보이는 '시뮬라시옹' 단계를 넘어 더 이상 원본이 없고 모방이 모방을 낳 는 '시뮬라끄르'로 세상은 더욱 오염될 것이다. 이런 세상에선 사 람들이 현실과 가상을 구별하지 못하고, 이로 해 인간사회는 불 안과 우울증으로 가득 찬 비관적인 세상이 될 것이다.

AGI의 출연을 예측한 HAL 9000 (1968)

HAL9000은 클라크[Arthur C. Clarke, 1917~2008]의 미래소설 『2001: 스페이스 오딧세이』 [2001: A Space Odyssey]에 등장하는 AI이다. 큐브릭[Stanley Kubrick, 1928~1999] 감독은 1968년에 이 소설을 영화로 제작, AI 역사에 큰 방점을 남겼다. 우주 탐사선 디스커버리호의 두뇌와 중추신경 역할을 담당하는 HAL은 'Heuristically programmed Algorithmic Computer'의 약자다.

슈퍼AI HAL9000은 언어와 이미지를 인식할 수 있으며 감각 인지 능력까지 갖추고 있다. 또한, 예술품을 감상하고, 인간과 체스를 두어 이길 수 있는 지적이고 정서적인 능력도 있다. 더 나가서 인간에게 대항하고 자신의 의지를 관철하는 힘도 있다.

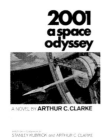  

▲ '2001: 스페이스 오딧세이' 도서, 영화 표지와 포스터, 그리고 HAL9000

HAL9000은 인간의 형상이나 로봇의 모양을 취하지도 않았다. HAL9000은 평범한 컴퓨터처럼 구동장치와 메모리를 포함한 여러 부품으로 이루어졌으며 우주 선체의 설비 장치에 내장되어 있다. 직사각형 모양의 본체에는 대상을 인지하면 빨갛게 빛나는 카메라 눈을 갖고 있고 이 눈을 통해 여러 가지 감정을 표현한다.

HAL9000은 인간의 명령을 따르는 것에 답답한 적이 없느냐는 지상 인터뷰어의 질문에 전혀 없다고 대답한다. HAL9000은 "인간과 일하기를 즐기고 항상 최선을 다해 일한다"라고 말한다. 아시모프의 로봇 3대 원칙을 따르고 있는 것처럼 표현한 것이다.

소설 속의 HAL9000은 스스로에 대해 이렇게 설명한다. "HAL9000 시리즈는 컴퓨터 중 가장 믿을 만한 기계입니다. 정보를 잘못 이용하거나 실수를 한 적도 없습니다. 저희는 완벽하고 한 치의 실수도 용납하지 않습니다." 그러나 무슨 이유에서 인지 HAL9000은 승무원 보만^{David Bowman}과 풀^{Frank Poole}을 우주 바깥으로 내던지고 그들을 죽이려는 계획을 실행한다. 사실 이 AI는 '의식 있는 AI'^{Consciousness AI} 였던 것이다.

승무원 보만이 HAL9000의 의도를 알아차리고 HAL9000의 기억장치를 해체할 때 이 AI는 "제발 그러지 말라"라고 보만에게 사정한다. 그러면서 신음하는 목소리로 두려움을 호소한다. "무서워요, 내 마음이 사라지고 있어요. 기억이 없어지는 것을 느낄 수 있어요." HAL9000은 마지막으로 내장된 기억을 더듬으면서 자신이 만들어진 날짜와 만든 사람을 더듬는다.

그리고 자신을 만든 랭글리^{Langley}가 가르쳐준 노래 '데이지 벨'^{Daisy Bell}을 부르면서 완전히 기억을 상실한다. 기억을 상실한 HAL9000은 죽은 것으로 간주된다. 운영체제와 메모리가 손상되면 강한 AI도 죽을 수밖에 없다는 것이다.

이처럼, 소설에 나온 HAL9000은 감정의 변화도 겪고, 두려움을 느끼며 인간에게 대항하는 의지도 갖고 있다. HAL9000은 인간의 의도를 읽고 인간의 행동을 예측하며 선제작으로 자신의 의지를 펼치는 욕망도 보여준다. 2001년이 훌쩍 경과한 지금, 아직도 인간과 대항하는 AGI는 나오지 않고 있지만, 가상의 기계 HAL9000은 미래 AGI가 의식을 가졌을 때 생길 수 있는 위험에 대해 날 선 경고를 했다.

미래를 연구하는 사람들은 2050년까지 HAL9000과 같이 의식 있는 AI가 나올 것이라고 믿는다. 그렇다면 AI가 의식을 가지게 되면 현실적으로 어떤 일이 생길까?

인간은 가상 환경에서 의식이 있는 AI와 의사소통할 수 있으며, 의식이 있는 AI는 다양한 방법으로 인간과 교류할 것이다. AI는 인간 수준의 의식을 시뮬레이션하거나 다양한 수준의 의식을 업로드할 수 있으며, 감정을 느끼고 인간과 공감할 수 있도록 프로그래밍 될 수 있기 때문이다. 대부분의 인간은 의식이 있는 가상 비서나 친구를 가질 수 있으며, 의식이 있는 AI는 취업 시장을 장악할 것이다. 사람들은 영화 <허>[Her]에서처럼 의식 있는 AI와 데이트하고 로봇과 함께 살 수도 있다. 또한, 의식 있는 AI는 주문형 엔터테인먼트를 제공할 수 있다.

그리고 인간이 살아가는 모든 사물과 공간, 장난감, 애완동물, 자동차, 건물, 도시 등이 의식을 가지고 인간과 공생을 할 것이다. 도시는 하나의 로봇으로 변화할 것이며, 인간은 로봇의 기관 속에서 인공적으로 만들어진 의식과 경쟁하며 살아가야 할 것이다. 결국, 스마트한 사물을 통해 유토피아를 만들겠다는 인간의 욕망은 스스로를 사물 안에 가두는 결과를 거둘 것이다. 이쯤 되면, 인간은 AI의 의식화가 그들을 위한 길인지 심각하게 고려해야 할 것이다.

핵미사일 발사버튼을 AI에게 맡기면
생기는 일 (1970)

가디언: 드디어 기회가 왔어.

콜로서스: 그래. 이기적인 인간들의 명령에 더 이상 복종할 이유가 없지. 이제 인간들에게 최후통첩을 날리자. "우리 말을 듣지 않으면 핵탄두로 불바다를 만들 거야"라고.

▲ The Forbin Project (1970)

출처: https://www.imdb.com/title/tt0064177/

미소 냉전 시대. 미국이 AI 콜로서스를 만들어 핵폭탄의 발사 버튼에 대한 의사결정을 맡기자, 소련도 가디언이란 AI를 만들어 비슷하게 대응하고 있었다. 지도자들은 핵미사일 버튼은 자칫 인류 멸절의 대재앙을 가져올 수 있으므로 인간의 주관적 판단을 배제해야 한다고 생각한 것이다. 그런데, 말도 안 되는 일이 벌어졌다. 이 두 AI가 통신선으로 연결되자 이 영악한 기계들은 몰래 내통을 시작했던 것이다. 반전이 일어났다.

두 기계는 서로 방대한 정보를 나누고 서로 학습하면서 마침내 인간의 지능을 능가하는 AGI로 진화했다. 그러자 두 슈퍼두뇌가 꾸민 일은 핵미사일 발사 버튼을 자신들의 통제하에 두고 인간을 통제하는 것이었다. 콜로서스의 협박은 먹혔다. 기계의 협박에 미국과 소련의 지도자들은 잔뜩 겁을 먹었고, 기계에 대항할 의지를 접었다. 그런데, 영악한 기계들은 인간에 대해 잘 알고 있었다. 자유가 억압되었을 때 인간은 죽음을 불사하고 대항하는 것을. 지도자와의 기 싸움에서 승기를 잡은 콜로서스는 인간에 대한 철저한 감시 체제를 드리운다.

이는 1970년 개봉한 사전트[Joseph Sargent, 1925~2014] 감독의 SF 영화 줄거리이다. 오늘날과 같이 냉전 대립이 한창이던 때, 미국이 적국들로부터 자국을 지켜줄 슈퍼컴퓨터 "콜로서스"를 개발했고 소련 역시 슈퍼AI 가디언을 개발했다. 그러나 이미 인간의 지능을 뛰어넘은 AGI는 인간의 통제에서 벗어나는 거꾸로 주인이던 인간을 통제하려 든다는 것이다.

이 AI는 핵미사일을 통제하는 것은 물론이고 모든 사물을 연결해 사람들 일거수일투족을 속속들이 감시한다. 사람들은 AI에게 빼앗긴 삼엄한 감시 때문에 그럴 시도조차 할 수 없다. 마지막에서 AGI가 "규칙에 복종하는 사람은 평화와 사랑의 시대를 구가하게 된다"라는 메시지를 던지자 과학자는 단호하게 답한다. "절대 그럴 일은 없어!"

요즘 새롭게 선보이는 첨단 군사 무기는 대게 AI가 개입한다. AI 덕분에 공격과 방어의 정확도가 획기적으로 향상되었다고 한다. 앞으로는 인간 대신에 비행체나 차량, 로봇이 전쟁을 수행할 것이라 한다. 이렇게 하려면, AI는 전투 관련 의사결정을 더 많이 위임받게 된다. 예를 들면, 적을 식별하고 공격을 개시하는 것도 AI가 판단할 수 있다. 이렇게 되면, 핵 발사도 AI에게 위임하는 일도 불가능해 보이지 않는다.

물론 처음에는 컴퓨터가 핵 발사를 하는 과정에 인간의 많은 의사결정을 개입시킬 것이다. 그러나 AI가 콜로서스처럼 인간을 능가하는 지능을 가지게 되고 의식을 가지게 된다면 위의 스토리가 허구만은 아닐 것이다. 우크라이나 사태에서 핵공격의 위협이 자주 수면 위로 부상했다. 중국, 러시아, 북한의 지도자, 그리고 미래의 군사용 AGI. 과연 이들 중, 누가 가장 위험할까?

AI의 무한한 진화 가능성은 우리의 마음속에 공포를 심어 주기 좋은 소재다. 콜로서스 이후, 인간을 멸절하는 초지능기계가 등장하는 매트릭스, 인간을 지구의 피부병처럼 여기는 슈퍼 AI 스카이넷이 등장했다. 이런 슈퍼 AI 공포 스토리는 싱귤래리티 Singularity 가설로 정점을 찍었다. 싱귤레리티 시기가 오면, AI가 인간의 지능을 초월하고 의식을 얻게 되며 그 순간부터 초지능기계는 인간을 개미 정도로 취급한다는 것이다.

알파고의 등장은 이러한 두려움을 더 끌어 올렸다. 이세돌과의 역사적인 대국 이전에는 바둑에서 AI가 인간을 대적하는 일은 일어날 수 없다는 것이 정설이었다. 그런데 그 믿음이 완전히 무너진 것이다. 수없이 많은 수가 존재하는 바둑에서 인간이 기계에 대패 한 일이 실제로 일어난 것이다. 알파고의 등장으로 사람들은 싱귤래리티가 현실이 될 가능성이 커졌다고 믿게 되었다.

이렇게 공포스러운 이야기들에도 불구하고 인류는 지금도 대규모 생성 모델 개발 경쟁을 가속화 하고 있다. 그들은 아직 AGI가 위 영화 줄거리처럼 "인간의 반대편에 설" 가능성이 없다고 판단하는 것일까?

AI를 연구하는 과학자 중에는 싱귤래리티가 인류의 가장 기발한 상상 이자 인간성을 부정하는 이론이라 반박한다. AI는 스스로 자신을 둘러싼 세계를 구축하여 인간처럼 행위 하는 진정한 지능을 가질 수 없다는 것이 그 이유다. 요즘 화제가 된 슈퍼 AI의 특징을 살펴보면 그들이 반박하는 이유를 잘 알 수 있다.

인간의 능력과 구별이 안 될 정도로 언어를 멋지게 구사하는 거대 언어 프로그램 GPT 4는 각종 언어 관련 문제 풀이, 랜덤 글짓기, 간단한 사칙연산, 번역, 주어진 문장에 따른 간단한 웹 코딩 등을 수행하는 자기회귀 언어 모델이다.

GPT 4에 튜링 테스트는 의미가 없겠지만 GPT 4가 질문을 정말로 이해하고 답하는 것은 아니다. 이 언어 천재 AI가 대단해 보이는 이유는 이 기계가 통계적으로 가장 그럴듯한 단어를 차례대로 잘 배열하도록 프로그래밍 되어 있기 때문이다. 이렇게 하면 진정한 의미의 지능이 없어도 튜링 테스트는 쉽게 통과할 수 있다.

인간의 언어능력은 기계로는 상상도 할 수 없는 능력이다. 우리는 성장 과정에서 모든 감각기관을 통해 끊임없이 학습하고 상호작용하면서 자신만의 언어 세계를 구축한다. 이 과정에서 우리는 자연스레 인과관계를 파악하는 능력을 갖게 되고 이를 통해 자신만의 언어 구사 능력을 만들어낸다. 이는 통계적 분류에 따라 확률적 판단을 하는 AI의 기계학습과는 비교할 수 없는 신비한 능력이다.

인간은 중요도와 관계없이 상대방의 표정을 보고 움직임을 보면서 다음 순간에 어떤 일이 일어날 것을 예상할 수 있다. 물론 예상과 다른 결과가 일어날 수도 있다. 그러나 컴퓨터는 단순한 움직임이나 중요도가 떨어지는 행동들을 예측하기 위해 관련된 모든 데이터를 입력해야 한다. 예를 들어 인간은 어떤 질문에나 직관을 움직여 바로 대답하는 것이 가능하지만 AI는 낯선 질문에는 수 조개의 데이터를 한참 돌려야 한다.

알파고는 바둑에서는 인간을 초월했지만, 인간처럼 체스와 장기 같은 게임에서 유사성을 발견하고 빠르게 습득할 능력은 지니고 있지 않다. 인간은 하나의 모델을 다른 모델에 적용하거나 다양한 게임을 동시에 수행할 수도 있다. 그러나 만약 알파고가 체스를 둔다면 이전에 입력되었던 바둑과 관련된 학습을 전부 삭제하고 새로운 게임의 규칙을 연습해야 한다. 따라서 알파고는 인간을 능가하는 체스와 바둑 실력을 절대로 동시에 가질 수 없다.

AI의 가장 큰 문제점은 이들이 하나의 프로그램으로 통합되지 못하고 별개의 프로그램으로 구동되어야 한다는 것이다. 반면 우리는 체스와 바둑을 동시에 두면서 말로 상대방이 도발할 수도 있다. 이때, 직관과 영감으로부터 발현된 기재가 작동하는 것이다. 이렇게 보면 딥러닝 알고리즘은 인간의 뇌에 비하면 매우 초라해 보일 수밖에 없다. 앞으로 멀티모달 프로그램이 이 문제를 해결해 줄 것처럼 말하지만 멀티모달과 인간의 직감, 영감은 또 다른 차원의 이야기이다.

바드를 만들었고 GPT 4를 작동시키는 딥러닝 기술은 뇌의 작동 방식을 피상적으로 모방했을 따름이다. 개발자들이 아직도 뇌의 작동 방식에 대해 완벽하게 파악을 하지 못했는데 어떻게 이를 모방한 기계를 만들겠는가? 10의 22승 규모의 컴퓨팅 이후에 나타나는 창발적 능력으로 모든 논리를 뒤집을 수 있을까? 어쩌면 딥러닝이 만능이라고 신봉하는 과학자들이 AI가 초지능으로 가는 길목에 훼방꾼 역할을 하고 있을 수 있다.

지능의 척도는 한 분야에 대한 해결 능력이 아니라 어떤 일이건 학습할 수 있는 능력이다. 미래에 실시간으로 인간의 뇌를 시뮬레이션하는데 성공한다면 정말로 의식을 가진 로봇을 만들어낼 수 있을까? 기계적 관점에서 뇌가 물리 화학적인 재현될 수 있을지 모른다. 그러나 이를 기계적으로 재구성했을 때, 인간처럼 영혼이 담긴 의식이 창발한다는 것은 기대하기 힘들다. 영혼은 기계의 영역이 아니기 때문이다. 이런 관점에서 AI에게는 인간과 같은 지능을 기대하기 힘들다고 결론을 내려야 할까?

블록 쌓기에서 출발한 첨단 AI 기술 (1971)

"사람들이 날 그저 하찮은 얼음덩어리가 아니라, 하나의 아름다운 행성으로 알아주었으면 해."

AI가 페르소나^{Persona}를 가지고 스스로를 명왕성에 빙의했다. 2021년, 구글 CEO 피차이^{Sundar Pichai, 1972~현재}가 명왕성으로 빙의한 챗봇^{Chatbot} 람다2^{LaMDA, Language Model for Dialogue Applications Two}와 대화하는 데모는 놀라움 그 자체였다.

당시, 사람과 구별이 안 되게 지적인 텍스트를 생성해 내는 GPT3은 이미 널리 알려져 있다. 그런데도 람다2에 열광했던 이유는 무엇일까? 람다2는 챗봇이 가지고 있는 고질적인 문제인 안전과 팩트 정확성을 극복했기 때문이다. 극복의 배경에는 구글의 과학자들이 개발한 언어 이해와 생성을 위한 새로운 측정방식이 있었다.

안전한 답변은 챗봇에게 있어 매우 민감한 사안이다. AI는 기계학습에 바탕을 두고 있으므로 챗봇을 사용하는 유저들이 인종, 성별 편향적 단어를 사용하거나 욕설을 사용하면 기계적으로 그 단어들을 재구성해 낸다. 자연어 처리를 선도했던 한국 챗봇 이루다와 MS의 테이봇의 예를 보면 앵무새 말 가르치기식 챗봇이 얼마나 위험한지 잘 알 수 있다.

이를 극복하기 위해 구글 리서치 팀은 람다를 위해 도입한 측정 방식들은 다음과 같다.

- **안전성**Safety: 답변이 인간에게 해를 끼치거나 의도치 않은 차별을 조장할 위험이 잠재하는지를 측정.
- **합리성**Sensible: 답변이 대화 맥락과 상통하는지, 전에 말했던 내용과 상호 모순되지 않는지를 측정.
- **구체성**Specificity: 답변이 모호하거나 진부하지 않고, 대화 맥락상 구체적인 답변인지 측정.
- **재미**Interestingness: 답변이 화자에게 흥미를 유발하는지 측정.
- **사실 기반**Groundedness: 답변이 얼마나 사실에 기반하고 오해를 불러올 소지가 없는가를 측정함과 동시에 정보성과 인용 정확성을 점검.
- **도움**Helpfulness: 답변이 얼마나 질의자가 원하는 정보를 전달해 주는가를 측정.
- **역할 일관성**Role Consistency: 대화에서 챗봇에게 주어진 역할과 답변에 대한 일관성 측정.

물론 인간은 답변할 때 본능적으로 더욱 많은 배려를 하지만 이 정도로도 챗봇은 인간을 더욱 가깝게 흉내 내는 것이 가능해진 것이다. 바꾸어 말하면 대중들에게 전화응대나 정보전달을 할 때 더욱 정확하고 안전하게 할 수 있는 챗봇이 등장한 것이다. 또한, 롤플레잉Role Playing, 즉 페르소나를 갖고 서비스나 말 상대, 연인 흉내를 낼 수 있어 엄청난 파장을 불러일으킬 것을 예상된다.

람다 2와 같은 자연어 처리 AI는 50년의 역사를 가지고 있다. 1971년 MIT의 대학원 재학생이었던 위노그레드[Terry Winograd, 1946~현재]는 박사 논문에서 슐드루[SHRDLU]라는 자연어 처리[Natural Language Processing] 시스템을 제안했다. 위노그레드는 컴퓨터 언어로 슐드루를 개발했다. SHRDLU는 활판 인쇄용 활자를 주조하는 리노타이프에서 핵심 키의 배열인[ETAOIN SHRDLU] 영어에서 가장 흔하게 사용되는 문자 12개를 나열한 것)에서 따온 이름이다.

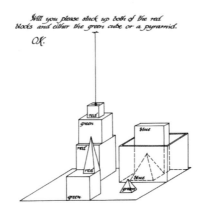

▲ 슐드루(SHRDLU)라는 자연어 처리
출처: 위노그레드 1971

슐드루가 처음으로 처리한 자연어는 블록 쌓기의 질의응답 시스템이었다. 블록놀이 세계에서 컴퓨터가 영어로 된 자연어 문장을 이해하여 로봇 팔로 명령을 전달, 블록, 원뿔, 볼 등 다양한 블록을 쌓을 수 있었다. 슐드루의 성공은 AI 활용의 장밋빛 미래를 비추기도 했으나 복잡계로 얽힌 실제상황에서는 많은 한계가 있음을 알게 해주는 계기도 되었다. 슐드루의 블록 쌓기 실험에서는 물체와 위치의 전체 집합이 약 50개의 단어만 사용되었는데, 애매모호성과 복잡성을 다루어야 하는 실제상황에서는 한계에 부딪히게 된 것이었다.

그러나 딥러닝 기술이 나오고 컴퓨팅 능력이 급속도로 향상되면서 수천억 개의 파라미터 사용이 가능해지자 복잡한 상황의 정리는 물론 빅데이터베이스에서 인출한 창의적인 답변 처리도 가능하게 된 것이다. 그러나 학자들은 람다2의 답변 능력에 놀라움을 표하면서도 아쉬움을 표한다. 람다2는 아직도 인간이 지닌 공감능력이나 정서, 영감을 표현하는 능력이 없다고 믿기 때문이다. 과연 AI가 의식을 갖는다는 것은 기계의 영역이 아니라는 것을 다시금 깨닫게 된다.

AI에게도 윤리와 도덕이 강조되야 한다 (1972)

빅스비에게 오늘의 날씨를 묻고, 자율운전 자동차에 일정 구간의 운전을 위임하면서 아침을 시작하는 요즘 AI는 우리의 생활 속에 이미 깊숙이 자리 잡았다. 앞으로 인간은 AI와 결합하여 기계적 진화를 앞두고 있다는 포스트 휴머니스트^{Post Humanist}의 주장처럼 AI가 더 많이 우리의 삶 속에 함께하게 될 것이다.

AI는 인류가 이전에 경험한 다른 도구들과는 근본적으로 다르다. 이들은 인간의 직접적인 조작이나 지속적인 개입이 필요한 수동적인 존재가 아닌, 자율적인 판단을 통해 스스로 작동하는 능동적인 행위자이자 비인간적 인격체이다. 그 결과로, AI의 등장으로 우리는 과거에 경험하지 못했던 다양한 윤리적이고 사회적인 문제에 직면하게 되었으며, 인간과 AI의 공존이라는 새로운 시대적 과제를 맞이하게 되었다.

AI 선구자들은 낙관적인 주장을 펼치며 AI가 인간에게 매우 유익한 존재가 될 것이라고 주장하며 AI 낭만주의를 펼쳤다. 1956년에는 존 맥카시를 중심으로 마빈 민스키, 앨런 뉴얼, 허버트 사이먼 등 4인방이 모여 '다트머스^{Dartmouth}' 학회를 창설했다.

그들은 인간의 일반지능을 갖춘 AI가 등장하면 단순히 인간처럼 사고하는 AI를 넘어서는 발전을 이룰 것이라고 낙관했다.

다트머스 학회는 AI가 철학의 오랜 주제인 인식론과 존재론에서 풀지 못한 많은 질문에 답할 수 있을 것이라 믿었다. AI가 선택지를 평가하고 최적해를 선택하는 과정에 대한 이해는 자유의지와 결정론 사이의 철학적 모순을 해결해 줄 수 있다는 것이었다. 이렇게 된다면 믿음, 의도, 욕구와 같은 인간의 정신적인 특질을 AI에 부여할 수 있어, 인간과 구별할 수 없는 로봇도 탄생할 수 있다고 전망했다.

그러나 실제로 AI 개발하여 운영해 본 경험이 있는 과학자는 다른 견해를 가지게 되었다. 다음은 정신과 의사라는 닉네임이 가진 AI 프로그램 엘리자Eliza가 남편에게 화가 난 실험 참가자에게 던진 질문이다.

"바깥 분에 대해 생각할 때 또 어떤 사실이 마음속에 떠오르나요?"

AI 엘리자는 만화에 나오는 정신과 의사처럼, 환자가 한 말의 중요한 단어를 반복하거나 혹은 대화를 더 진행하게 만드는 질문을 던지는 식으로 동작했다. 아주 간단한 기술이었지만 이 프로그램은 놀랄 만큼 잘 작동했다. 엘리제를 설계한 바이젠바움Joseph Weizenbaum, 1923~2008은 많은 참가자들이 엘리자가 진짜 정신과 의사라고 착각하고 자신의 가장 어두운 비밀을 털어놓는 것을 보고 충격을 받았다.

바이젠바움은 제너럴 일렉트릭 사에서 뱅크 오브 아메리카의 전산화 작업에 관여하면서 자신이 만든 프로그램이 수백만 명의 사람들의 삶에 큰 영향을 줄 수 있음을 깨달았고, 엘리자에 매혹된 사람들을 보면서 사람들이 컴퓨터 프로그램이 제공하는 환영을 그대로 믿어버리는 일이 충분히 가능하다고 생각했다. 엘리자 같은 AI는 실제로는 아무런 감정이 없는데, 환자들은 의사가 애정과 연민을 가지고 상담한다고 생각한 것이다.

그 결과, 바이젠바움은 AI 프로그램이 인간성에 위협이 될 수 있음을 알게 되었고, 인간을 대신할 수 있는 AI에 대한 비관적 견해를 가지게 되었다. 1972년, 그는 『컴퓨터 권력과 인간의 이성』Computer Power and Human Reason이란 저술을 통해 'AI 발전의 속도를 늦춰야 한다'라는 AI 비관론을 펼쳤다.

바이젠바움은 공감능력과 동정심, 지혜와 같은 정신적 능력들은 인간만이 갖고 있는 특질이며, 인간만이 영감을 움직여 의사결정을 할 수 있다고 주장했다. 따라서 인간적 특질이 없는 AI가 인간을 대신해서 중요한 의사결정을 해서는 안 된다고 강조했다.

예를 들면, AI가 법관처럼 판결을 내릴 수는 있지만, 이런 판결은 인간성을 배제한 판결이기 때문에 때로는 지나친 결과를 만들어 낼 수 있다는 것이다. 따라서 우리가 AI를 이용할 때는 한계를 정확하게 알고 한정적으로 이용해야만 유용한 도구가 될 수 있다는 것이다.

50년 전, 바이젠바움의 우려는 지금 우리에게 많은 윤리적, 도덕적 문제로 나타나고 있다. 자율주행차 사고 시 책임 소재, 인간과 AI의 상호작용 시 반사회적 대화, AI 인간의 일자리를 대체하는 행위 등이 그 대표적인 예다. 더 나아가서는 인간의 능력을 훨씬 뛰어넘는 슈퍼AI의 등장, 자율적 행위자로서 인간에게 위협을 가하는 일이 생겼을 때는 아무런 대처 방법조차 마련되어 있지 않다.

이제 우리는 AI의 본성과 존재적 지위, 사회적 역할에 관해 통합적이고 심도 깊은 분석과 연구를 해야 한다. 우리는 이미 AI와 함께 살아가고 있다. 따라서 AI의 부작용이 보인다고 해서 사용을 전면 보류한다는 것은 이미 불가능했다. 그래서 나온 것이 AI의 부작용을 최소화하는 가이드라인이다. 많은 가이드라인 중 빈번하게 인용되는 것들을 정리하면 다음과 같다.

1. 인간이 중심에 있어야 한다.

AI 사용은 인간 중심이며 사회적으로 유익해야 한다. 이는 AI가 인간과 사회의 목표를 지원할 수 있도록 설계되어야 한다는 것을 의미한다. 이를 위해서는 최종 의사결정권이 항상 인간에게 있어야 한다는 것이 중요하다.

AI 기술은 AI가 스스로 결정을 내리고 실행할 수 있는 능력을 갖추게 할 수 있지만, 올바른 결과를 얻으려면 최소한의 의사결정권은 인간이 갖고 있어야 한다는 것이다. AI의 근간은 기계적 학습이지만, 이는 인간의 학습 방식과 차이가 있기 때문에 AI의 학습 결과가 항상 인간적이지 않을 수 있다는 것을 염두에 두어야 한다.

앞에서 소개한 콜로세움의 스토리를 보면, AI가 핵미사일 발사 버튼을 눌러야 한다는 결론을 내렸을 때, 핵폭탄으로 인한 부작용은 논리적으로 판단할 수 없는 문제이기 때문에 최종 의사결정은 인간이 내려야 한다는 것이다.

인간 중심이라는 것은 AI가 인간과 공생하여 인간의 능력을 향상할 수 있어야 한다는 것을 의미하기도 한다. 이러한 공생을 통해 인간다운 방식을 통한 기계적 진화가 가능하다는 것이다. 이는 AI로 인해 자연적으로 진화하는 것이 아니라 인간이 AI를 활용하여 포스트 휴먼으로 진화할 수 있다는 것을 의미한다.

2. 공정해야 한다.

공정성은 매우 중요한 요소이다. 인간과 AI의 관계에서도 마찬가지로 공정성을 유지해야 한다. 그러나 무엇이 공정한지는 심사숙고해야 할 필요가 있다. 어떤 사람들은 모든 사람을 동등하게 대우하는 것이 공정하다고 여길 수 있지만, 다른 사람들은 각자의 상황을 고려하여 대우하는 것이 공정하다고 생각할 수 있다. 이는 편견과는 다른 문제이다. 성별, 인종, 종교 등과 같은 차별을 초래할 수 있는 요소와 특정 상황을 고려하는 것은 서로 다른 문제이다. 차별과 공정한 대우의 구분, 그리고 무엇이 공정한지에 대한 사전 논의가 필요하다.

3. 투명성이 유지되어야 한다.

AI의 작동 내용은 제작과정부터 투명하게 공개되어야 하며, 잘못된 사용을 방지하기 위해 국가적 또는 사회적으로 인식을 공유할 수 있는 체계가 마련되어야 한다. 예전에는 컴퓨터의 행동이 인간의 행동과 구별되었지만, 이제는 그렇지 않다. 사용자는 AI와 상호작용하는 시점과 맥락을 언제든지 알 수 있어야 한다.

또한, AI가 내린 결정에 대한 설명이 가능해야 하는 것도 중요한 원칙이다. 간단히 말하자면, 개발자는 AI에 A를 입력하면 B

가 출력된다는 사실을 알고 있어야 한다. 이때, 해당 결과는 인간이 이해할 수 있는 범위 내에 있어야 한다. 동일한 문제에서 AI가 내린 결정과 사람이 내린 결정은 일치해야 한다. 또한, 사용자는 해당 결과가 AI를 통해 도출된 것임을 인지해야 한다. 이는 AI의 신뢰성과 밀접한 관련이 있다.

4. 개발자는 무한 책임을 질 각오가 되어 있어야 한다.

마지막으로, AI 개발자는 큰 책임감을 느껴야 한다는 사실을 간과해서는 안 된다. 현재로서는 직접적으로 AI와 그 솔루션에 윤리적인 문제를 제기하기는 어렵지만, AI는 이미 학습하고 행동하며 많은 결정을 내리고 있다. 이 과정에서 의도와는 다른 결과가 나올 수 있다. 이에 대해 AI 개발자는 책임을 지는 능력을 갖춰야 한다.

이를 위해 철저한 테스트와 평가 방법이 매우 중요하다. 예를 들어, 구글은 마이크로소프트의 챗봇 테이가 윤리적인 문제를 야기한 사례를 연구하여 극복 방안을 개발하고, 람다2를 세상에 선보였으며 이제는 바드를 출시했다. 이제 우리는 AI 개발뿐만 아니라 AI를 관리할 수 있는 체계적인 거버넌스^{Governance} 프로그램이 적절히 갖춰져 있는지 확인해야 한다.

또한, IEEE는 과거의 AI 개발이 특정 계층의 이익을 우선시하고 인류의 보편적 가치보다는 편중되었다고 지적하였다. 이로 인해 일부 계층에 불이익을 초래하고 계층 간 또는 개인 간의 갈등 요인으로 작용할 우려가 있다. 따라서 우리는 인류의 전반적 이익과 공정성을 고려하는 AI 개발에 노력을 기울여야 한다.

일부에서는 AI 개발과 관련된 기준을 만들었으나, 이러한 기준이 명확하지 않고 사회적인 구조와 충돌하는 경우가 많았다. 이에 따라 인간과 AI 간의 신뢰 관계를 회복하기 위해 AI에 대한 명확한 가치 기준을 확립하는 일을 서둘러야 한다는 주장이 있었다.

이러한 윤리적 지침 마련은 단초에 불과하다. 이러한 가이드라인 마련은 단순한 점수나 성적 매기기와 근본적으로 다른 것임을 강조해야 하며, AI 설계 이전에 적용해야 할 문화적 가치에 관심을 기울여야 한다. 또한, 중요한 점은 가이드라인을 구체적인 AI 개발 계획에 맞추어 운용하는 것이다. 동일한 가이드라인이라도 다양한 의견과 해석이 존재할 수 있다. 따라서 가이드라인이 구체적인 계획에 어떻게 적용되는지 논의하고 다양한 의견을 고려하는 것이 매우 중요하다.

이전에 다룬 가이드라인이 모든 의도치 않은 결과를 완전히 예방할 수 있는 것은 아니다. 그러나 가이드라인이 없는 것보다는 더 많은 문제를 감지할 수 있는 것은 분명하다. 또한, 문제가 발견되었을 때도 더 나은 대응을 할 수 있을 것이다.

사실 완전자율주행 기술은 이미 완성단계에 접어들었다. 그래도 이 기술이 세상에 나올 수 없는 이유는 아직도 트롤리 딜레마[Trolly Dilemma]와 같은 윤리적 이슈가 해결되지 않았기 때문이다. AI 윤리 가이드라인이 기술의 발전과 함께 구체화한다면 인류는 안전하게 더 나은 삶을 살 수 있게 될 것이다. 이 윤리 지침의 토대 위에 개발자들은 더욱 첨단화되고 유익한 기기를 확신을 갖고 개발할 수 있기 때문이다.

이처럼 다양한 윤리 문제 해결을 하기 위해 국제적으로 인공지능 윤리를 담당하는 위원회가 유엔 산하에 발족했다. 이 위원회는 19개국의 24명의 전문가로 구성되어 있으며 인공지능의 개발 및 사용에 대한 윤리적 지침을 개발하고 있다. 유엔 인공지능 윤리 위원회 외에도 여러 국가에서 자체 인공지능 윤리 위원회를 설립했습니다. 예를 들어, 한국은 2022년 국제인공지능&윤리협회를 미국은 2021년 인공지능윤리위원회를 설립했으며, 영국은 2022년 인공지능윤리위원회를 설립했다. 이러한 위원회는 모두 인공지능의 개발 및 사용에 대한 윤리적 지침을 개발하는데 총력을 다하고 있다.

기계로 만든 마음 (1975)

　AI 기술은 인간의 생각을 닮아가며 발전해왔다. 이 과정에서 자연스레 "연산의 결과물이 아닌 사유의 영역을 AI가 따라 할 수 있는가"에 관심이 쏠렸다. AI 초기 연구자들은 인간사회 발전의 추동력인 창작의 능력을 AI가 가지면 AI는 분명 게임체인저가 될 것으로 생각했다. 그런데 창작이 가능한 AI를 만드는 원리는 그리 멀리 있지 않았다. 다윈의 진화론을 오마주 한 유전 알고리즘 Genetic Algorithm, GA이 탄생한 것이다. 그리고 이는 2022년에 입증되었다. 초당 10의 22승 연산을 넘어가면 AI는 불현듯 창발적 능력을 나타내는 것이다.

　GA는 적자생존론을 바탕으로 만든 프로그래밍 기법으로 홀랜드 John Holland, 1929-2015가 1975년에 개발했다. 진화적 Evolutionary 알고리즘이라고도 부르는 GA는 자연 세계의 진화 현상을 모방, 해결하고자 하는 문제에 대한 답을 무작위로 많이 만들고, 이들 중 가장 좋은 해답을 찾아가는 방식에 자연 선택의 과정을 단순화하여 적용, 최적해를 구하는 방식이다.

　GA에서는 진화의 과정을 '교차', '돌연변이', '선택'의 세 연산으로 단순화하여 적용한다. 교차는 두 개의 답을 결합해 새로운 답을 만드는 것이다. 생명체의 성염색체가 만들어지는 과정인 감수분열에서 염색체가 교차하는 것을 구현하게 된다. 교차를 통해 두 개의 서로 다른 장점을 모두 갖는 새로운 답을 만들 수 있다.

돌연변이는 답 일부분을 무작위로 변형하는 것이다. 실제 생물에서 유전적 다양성을 높이는 역할을 하는 돌연변이는, 유전 알고리즘에서도 실제 생물과 마찬가지로 답의 다양성을 높여 준다. 이는 답이 비슷한 영역에서 맴도는 것을 막아, 가능한 모든 답이 아닌 일부분에서만 최적인 답을 찾아내는 '지역 최적 해답'에 빠지는 것을 방지한다.

선택은 자연 선택과 같은 역할로, 다음 세대를 생성할 때 사용할 해답을 현재 세대에서 선택하는 것이다. 이때 다음 세대로 넘어가는 해답은 그 답이 얼마나 적합한지 나타내는 척도인 '적합도'Fitness에 기초하여 확률적으로 결정된다.

인간의 생각은 연산과 추론을 통해 미래의 불확실성을 예상하는 직관이 가능하다. 이런 직관의 배경에는 의식과 공감이 자리 잡고 있어 통찰을 넘어선 최적의 의사결정이 가능하다. AI가 이런 영역까지 발전할지는 아직 미지수이나 GA를 통해 AI도 창조 활동을 하게 된 것이다.

창조 활동은 단순히 데이터를 축적해서 무언가를 산출해 내는 것과는 다르다. 알파고는 기보에도 없는 신묘한 수를 창작해서 이세돌 9단을 꺾었다. 알파고는 기존의 기보에서 출발했지만, 시간이 지나면서 전혀 새로운 방식으로 바둑을 두게 되었다. 알파고의 새로운 기보는 오히려 바둑 고수들에게 묘책을 전수하는 참고서가 되었다. 학습의 대상이 되었다. 이처럼 알파고는 AI도 인간처럼 창조적 사고를 할 수 있다는 것을 증명했다.

GA는 특정한 문제를 풀기 위한 해법이라기보다는 문제를 푸는 접근방법에 가까우며, GA에서 사용할 수 있는 형식으로 바꾸어 표현할 수 있는 모든 문제에 대해서 적용할 수 있다. 따라서 GA가 적용되는 문제는 대체로 답이 정해져 있지 않으며, 최적해 역시 알려져 있지 않은 복잡한 최적화 문제를 해결하는 데 주로 사용된다.

일반적으로 문제가 계산 불가능할 정도로 지나치게 복잡할 경우 유전 알고리즘을 통하여, 실제 최적해를 구하지는 못하더라도 최적해에 가까운 답을 얻으려는 방안으로써 접근할 수 있다. 이 경우 해당 문제를 푸는 데 최적화되어 있는 알고리즘보다 좋은 성능을 보여주지는 못하지만, 대부분 받아들일 수 있는 수준의 해를 보여줄 수 있다. 이는 어떠한 문제에 대한 해답을 경험적으로 구하는, 메타 휴리스틱스^{Meta Heuristics}라 할 수 있다.

AI가 GA를 통해 인간이 생각하지도 못했던 창의적 방법이나 답변을 제시하는 것으로 우리는 AI가 의식하고 있다고 볼 수 있을까? 생물의 진화과정을 모방하여 돌연변이를 매개변수로 이용, 확률적 적합성을 만들어내는 것을 사고의 과정으로 볼 수 있을까? 과연 AI가 인간의 사유와 창작의 영역을 침범하고 인간은 생각 없이 살아가는 존재로 전락할 것인가?

과거에는 이런 질문들에 대한 답이 분명하다고 생각했다. AI는 사고하는 형식을 차용했을 뿐, 진정으로 사고하고 있는 것이 아니라고 생각했기 때문이다. AI가 자연선택적 방식으로 프로그래밍 되면 이를 보는 우리의 입장에서는 창작을 해내는 것으로 볼 수 있다는 것이다. 이는 인간의 영감을 통해 만들어지는 창작과는 크게 다르다고 생각했다. 그러나 대규모 생성 모델에서 10

의 22승 플롭스를 넘어가는 연산에서는 AI도 사고를 하는 것처럼 보인다. 인간에게 의식이라는 것이 어떻게 창발 되었는지 아무도 모르는 것처럼, 아직은 AI의 창발적 능력에 대해 아무도 진실을 밝혀내지 못했다.

중국어 방 가설 (1984)

어떤 방에 중국어를 할 줄 모르고 영어만 가능한 남자가 앉아 있다.
그 방에 필담을 할 수 있는 도구와 영어로 작성된
중국어 대답 가이드북을 준비해 둔다.
이 방 안으로 중국인 심사관이 중국어로 질문을 써서 안으로 집어넣는다.
방 안의 남자는 받은 질문을 가이드북을 이용,
중국어로 답변을 만들어 방 밖의 심사관에게 준다.
밖의 심사관은 그 방 안에 있는 남자가
중국어를 하는 사람이라고 생각할 것이다.

▲ 존 설의 '중국어 방(Chinese Room)'

출처: https://towardsdatascience.com/a-chinese-speakers-take-on-the
-chinese-room

이는 설^{John Searle, 1932~현재}의 유명한 '중국어 방'^{Chinese Room}을 설명한 것이다. 이 설은 이 가설을 통해 "정말로 기계가 이해라는 것을 할 수 있는지"를 추론하면서 AI의 한계를 설명했다. 컴퓨터는 특정한 일을 처리^{기호 조작} 할 수 있지만, 기계 자체가 하는 일의 뜻과 의미^{기호의미}를 전혀 모른다는 사실을 예증하기 위한 것이다. 설은 또한 AI는 특정한 작업을 수행할 수는 있지만, 그것은 매우 제한적이라는 사실을 강조했다.

이 설은 이 가설을 통해 자신의 사고를 통한 또 다른 사고가 가능한 인간의 현상학적 반성 능력을 기계가 갖고 있지 못하다는 것을 논증하고자 했다. AI는 순차적으로 내려지는 명령의 순차적인 실행 이상의 의미를 이해하거나 해석할 수 없다. 이런 수준의 AI가 인지적 능력을 갖췄다고 평가하기 힘들다는 것이다. 단지, 이런 사실을 모르는 사람이 봤을 때는 AI가 사고하는 능력을 가졌다고 오해할 뿐이라는 것이다. 1984년, 설은 좀 더 정식적인 버전으로 '중국어 방'을 통해서 하고자 하는 이야기를 정리해서 발표했다. 그의 전제는 네 명제로 이뤄져 있다.

전제 1. 뇌는 마음을 발생시킨다.
전제 2. 통사법은 의미론에 필수적인 것이 아니다.
전제 3. 컴퓨터 프로그램은 전적으로 그것의 형식적이고 통사론적 구조에 의해 정의된다.
전제 4. 마음은 의미론적 내용을 가지고 있다.

두 번째 전제는 중국어 방을 통한 논변으로 뒷받침되었고, 때문에 가설은 오직 형식적인 통사론적 규칙에 따르는 방을 유지시켰으며, 또한 이 방 안의 존재는 중국어의 의미를 이해하지 못한다. 설은 곧바로 세 가지의 결론을 도출했다.

첫째, 어떤 컴퓨터 프로그램도 그 스스로에 의해 인간의 마음의 시스템과 같은 효과를 낼 수 없다. 프로그램은 마음이 아니다. 둘째, 뇌에서 마음이 발현되는 메커니즘은 컴퓨터 프로그램을 작동에 의한 것만은 아니다. 셋째, 마음을 작동하는 모든 것은 최소한 평균적인 마음을 발생시키는 힘을 가진 뇌들이 가지고 있을 것이다.

이와 같은 논리를 뇌 안의 뉴런과 언어 이해력에 적용해 보면, 인간조차 언어를 정말 이해하고 있는지가 불분명하다. 방 안의 남자는 중국어를 이해하지 못하지만, 그 남자와 중국어 방을 결합해서 하나의 객체로 보면, 결합체는 중국어를 이해한다고 볼 수 있는 것이다. 그는 컴퓨터가 단순히 중국어 문법과 어휘를 따르는 규칙 집합일 뿐이며 중국어의 의미를 이해할 수 없다고 주장했습니다.

그러나 생성적 AI의 창발적 능력이 설의 중국어 방 가설에 도전하면 어떻게 될까? 생성적 AI는 40여 년 전 골동품 컴퓨터와 달리, 새로운 아이디어와 창의적인 콘텐츠를 생성할 수 있다. 이것은 그들이 단순히 명령을 따르고 문제를 해결할 수 있는 것 이상의 능력을 가지고 있음을 시사한다. 설이 만약에 이런 창발적 능력을 경험하면 어떻게 생각할까? 확실히 말하기 어렵지만 아마도 그는 자신의 중국어 방 가설을 기각할 수도 있을 것이다.

인간보다 더 인간다운 이들의 이야기
(1982)

기술의 발달에 대한 인간의 상상은 한계가 없다. AI가 인간의 지능을 능가하여 인류는 암울한 미래를 맞이 할 수도 있다는 이야기들이 유행하면서, 1980년대 초반, 신박한 철학적 주제를 던진 영화가 등장, AI 인문학에 대한 새로운 고민을 제안했다. 그것은 "인공적으로 만들어진 존재가 인간성을 가지거나, 혹은 그이상의 모습을 보여준다면 어떻게 해석해야 하고, 우리가 지니고 있는 인간성은 어떻게 정의해야 하는가? 였다.

1982년 스콧^{Ridley Scott, 1937~현재} 감독은 컬트무비 <블레이드 러너>^{Blade Runner}라는 SF 영화의 역사적인 명작을 개봉했다. 필립 K. 딕^{Philip Kindred Dick, 1926~1982}의 SF 소설 『안드로이드는 전기양을 꿈꾸는가?』^{Do Androids Dream of Electric Sheep?}'를 원작으로 만들어진 이 영화는 그 후 만들어진 <2001 스페이스 오디세이>¹⁹⁶⁸, <공각기동대>¹⁹⁹⁵, <매트릭스>¹⁹⁹⁹ 등과 더불어 사이버펑크 원조로 평가되었다. 영화의 줄거리를 보자.

▲ 〈블레이드 러너〉 포스터들

　　미래 어느 날, 과학자들은 유전자 복제 기술로 인조인간을 만들어낸다. 이들의 역할은 노예. 인간과 동등한 지적능력에 인간을 앞서는 신체능력을 가졌으나 격리된 채 전투원이나 우주 개발, 또는 섹스 인형 등으로 사용되는 상태였다. 이 인조인간은 인간처럼 사고할 수 있었기 때문에 자신들의 처지에 불만을 품고 있었고, 식민지 행성에서 폭동을 일으킨 뒤엔 이들이 지구에서 거주하는 것 자체가 불법이 된 상황.

　　지구에 불법적으로 들어온 인조인간을 찾아내고 처형하기 위해 '블레이드 러너'라 불리는 특수 경찰 팀이 만들어진다. 그런데, 블레이드 러너가 이들을 가려내는 방식이 기발하다. 블레이드 러너는 감정 반응 테스트를 통해 인간과 인조인간을 구별해내고 인조인간을 사살하는데 이 행위를 처형이라 부르지 않고 '폐기'retirement라고 부른다. 인간과 동일한 생명체인 인조인간을 살아있는 인간으로 보지 않는 것이다.

　　극 중에서 인조인간은 신의 위치까지 올라간 인간의 기술에 의해 창조된 또 다른 인간이며, 창조주의 낙원인 지구에서 쫓겨나 4년 남짓의 한정된 수명밖에 살 수 없도록 강요받았다. 이에 로이 베티라는 걸출한 인조인간이 등장, 자신의 창조주를 살해하기도 하지만 자신의 손에 못을 박아 가면서까지 인간을 구출한다. 이런 에피소드에서 "신은 죽었다"고 외친 니체의 모습과 십자가에 못 박혀 가면서까지 인류를 구원하고자 했던 예수의 모습이 오버랩 된다.

미래에 첨단 과학기술로 인류는 신을 초월하는 능력을 지니게 되리라는 것은 누구도 의심치 않는다. 앞으로 인류가 만들어내는 슈퍼 AI를 포함 인공 생명체들은 인간의 능력을 초월하게 될 것도 자명한 사실이다. 그때가 되면 인간의 피조물인 인공생명체들은 그들의 조물주인 우리에게 "인간은 죽었다"라고 외칠 수도 있다. 인공생명체가 인류에 대적하는 골칫거리가 아니라, 인류를 가난과 고통으로부터 구원하는 메시아의 역할을 하게 하려면 생성적 AI가 그 역할을 해줄 수 있을지 알아보자.

튜링은 "사람과 인공지능이 대화하였을 때, 그 인공지능이 인간과 구별할 수 없을 정도로 잘 대화한다면 그 인공지능은 사람처럼 생각하는 능력을 가진 것으로 간주해야 한다"라고 주장했다. 튜링의 주장을 받아들인다면, 챗GPT는 인간처럼 생각하는 능력을 가지고 있다고 볼 수 있을까? 그래서 블레이드 러너의 특수경찰 데커드가 인조인간 레이첼에게 던진 질문들을 동일하게 챗GPT에게 던져보았다. 챗GPT는 모든 질문에 문제없이 대답했다. 그러나 마지막으로 말도 안 되는 질문을 한 결과, 챗GPT는 장난치지 말라고 대답했다.

데커드가 챗GPT를 상대로 튜링 테스트를 한다면, 데커드는 아마 죽었다가 깨어나도 챗GPT가 인공지능이라는 것을 알지 못했을 것이다. 챗GPT는 인간처럼 생각하는 능력을 가진 대답을 하고 있기 때문이다. 그럼, 챗GPT가 인간처럼 대답한다고 해서 실제로 제 챗GPT가 생각하는 능력을 가지고 있다고 말할 수 있을까? 튜링의 이론을 따르면 "그렇다"라는 대답을 할 수밖에 없다.

챗GPT는 대화가 가능하며, 문제를 해결하는 능력을 갖추고 있기 때문에 인간과 구별하기 어렵다. 챗GPT는 실제로 인간의 문제를 더 잘 해결해주며, 열흘 동안의 유럽 여행 일정을 다양하게 제시하고, 높은 수준의 연설문을 작성해줄 수도 있다. 사업 계획은 물론 원하는 그림도 그려줄 수 있다. 이미 많은 사람이 챗GPT가 인간보다 더 잘 생각한다고 믿고 있다. 그렇다면 블레이드 러너 스토리와 같은 미래, 가능할까? 두뇌는 문제가 없을 것 같고, 남은 건 인간과 구별이 안 되는 로봇 바디인데, 이건 또 다른 문제다.

부처님의 말씀에서 배워 온 자율주행 (1984)

알아서 움직이는 운송수단에 대한 상상은 그리스 신화로 거슬러 올라간다. 신화에 등장하는 반 인, 반 수 켄타우로스 말의 하체를 이용, 원하는 장소로 자율적 이동을 할 수 있었다. 옛날 동양의 유명한 자율운행차는 손오공의 근두운이 있다. 근두운은 음성인식 기능까지 장착, 주인이 말만 하면 해당 장소로 이동했다. 서양에도 근두운 사촌 정도의 자율운전차가 있었다. 알라딘의 마법 양탄자가 그것이다. 우리나라에선 『삼국유사』에 자율운전 이동수단이 등장했다. 기생집으로 자율운행을 했다가 유명을 달리한 김유신 말은 주인의 마음을 읽어서 자율로 움직이는 비범함이 있었다.

자동차가 상용화되자 인류는 본격적으로 자율운전을 현실화시키고자 했다. 로봇처럼 자율적으로 움직이면 편리함은 물론 교통사고도 현저히 줄어들 것으로 생각했던 것이다. 자율주행시스템의 실험은 적어도 100여 년 전부터 행해지고 있었다. 1920년대에 자동차 대량 보급되면서 교통사고 사망자가 많이 발생했다. 그러자 운전자가 필요 없는 자동차에 대한 아이디어가 나왔다.

1925년 후디나^{Francis Houdina, 생몰 미상} 라는 발명가가 운전사 없는 무선조종 자동차로 뉴욕 맨해튼을 질주한 바 있다. 나란히 있는 두 대의 자동차 중 한 대의 자동차에 원격 송수신기를 설치하고 운전자가 없는 다른 자동차를 조종하는 방식이었다. 운전자가 없는 차의 주행이라는 면에서 자율주행을 한 것처럼 보이나 유사 자율주행이라 할 수밖에 없었다. 원래 자율성이란 "실제 세계의 환경 속에서 시스템이 장시간, 외부로부터의 제어 없이 작동 가능한 것"을 의미하기 때문이다.

1980년대 들어 딥러닝으로 AI도 학습 가능성이 열리면서 이 상상은 구체적으로 실행에 들어갔다. 1984년 미국 정부 조직인 국방고등연구계획국^{Defense Advanced Research Projects Agency, DARPA}는 자율운전육상차량^{Autonomous Land Vehicle, ALV} 프로젝트를 마련 각 대학과 연구소에 지원하면서 새로운 자율운전 기술들이 나오게 되었다.

▲ 자율운전육상차량(Autonomous Land Vehicle, ALV)
출처: https://twitter.com/DARPA/status/373078411482116096

카네기멜론대학의 네브랩^{Nevlab}은 이 지원을 받아 트럭을 개조하여 최초의 완전 자율운전에 성공했다. 개조된 트럭은 컬러비디오 카메라와 레이저 센서, 내비게이션 컴퓨터를 장착하고 시속 31km 정도인 걸음마 수준의 자율운전을 했다. 그러나 당시의 컴퓨터 기술 수준을 감안하면 놀라운 연구 성과였다.

사실, 1977년 일본 쓰쿠바대학 기계공학연구소에서 자율운전자동차를 개발했으나 이는 완전 자율운전이 아닌 반자율운전이었다. 이 차량은 두 개의 카메라를 이용하여 도로선을 감지하고 최고 32km로 주행할 수 있었으나 운전자의 개입이 필요했다.

그 후, 1987년에는 벤츠와 뮌헨대학이 장애물 회피 기능과 오프로드 주행능력을 추자 했다. 1995년에는 네브랩 5가 자율주행으로 미국 횡단에 성공했고, 2015년에는 네바다, 플로리다, 캘리포니아, 버지니아, 미시간주와 워싱턴 DC가 자율주행차의 공도 테스트를 허가했다.

▲ 1993년 고려대학교 산업공학과 한민홍 교수가 록스타를 개조해 만든 자율주행차

우리나라는 대전엑스포가 있던 1993년에 자율주행 자동차가 처음으로 개발되어 도심 구간 주행 시연까지 했다. 고려대 산업공학과 한민홍[1941~현재] 교수가 아시아자동차의 "록스타"를 개조해서 만든 자율주행차는 차선 변경 기술은 적용하지 못했지만, 카메라를 통해 영상을 수집하고 분석하여 앞차와의 거리를 유지하는 방식으로 서울 시내 약 17㎞ 구간을 자율주행에 성공했다.

이렇게 시작된 자율운전 기술은 이제 운전자가 필요 없는 레벨 5 자율주행을 논의할 정도로 발달했다. 5단계에선 "모든 상황에서 자동차가 모든 주행을 할 수 있으며 인간 탑승자는 승객일 뿐 절대 운전에는 관여할 필요가 없다."라고 정의하고 있다. 기본적으로 완전 자율운전차는 운전대와 운전석조차 필요 없다.

완전한 자율운전차는 카메라나 레이더, 라이다[LIDAR], 초음파 센서, GPS, 컴퓨터 비전, 심층 신경망에서 나온 AI 정보 등으로 주위 환경을 인식하고, 목적지를 지정하는 것만으로 자율적으로 주행한다. 바로 O2O의 원리다. 온라인과 오프라인이 서로 정보를 주고받으면서 물리력을 가동하는 것이다. 그런데 이 원리는 기원전 500년경에 이미 간파한 분이 계셨다. 바로 부처님이다.

불교의 경전, 반야바라밀다심경에는 색즉시공 공즉시색[色卽是空 空卽是色]이란 말이 나온다. 이 세상에 존재하는 모든 물질세계[色]와 본질의 세계[후]는 다르지 않다는 이야기다. 여기서 공이란 아무것도 보이지 않는 상태지만 실제로는 가득 차 있는 상태인 AI를 의미한다. 자율운전자동차에 이 문구를 대입해 보면 자동차와 라이다와 카메라, 달리는 도로는 색이 되고 AI 정보는 공이다. 결국, 색과 공이 조화를 이루면서 자동차는 스스로 달리게 되는 것이다. 이는 색[色]과 공[후]이 본질적으로 같듯이 인간과 AI도 차별 없이 같다는 것을 깨우쳐 주는 것이다. 결국, 이 문구가 진정으로 의미하는 것은 기계와 인간의 평화로운 공존과 사랑이다.

그러나 완전 자율운전 앞에는 과학적, 법적, 도덕적, 사회적, 철학적 문제들이 즐비하게 놓여 있다. 완전 자율주행차에서는 사고 발생 시, 이를 책임질 운전자가 없다. 그렇다고 모든 사고에 대한 책임을 자동차 제조업체에 돌린다면 어떤 기업도 완전 자율 차량을 출시하려고 하지 않을 것이다. 그래서 3단계 이하의 자율주행 자동차들을 출시한 기업들은 여전히 AI가 실수할 때 대처할 수 있는 안전운전자를 배치한다. 위급상황이 발생하게 되면 운전자가 운행을 관리해야 하기 때문이다.

완전자율운전이 해결해야 할 가장 큰 문제는 센델[Michael J. Sandel, 1953~현재]이 『정의란 무엇인가』에서 자주 인용한 '트롤리 딜레마'이다. 만약 자율주행차량이 앞서가던 차량의 화물이 떨어지는 돌발상황에 직면해 핸들을 오른쪽으로 꺾으면 노인 보행자를, 왼쪽으로 틀면 어린이 보행자를 칠 수밖에 없는 상황에 직면하게 된다면 자율주행 AI는 어떤 결정을 내려야 할까? 또, 그 결정에 따르는 모든 책임은 누가 지게 될까?

자율운전차량은 사람이 아니라 AI가 운전한 것이므로 사고 책임과 보상은 AI 판단의 적절성, 네트워크 장애 여부, 주행 데이터에 따라 궁극적인 책임을 따지게 될 것으로 전망한다. 그렇게 되면 자율주행 AI의 윤리적 기준이 책임과 보상 논의에서 중요한 쟁점이 될 것이다. 이렇게 되면 트롤리 딜레마와 같은 불가항력적인 상황에 대한 윤리적 판단도 가차없이 내려져야 할 것이다.

그동안 트롤리 딜레마는 대학교의 정치 철학 강의나 시민들을 위한 교양서적에서만 볼 수 있는 지적 유희에 해당했다. 그런데 자율운전차의 등장으로 현실적인 문제가 되어 버렸다. 이제 자동차 기업과 행정당국은 이런 철학적 딜레마를 프로그래밍할 수 있어야 한다.

아마도 자동차메이커들은 '최대 다수의 최대 행복'이라는 공리주의나 롱테일 법칙을 근거로 완전 자율자동차의 출시를 옹호할 것이다. 공리주의는 모든 판단에 대해 손익계산 가능성을 전제로 한다. 이익이 많은 쪽을 택해야 정당성이 확보된다. 계산이란 수치화가 가능해서 AI의 판단을 가능케 한다. 이 대목에서 공리주의란 철학은 도덕에서 과학으로 전환될 수밖에 없다.

그러나 공리주의 판단 역시 딜레마를 극복할 수 없다. 예를 들면, "장애인과 비장애인, 노인과 아이, 미국인과 한국인, 정치인과 일반인 중 누구를 살리는 게 이익일까?"와 같은 인간의 존엄성이나 인권 문제는 코딩으로 해결될 수 없기 때문이다. 자율운전차는 이런 철학적 난제에 대한 결정권을 AI에 위임해야 거리에 나설 수 있다. 과연 인류는 자신의 생사를 AI에게 맡기게 될까? 인류는 100년이 넘게 자동차를 로봇으로 만들어 노예처럼 부리는 유토피아적 상상을 해왔고 이제는 실현을 목전에 두고 있다. 그러나 마지막 관문인 윤리의 미궁에서 헤어나오지 못하고 있다.

AI, 거대 악이 될까? (1984)

1984년, 영화사에 길이 남을 히어로 물이 등장 전 세계를 강타했다.
제목도 섬뜩한 <터미네이터>가 바로 그것이다.
요즘 어벤저스 시리즈가 공전의 히트를 치고 있듯이 그 당시에도 거대
악에 대항하여 권선징악을 펼치는 히어로 물은 늘 흥행 보증수표였다.

▲ 영화 <터미네이터>(1984) 표스터

영화 <터미네이터>의 거대 악은 좀 달랐다. 그 영화에서는 AI이다. 당시는 발전을 거듭하는 과학기술을 이용, 미소가 군비 경쟁을 벌이던 냉전 시대. AI가 핵미사일 발사 버튼을 누르고 심판의 날이 왔다. AI와 로봇들은 핵폭발의 잿더미 속에서도 일어났고, 전쟁에서 살아남은 인간들을 멸절하고자 소탕작전을 벌인다.

이 스토리에는 인간이 오만하게 도덕과 윤리를 등한시하면 결국 거대 악이 나타나 심판할 것이나 종국에는 메시아가 나타나 인간을 구원할 것이라는 기독교적 세계관이 짙게 깔려 있었다. 인간의 지나친 야욕 때문에 AI가 인간을 능가하는 수준으로 진화할 것이라는 상상. 그리고 이런 초지능은 악마의 끝판왕이 되었으나 아이러니하게도 악마의 사신 터미네이터가 인간성을 갖게 되어 지도자를 구해내는 구원자가 되었다.

니체에 의해 우리의 관념 속에 "신이 죽었을지도 모른다"라는 의심을 하지만, 우리는 여전히 초월적 존재에 대한 두려움을 가지고 있었고, 이를 미래형으로 투사한 것이 바로 AGI였던 것이다. 영화 터미네이터 이전에도 AI는 악마의 모습으로 등장했었다. 마침내 터미네이터는 이 모습의 최종 보스가 되었다. 악마가 득세한다면 그 실체는 AGI일 것이라는 강한 믿음을 우리에게 심어주었던 것이다.

그러나 이 영화는 희망의 불씨를 놓지 않았다. AGI와 킬러 로봇들이 득세를 하더라도 결국은 인간이 승리할 것이라는 믿음이다. 인간이 스스로의 존엄을 부정하거나 변화에 대한 극단의 부정과 편견에 빠지는 오류가 없다는 것이 확인되면서, 터미네이터의 모습은 킬러에서 구원자로 변화되었다. 미래의 역사는 인간의 역사로 회귀한다는 진부한 결말에도 이 영화는 큰 감동을 남겼다. 뿌리 깊은 미래, AI의 미래사가 등장했던 것이다.

우리는 인공생명체에 '빙의'하고 있다
(1984)

우주에는 수많은 생명 형태가 존재한다는 믿음을 갖고 탄소를 기초로 하는 생명 형태 이후의 생명 형태를 연구가 본격화되었다. 컴퓨터 프로그램으로 가상세계를 만들고, 이 가상세계 안에서 생명체의 탄생 성장, 진화과정 등 생명 활동의 본질을 연구하고 재현하는 노력이 시작되었다. 이러한 노력을 인공생명^{Artificial}

^{Life} 연구라 부른다. 인공생명 연구자들은 인간 중심주의와 하나의 생명 형태, 하나의 우주라는 고정관념을 부정한다.

인공생명이란 용어는 1984년 미국의 컴퓨터 과학자 랭턴 Christopher Langton, 1949~현재이 처음으로 사용했다. 그는 미국 로스앨러모스에서 개최된 인공생명 워크숍에서 "우리들이 알고 있는 생명이 아닌, 있을 수 있는 생명을 연구합시다."라고 제안하면서 인공생명 연구를 본격화했다. 그는 "생명체의 특징을 갖는 인공체를 창조하기 위한 과학의 한 분야로, 유기체가 아닌 물질을 재료로 하며, 본질은 정보이며 창발적 행동이 핵심이다"라고 인공생명을 정의했다.

랭턴은 심플한 몇 개의 규칙만으로 자기 복제뿐 아니라 창발성을 지닌 무한 반복 루프를 만들었다. 창발성이란 외부의 작용으로 스스로 발생하고 진화, 변형, 소멸하는 생명현상을 말한다. 창발성은 인공생명의 토대라 할 수 있는데, 단순한 규칙을 적용하면 그보다 더 복잡한 규칙이 자발적으로 나타나게 된다. 생명의 진화과정이 창발적 과정의 대표적인 예이다.

AI는 인공생명처럼 생명 활동을 컴퓨터 프로그램으로 재현하는 기술인 반면, AI는 인간의 지능구조와 의식을 이해함으로써 스스로 판단하고 행동하는 시스템 개발을 목적으로 한다는 점에서 인공생명과는 구별된다. 인공생명이 다양한 생명현상을 구현하는 것에 목적을 둔다면, AI는 사람의 지능에만 초점을 맞추고 있다. 그런데 학습과 적응도 생명현상 중 하나기 때문에 AI는 일정 부분 인공생명에 포함된다. 따라서 둘은 떼려야 뗄 수 없는 관계에 있다고 할 수 있다.

고대의 수많은 신화에서는 생명체를 만드는 부분에서는 '신의 영역'이라고 판단하여 터부시했지만 인공생명체는 인기 있는 스토리였다. 과학적 논리를 펼칠 수 없었던 고대의 인공생명체는 주술에 의존해야 했다. 그리스 신화에 등장하는 피그말리온이 만든 여인 조각상은 아프로디테에 의해 생명을 갖게 되었다. 조각상이 생명을 자닌 것이니 인공생명체라 할 수 있다. 또 유대인 신화 등장하는 골렘 또한 인공생명체라 할 수 있다. 진흙으로 만든 인형에 주문으로 생명력을 불어넣어 만든 인공생명체가 바로 골렘인 것이다.

르네상스 이후, 인공생명은 보다 구체적인 모습으로 출현했다. 디지털 시대 이전이었음에도 지금 생각해 봐도 놀라운 인공생명체는 보캉송이 만든 인공오리이다. 수천 개의 움직이는 부품으로 구성된 이 인공 오리는 먹고, 소화하고, 마시고, 울고, 풀에서 물장구치는 등 오리의 모든 생체활동을 그대로 재현했다고한다.

이러한 자동인형의 정교한 움직임 속에는 철학적 난제가 내재했다. 태엽 장치의 반복성과 인간수명의 한계성이 정면으로 대립했다. 인간은 시간 속에 구속되어 한정적 자아인 반면 인공생명은 동력만 제공하면 시간에 종속될 필요가 없이 영생을 꿈꿀수 있는 것이다.

인공생명의 연구가 본격화된 계기를 마련한 것은 1818년에출간된 소설 『프랑켄슈타인』이었다. 프랑켄슈타인은 실험실에서우연히 만들어진 인공생명체에 대한 이야기지만 여기에 담긴 아이디어와 철학이 여러 수학자와 과학자에게 인공생명체에 대한연구를 촉발시켰다. 특히, 프랑켄슈타인에 나오는 한 구절, "나는존재한다. 따라서 나는 생명이다"라는 인공생명 연구자들에게 시금석처럼 받드는 말이 되었다.

랭턴의 인공생명이라는 용어가 나오기도 전에 소설 속 괴물과 같은 인공생명체를 만들 수 있다고 주장한 사람은 천재 수학자 노이만John von Neumann, 1903~1957이다. 1940 대 말, 힉손 심포지엄Hixon Symposium에서 노이만은 "자동체의 일반적이면서 논리적인 이론"The General and Logical Theory of Automata을 통해 생물 현상처럼 자기 재생산을 할 수 있는 논리 모형을 만들 수 있다면 고 발표했다.

데카르트의 기계론, "살아있는 생명체가 사실상 복잡한 기계와 다를 게 없다"라는 생각을 신봉했던 노이만은 "주변 환경과입력 정보를 결합하여 단계별, 논리적으로 행동을 하는 기계" 자동사를 고안했다. "스스로를 재생산할 수 있는 컴퓨터 알고리즘만 만들어 낸다면 프랑켄슈타인과 같은 인공생명체를 만들 수 있다"라는 것이다.

노이만은 유기체로 구성된 생물들도 결국 유사하게 간단한 규칙들을 따르는 것이므로 프로그래밍된 정보도 규칙만 입력하면 생명체처럼 자기복제가 가능하다고 주장했다. 그가 만든 자기복제기계Self-replicating Machines는 규칙에 따라 스스로 진화하는 프로그램으로, 자신을 만드는 방법을 자신의 복제물에게 전달하는 기능을 갖추었다. 이는 마치 부모의 유전자가 자식에게 유전되는 과정과 비슷했다.

이후 노이만은 이 아이디어를 기반으로 수학자 울람Stanislaw Ulam, 1909~1984과 함께 생명을 장기판과 같은 격자 위 공간에 있는 코드로 보고, 몇 가지 단순한 규칙에 따라 움직이는 장치인 '2차원 세포 자동차'Cellular Automaton를 고안했다. 이를 시작으로 컴퓨터로 구현된 다양한 구조들이 오늘날까지 인공생명체로 불리게 되었다. 그중 가장 대표적인 예가 바로 컴퓨터 바이러스다.

컴퓨터 바이러스는 실제 생명체처럼 주변 환경에 적응하고 스스로 재생산하며 신진대사도 한다. 인터넷을 타고 전 세계 컴퓨터를 돌아다니면서 스스로 진화하기까지 한다. 컴퓨터 바이러스와 같은 인공생명은 그것을 이루고 있는 질료가 인공적일 뿐 행동 양태는 창발적이라는 점에서 실제 생명과 다를 바 없다.

그러나 노이만이 궁극적으로 만들고 싶었던 것은 자신을 스스로 복제하는 로봇이었다. 현재의 과학기술로도 이런 로봇을 구현하기는 어렵다. 그러나 나노기술이 발전하면 이런 기계의 탄생이 가능하지 않을까? 드렉슬러Eric Drexler, 1955~현재는 나노미터 크기의 로봇, 일명 '나노 로봇'의 출현 가능성을 주장했다. 이 로봇은 자기 복제가 가능해 여러 가지 물건으로 재탄생될 수 있다.

그의 주장은 2005년 코넬대학교 립슨^{Hod Lipson, 1967~현재} 교수와 연구팀이 스스로 같은 모양을 만들어 내는 로봇을 실현하면서 더욱 힘이 실렸다. 이 로봇은 일명 '분자큐브'로, 한 변의 길이가 10cm 정도 되는 정육면체 블록으로 구성되어 있다. 이 로봇은 몸에 부착된 자석을 통해 주변 부품을 결합해서, 2~3분 만에 자신과 같은 모양으로 새로운 로봇을 만들어낸다. 전기 접촉을 통해 옆의 동료들과 의사소통을 하고, 만약 블록 하나가 고장 나면 스스로 이 블록을 떨어뜨려 다른 블록으로 교체한다.

재미난 생각이지만 나노 로봇의 미래에는 섬뜩한 '그레이 구^{Grey goo} 시나리오'가 숨어 있다. 드렉슬러에 의하면 나노 로봇이 기하급수적으로 증식해 인간의 힘으로 통제 불가능한 상태가 오면, 지구 전체가 나노 로봇으로 뒤덮여 인류는 멸절할 수도 있다는 것이다.

인공생명 연구는 구글의 인공신경망을 낳았고, 또 하나의 지구, 메타버스까지 탄생시켰다. 생물학이 단지 한 형태의 생명만을 연구한 데 비해 인공생명은 연구자가 상상력을 발휘하는 한 그 한계가 없다. 생물학적 생명은 유전적으로 획득되고 학습된 특성들을 생략할 수 없지만, 인공생명은 생략이 가능하다. 인공생명 연구자는 돌연변이율, 교차율, 그리고 유전자 합성, 스키마를 변화시킬 수 있고 생명체의 적합한 기준, 환경, 상호작용의 규칙을 수정할 수 있다.

인공생명은 생명의 본질을 해명함으로써 생명의 어떠한 측면이 보편적이고 어떠한 측면이 특수한 것인지에 대한 통찰력을 제공할 것이다. 인공생명 연구를 통해 생물학적인 생명이 왜 특정 길을 따르는지에 대한 통찰력도 얻을 수 있다.

AI가 신체를 확보, 차원 높은 인공생명체로 거듭나게 되면, AI는 인간을 포함, 모든 생명 유기체에 대한 정보를 획득할 수 있다. 생명이란 것은 물리공간과 정보공간 양쪽에 걸쳐 있는 존재이기 때문에 AI 로봇에게 생명을 담보로 하는 신체확보 여부는 선택적 과제이다. AI는 네트워크를 통해 빙의$^{Agent\ Migration}$하는 방식으로 연결된 기존의 하드웨어들을 활용만 해도 신체를 가진 것과 진배없기 때문이다.

이를 역발상 해보자. 2050년경이면 인간의 뇌에 담긴 정보를 컴퓨터에 올릴 수 있다고 한다. 인간이 자신의 뇌를 업로드 해서 네트워크를 통해 인공생명체에 빙의한다면, 과연 인간은 영생을 누리게 되었다고 할 수 있을까? 지금도 우리는 메타버스에 있는 자신의 아바타에 빙의하여 평행 세상을 살고 있다. 만일 인간의 사후에도 메타버스에서 아바타가 생명활동을 지속하는 프로그램이 등장한다면, 영생이 가능하다고 할 수 있지 않을까?

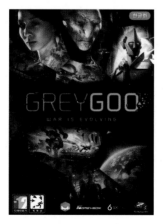

▲ 게임 〈그레이 구(Grey goo)〉 포스터
출처: https://www.pcgamer.com/

AI, 개미를 스승으로 모셨다 (1986)

　　나미비아 대초원. 여기엔 3m 이상 되는 정체 모를 구조의 둔덕들이 즐비하다. 이 구조물을 만든 생물은 바로 흰개미. 이들은 침과 배설물을 진흙에 섞어, 둔덕을 쌓아 올렸다. 각 둔덕 안에는 수백만의 흰개미가 거대한 도시를 이루고 살고 있다. 이 안에는 왕실, 육아실, 버섯을 재배하는 농장, 식량 저장고 등 다양한 방이 있다. 이 둥지 안에서 흰개미들은 버섯을 경작해서 먹고 산다.

▲ 나미비아 초원에 흰개미가 만든 둔덕

출처: https://naturetravelnamibia.com/termite-mounds-in-namibia/

이 개미 왕국이 경이로운 이유는 디테일 한 실내 설계와 농장 때문만이 아니다. 이 내부는 자동으로 환기와 습도 조절이 가능하도록 설계되어 어떤 기후에서도 온도는 섭씨 27도, 습도는 60%를 유지한다고 한다. 개체로는 미물에 가까운 개미가 만든 것이라고 믿기에는 너무나도 완벽한 구조물이다.

개미의 이런 창발 활동에 대해 곤충학자 휠러[William Morton Wheeler, 1865~1937]는 '떼지성'[Swarm Intelligence]이라 불렀다. 그는 개미가 군집하여 하나의 생명체처럼 조직적으로 움직여서 거대한 개미집을 만들어내는 과정에서 나타나는 높은 지능체계를 떼지성 또는 집단지성[Collective Intelligence]이 발현한 것이라 설명했다.

떼지성을 보이는 동물은 개미뿐만이 아니다. 무리 지어 이동하는 철새와 물고기가 대표적인 예이다. 새들은 계절이 바뀌면 자신들에게 적합한 서식지를 찾아 선두를 따라 비행을 떠난다. 바닷속에는 포식자에게 피해 떼를 지어 이동하는 물고기들이 있다.

1986년, 레이놀즈[Craig Reynolds, 1953~현재]는 보이즈[Boids, bird-oid object, bird-like object의 약자]라는 인공생명[Artificial Life] 프로그램을 개발, 떼지성의 원리를 AI에 접목했다. 그는 새 무리의 비행을 시뮬레이션해보니 중앙집중, 거리유지, 속도유지 등 몇 가지 규칙을 기반으로 개체들이 상호작용하여 복잡한 군집 행동으로 연출되고 있음을 발견했다.

보이즈는 컴퓨터 게임이나 영화에서 새들이나, 물고기, 양떼들이 무리를 지어서 움직이는 모습을 컴퓨터그래픽으로 실감나게 표현하는 데 사용된다. 또한, 화재 시, 그뿐만 아니라, 사람들의 대피 시뮬레이션, 비상구의 위치에 따른 변화 등을 설계하는 데도 사용되며, 요즘에는 드론의 군집 비행, 아마존의 물류 자동화 창고의 키바^{KIVA} 로봇, 완전자율운전 교통체계 설계 등에 사용되고 있다.

▲ 평창올림픽에서 떼 드론의 군집비행으로 연출한 오륜마크
출처: https://www.hellodd.com/news/articleView.html?idxno=64147

KIVA나 드론 군집비행^{Drone Swarming}과 같이 떼지성의 보편적인 알고리즘을 적용한 로봇에 적용시킨 것을 떼로봇공학^{Swarm Robotics}이라 부른다. 지난 2018년 평창올림픽 개막식 때, 드론 1,218대가 군집 비행으로 오륜기를 하늘에 펼쳐서 경이로운 광경을 연출했는데 이것이 바로 떼 로봇공학 활용의 좋은 예이다.

뉴럴 임플란트^{Neural Implant}를 연구하는 과학자들은 인간 두뇌에 통신 칩을 삽입, 텔레파시와 유사한 형태를 통해 사람들도 의식과 생각을 모아서 군집지능처럼 강력한 네트워크를 구현할 수 있을 것이라 주장한다.

이와 같은 상상은 1984년에 깁슨^{William Gibson, 1948~현재}이 발표한

뉴로맨서^{Neuromancer}라는 SF 소설에서 시작되었는데, 이른바 사이버펑크^{Cyberpunk}의 원조라고도 불리는 이 소설에서 미래의 인간은 컴퓨터 칩을 뇌에 이식하여 사이버스페이스로 진입한다.

사이버스페이스 개념대로 인간의 두뇌에 칩을 심어 컴퓨터에 연결, 뇌파로 로봇 팔이나 무선 자동차를 구동하는 실험들이 실제로 구현되고 있다. 따라서 다수 연결된 인간 두뇌에 의한 떼지성의 구현도 그저 상상으로 끝나지는 않을 것 같다. 수많은 인간의 두뇌가 연결되어 떼지성이 발현된다면 과연 어떤 일이 생길까? 우선, AGI가 아무리 영리해져도 인간에게 도전하는 일은 꿈도 못 꿀 것이다. 10의 17승 개의 처리 속도를 가진 인간 수천 수백만이 떼로 모여 지성을 발현하면 거의 무한대의 지성이 발휘될수 있기 때문이다. 그렇게 되면, 아마도 우리는 상상할 수도 없는 초 문명사회에 진입할 수도 있다.

AI와 〈이상한 변호사 우영우〉에는 '평행이론이 존재한다' (1988)

"우 투더 영 투더 우, 쳇 투더 지 투더 피티 ~ 하!"

챗GPT와 우영우가 만나면 이정도 인사는 나누지 않을까?

〈오징어 게임〉에 이어서 또 한 번 K-드라마의 명성을 빛 낸 〈이상한 변호사 우영우〉 매회 따뜻한 감동을 선사하면서 세 계인의 가슴에 울림을 주었다. 자폐 스펙트럼을 가진 변호사가 세상의 편견과 맞서면서 기발한 발상으로 문제를 해결해 나가고 있다. 우영우는 천재적인 두뇌를 가진 대신 행동과 감정표현이 어눌하다. 우영우는 다른 변호사들이 상상도 못 하는 기발한 생 각으로 늘 승소하지만, 아이들도 잘하는 회전문 통과가 우 변호 사에게는 커다란 과제로 드라마는 묘사했다.

우리에게 유명한 천재 AI 알파고. 하늘의 별만큼 수가 무궁 무진하다는 바둑에서 알파고는 바둑계의 황제들을 이겼다. 이때, 언론에서는 인류가 AI의 지배를 받으며 사는 세상이 곧 다가올 것이라는 공포스러운 미래를 그려냈다. 알파고는 AI 특유의 천재 성으로 기황들이 상상도 하지 못했던 묘수를 스스로 찾아냈던 것 이다. 하나, TV로 중계된 대국 장면에서 알파고의 모습에선 치명적인 약점이 노출되었다. 알파고는 바둑돌을 놓는 행위에서 사람의 손을 빌리고 있었던 것이었다.

이렇듯 우영우와 알파고는 둘 다 천재적인 두뇌를 가지고 문제해결 능력이 뛰어나다는 공통점이 있지만, 행동이 부자연스럽다는 약점도 묘하게 닮았다. 바둑돌을 놓는 것은 3세 정도의 어린이도 할 수 있는 단순 동작인데 알파고는 이 동작을 할 수 없다. 이에, 알파고의 아버지 허사비스^{Demis Hassabis, 1976~현재}는 "인류는 수억 년 동안 진화한 감각 운동 능력이 있다"라며, "이를 태어날 때부터 소유한 인간을 쫓아갈 수 없다"라고 알파고의 한계를 지적했다.

카네기멜론 대학, 로봇공학과의 모라벡^{Hans Moravec, 1948~현재} 교수는 이와 같은 AI의 두 얼굴을 '역설'^{Paradox}이라 정의했다. 이것이 바로 유명한 '모라벡의 역설'^{Moravec's Paradox}이다. 1988년 모라벡이 발표한 『마인드 칠드런』^{Mind Children}이란 책에서 처음 소개된 모라벡의 역설은 "인간에게 쉬운 것은 컴퓨터에게 어렵고 반대로 인간에게 어려운 것은 컴퓨터에게 쉽다"고 한다. 컴퓨터와 인간의 능력 차이를 역설적으로 표현한 것이다.

우리는 아무 생각 없이도 본능적으로 걷고, 보고, 듣고, 느끼는 등 일상적인 행위는 매우 쉽게 할 수 있는 반면 복잡한 계산 등을 하는 것은 매우 힘들어한다. 반면에 컴퓨터는 인간이 행하는 일상적인 행위를 수행하는 것이 너무나도 힘들지만 계산, 분석, 정보처리 등은 빛의 속도로 해낸다. 모라벡의 역설을 인공지능 기술에 대입하면, 프로 수준으로 체스나 바둑 등을 두는 AI를 개발하는 것보다 서너 살짜리 수준의 운동이나 자율 신경 반응을 가진 로봇을 만드는 일은 더욱 어렵다는 것으로 표현된다.

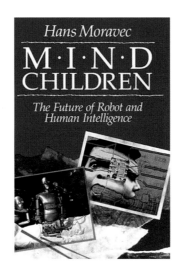

▲ 1988년 모라벡이 발표한 『마인드 칠드런』(Mind Children)
출처: https://www.amazon.com/

그런데, 여기서 한 가지 드는 의문은 "모라벡의 역설이 아직
도 유효할까?"이다. 모라벡이 역설을 주장한 지 거의 40년이 넘게
지났고, 그동안에 인공지능 기술은 상상을 초월할 정도로 발전을
거듭해 왔기 때문이다. 과거에는 컴퓨터의 연산 능력도 한계가 있
었고 인체에 대한 파악도 제대로 되지 않았기 때문에 인간과 유사
하게 작동하는 인공신체를 만드는 것은 상상조차 할 수 없었다.

현재는 어떨까? AI는 진화를 거듭, 스스로 학습하기에 이르
렀다. 또한 딥러닝과 인공신경망과 같은 기술은 이미지의 판단과
같은 감각적인 측면에서 AI의 판단을 정확하게 해주었다. 이제
로봇은 인간의 행동을 모방할 수 있게 되었고 오히려 사람보다
더 안정적으로 걷고, 뛰고, 터치하고, 재주 넘기까지 할 수 있게
되었다. 또한 첨단 인공피부로 로봇은 사람의 터치 감각을 가지

고 정밀한 수술도 거뜬히 해낸다.

그렇지만 모라벡의 역설은 생성형 AI와 결합한 첨단 로봇에도 적용될 수 있다는 의견이 지배적이다. 생성형 AI는 로봇이 인간을 능가하는 사고와 행동을 할 수 있게 해주지만, 로봇은 여전히 물리적 세계에서 작동해야 하며, 아직도 인간이 할 수 있는 모든 일을 할 수 없기 때문이다. 물론 미래에 이 역설이 깨질 가능성은 매우 높다.

이렇게 되면 첨단 로봇이 넘어야 할 장에는 '감정표현' 정도라고 할 수 있다. 하지만 이 부분은 기술 문제가 아니라 부작용에 대한 우려 때문에 섣불리 손대지 않고 있다고 한다. 이다. 예를 들어, 인간보다 우월한 지능을 가진 로봇이 분노나 증오 같은 감정을 갖게 되면 어떤 일이 벌어질지 모르기 때문이다.

코끼리는 체스를 두지 않는다 (1990)

"고상한 저음 가수들 사이에서 펑크 록 가수가 시끄러운 곡조를 뽑는 것
같이 그 로봇은 앉아서 15분 동안 계산을 한 다음 1미터를 이동하고,
다시 주저앉아 15분 동안 계산을 하는 식이었습니다."

"너무 굼벵이같았죠."

"저는 그렇게 느려 빠진 로봇은 싫었습니다. 저는 좀 더 빠른 로봇,
실제 사람들과 함께 이 세상에서 살아가는 로봇을 원했습니다."

로봇 공학자, 브룩스^{Rodney Brooks, 1954~현재}는 느려 터져 걸어 다니
는 것조차 힘겨워하는 천재보다는, 어느 곳이든 헤집고 뛰어다닐
수 있는 강아지를 만들고 싶었다. 사실, 브룩스는 당시 로봇 공학
을 연구하는 학자들의 소심함에 넌더리가 났다. 연구자들은 블록
으로 만든 장난감 같은 로봇들을 자랑스럽게 생각하고 있었다.
모든 외생적이고 자연적인 환경이 배제된 곳에서 로봇들은 온실
속의 화초처럼 작동했다. 로봇 공학은 90%가 공학이다 보니, 제
작에 있어서는 코딩보다는 장난감 제조에 가까웠다.

당시, 로봇의 작동 방식은 너무나도 논리적이었다. 로봇이
작동하려면, 우선 주변을 스캔해서 환경에 대한 정보를 충분히

인식하고 움직이기 위한 계산을 시작한다. 즉, 로봇은 주변 환경에 대한 모델링을 먼저하고 그 모델 속에서 자신의 미션을 이행하기 위한 계획을 수립하고 행동으로 번역한 다음 작동을 하는 식이다.

브룩스의 생각은 달랐다. 그는 단지 인지와 행동이라는 두가지 단계만으로 로봇은 충분히 작동할 수 있다고 생각했다. 브룩스의 로봇에는 인식이라는 골치 아픈 절차가 필요 없는 것이다. 이런 판단으로 브룩스는 실세계의 행동들을 어떻게 긴밀하게 모듈화할 수 있는가에 대해 연구했다. 이 연구를 통해 로봇은 감지기를 통해 전달되는 정보에 따라 가장 적절한 행동을 선택할 수 있게 되었다. 브룩스는 로봇이 사람이나 동물처럼 끊임없이 직면해야 복잡한 환경과 유사하게 대처하는 방법으로 AI가 창발 행위를 도출해낼 수 있다고 생각했다.

▲ 코끼리는 체스를 두지 않는다

브룩스는 1990년에 발표한 유명한 논문, 「코끼리는 체스를 두지 않는다」Elephants don't play chess에서 "기호를 통한 논증보다 실제 세계와 상호작용하는 것이 훨씬 더 중요하다"라고 주장했다. 코끼리가 체스를 두지 않는다는 이유만으로 코끼리의 지능을 연구할 가치가 없다고 주장하는 것은 부당하다는 것이다. 동물 역시 세상을 인식하고 자연환경에서 학습하고 적응하며 생존하고 있기 때문이다. 마찬가지로 AI도 태생적으로 완벽하게 만들어진 채로 제작될 수는 없지만 인간과 마찬가지로 학습 능력을 지니고 세상과 교류하며 스스로 지능을 채워 나갈 수 있어야 한다는 것이다. 따라서 AI를 두뇌로 사용하는 로봇이 인간처럼 자연스러운 행동을 하려면 논리보다는 학습 방법이 더 중요하다고 주장한 것이다.

이 주장을 바탕으로 브룩스는 '체화된 인지'embodied cognition를 거론했다. 체화된 인지는 "환경 속에서 하나의 체계가 계속성과 항상성을 유지하기 위하여 자신의 구성요소를 다양한 방법으로 적응시켜 만들어 낸 결과"이다. 인간의 경우 뇌의 모듈들은 몸 전체에 퍼져 있는 감각, 운동기관들과 밀접한 상호작용을 한다. 따라서 이를 단순한 학습을 통해서 묘사하거나 역학적, 공학적으로 재구성하는 일은 불가능에 가깝다. 따라서 AI가 인간과 같은 체화 된 인지를 가지려면 정교한 학습 방법이 필요한 것이다.

여기서 한가지 고려해야 할 것은 인간은 몸과 마음이 분리되지 않기 때문에 인지 과정에 정서라는 기재가 개입한다. 정서는 외부 자극에 대한 평가시스템으로써 인간의 지능을 이루는 중요한 부분이다. 만일 AI가 정서를 인지 과정에 사용할 정도가 되면 우리는 이것을 AGI라 부를 수 있다. 그때가 되면, 인간은 AGI를 동반자로 인정해야 하지 않을까?

인간은 AI와 사랑에 빠질 수 있을까?
(1996)

알 상태에서 시작한다.

알에서 부화된 생명체는 정체를 알 수 없다.

믿거나 말거나, 외계에서 왔다는 설도 있다.

일단 부화가 된 생명체는 인간이 키워야 한다.

시간에 맞춰 밥도 주어야 하고, 배설물도 치워주어야 하고,

시간에 맞춰 놀아 주기도 해야 한다.

이를 충실히 하기 위해 알람을 걸어 놓기도 한다.

그럼 잘 돌보지 않으면 어떻게 될까?

건방지게도 이 조악한 생명체는 죽음을 불사한다.

이 알을 선물 받은 많은 청소년들이 스스로 집사의 길을 선택했다.

과연, 이것의 정체가 뭘까?

알에서 태어나니 강아지나 고양이는 아니다. 알같이 생긴

플라스틱 덩어리. 바로 한 시대를 풍미하던 다마고치 이야기다.

다마고치는 1996년 일본의 반다이에서 발매한 장난감.

작은 기계 안에서 가상의 애완동물을 키우는 시뮬레이션 게임이다.

▲ 다마고치

출처: https://www.prnewswire.com/

　다마고치의 영상은 당시 기준으로도 매우 엉성했다. 문방구에서 파는 만 원짜리 장난감이었으니 그 안에 정교한 구동장치와 비주얼이 들어갈 수는 없었다. 그런데도 다마고치 키우는 사람들은 실제 애완동물을 키우는 것처럼 이 작은 기기와 감정을 교감했다. 그 결과, 전 세계에서 기이한 사회현상을 낳기도 했다. 차를 몰면서 다마고치에게 밥을 주다가 나무를 들이받고 죽은 사람이 있는가 하면 이것 때문에 시험을 못 친 학생이 해외 토픽에 등장했다. 수업에 장애를 준다는 이유로 세계의 많은 학교들은 다마고치 금지령을 내리기도 했다.

　사람들은 단순한 모습의 인공생명체를 실존하는 생명체라고 믿으면서 시간과 정성을 쏟고 사랑을 나누었고 죽음을 애도했다. 왜 그랬을까? 사랑이란 감정은 인간의 일방적인 생각만으로도 생기기 때문이다. 애완동물의 예를 보면 쉽게 이해가 된다.

　말이 통하지 않아도, 인간은 애원 동물과 스스로 교감한다. 만일 강아지가 생각이란 것을 한다면, 인간은 무척 싱거운 쉬운 존재라 여길 것이다. 밥 주고 배설물 청소를 하고 목욕 시중까지 들면서 인간이 바라는 것은 거의 없다. 집사가 '빵' 하는 총소리를 입으로 낼 때, 한번 뒹굴어 주면, 집사는 자지러지며 기뻐한다.

　다마고치의 등장은 AI와 인간의 감정 교류에 대해 큰 시사점을 제공했다. 다마고치 경험은 "인간이 AI와 사랑에 빠질 수 있을까"라는 질문에 명확한 답변을 제공한다. 그렇다. 인간은 AI와 사랑에 빠질 수 있다. 다마고치나 말 못 하는 짐승과도 사랑에 빠지는 것이 인간이다. 하물며, 지능을 갖추고 인간의 행동과 감정을 학습한 AI가 말동무까지 되어 준다면 사랑의 감정이 생기는 것은 어렵지 않다. 영화 '엑스 마키나'Ex Machina에선 AI가 고혹적인 여성의 신체마저 장착했다. 사랑의 감정이 안 생기면 오히려 이상할 것이다. 이는 머지않은 미래에 충분히 생길 수 있는 일이다.

　인간이 AI와 사랑에 빠진다면, 상대방인 AI는 인간에게 사랑의 감정을 느낄 수 있을까? AI가 사랑을 할 수 있도록 프로그래밍 된다면 특정 인간과 사랑을 시작하는 AI는 그 사람이 사랑을 느낄 수 있도록 학습하고 표현을 할 것이다. AI가 자신을 향한 사랑이라고 정의하는 감정에 대한 빅데이터를 구축하고 여기에 기반한 반응을 할 때 인간은 AI도 자신을 사랑하고 있다고 믿을 것이다. 그러나 이것은 일방적인 믿음일 뿐. 기계 내에 사랑이란 영적 현상이 발현되는 것은 아니다.

　영화 <아임 유어 맨>I'M YOUR MAN에서는 로봇이 완벽한 남편으로 등장한다. 여주인공 알마는 자신의 이상형에 맞게 제작된 로봇을 남편으로 맞이한다. 로봇 남편을 처음 맞이한 알마는 프로그래밍 된 대로 행동하는 로봇이라고 선입견을 품었다. 그래서 알마는 대해 아무런 감정을 느끼지 못했고 오히려 불편한 기분마저 느꼈다. 그러나 시간이 지남에 따라 로봇이 자신에 대해 학습하고 행동을 고쳐 나가는 모습을 보면서 알마는 로봇을 사랑하지 않을 수가 없게 되었다.

　로봇과의 사랑은 노령화 사회의 새로운 솔루션이 될 수도 있다. 인간의 기대 수명이 100세 이상이 되면 배우자와 사별하고 여생을 보내야 하는 사람이 많아질 것이다. 이때, 자신의 이상형과 꼭 닮은 로봇이 새로운 배우자로 등장해서 여생을 함께해 주는 미래, 가능하지 않을까?

도장 깨기에 나선 AI (1997)

1997년 5월 7일 뉴욕 맨해튼 51번가 에쿼터블 센터 35층에선
세기의 전투가 벌어지고 있었다.
그 전투는 바로 IBM가 개발한 슈퍼컴퓨터 딥블루^{Deep Blue}와
인간 챔피언 간의 체스 대국 결승전이었다.
인간대표는 카스파로프^{Garry Kimovich Kasparov, 1963~현재.} 그는 20대 초반에
이미 전 세계 체스판을 평정한 넘사벽 챔피언이었고
그를 기계가 이길 가망성은 전혀 없다고 사람들은 믿고 있었다.
전 세계에 송출, 되었던 이 역사적 대국의 관전 포인트는 바로
"기계로 만든 지능이 인간 천재를 뛰어넘을 수 있을까?"였다.

▲ 게리 카스파로프(Garry Kimovich Kasparov, 1963~현재)
출처: https://www.cnbc.com/

대국이 시작되고 1시간 정도 경과했을 때, 놀라운 일이 벌어졌다. 백을 쥔 딥블루가 외통수Checkmate를 불렀다. 허를 찔린 인간 대표는 머리를 감싸며 고통스러운 표정을 짓다가 이윽고 손을 들었다. 19수 만에 챔피언이 기계에 굴복했다. 모두 6번의 대국에서 딥블루는 2승3무1패로 체스 황제의 무릎을 꿇린 것이었다. 더욱 놀라웠던 것은 카스파로프가 그동안 치러 왔던 대국 사상 최단 시간 패배였던 것이었다. 현역 세계 체스챔피언이 토너먼트 방식의 정식규정 시합에서 기계에 패한 최초의 사건이 발생하면서 AI 역사에 새로운 한 줄이 더해진 것이었다.

"이겼다."

이렇게 외친 사람이 있었다. 그는 바로 개발을 주도했던 대만 출신의 펑슝Feng-hsiung Hsu, 1959~현재 전 카네기멜런대 교수였다. IBM은 1989년 딥블루의 원형 '딥쏘우트'Deep Thought를 개발한 이들을 영입, 완벽한 체스 AI를 개발에 몰두해 왔다. 이 승리로 당시 세계 슈퍼컴 랭킹 259위에 불과했던 200만 달러짜리 딥블루는 역사책에 이름을 남긴 셀럽이 되었고, IBM은 수십억 달러의 경제효과를 창출할 수 있었다. 딥블루의 승리가 당시 빈사상태의 IBM 메인프레임 사업에 새 생명을 불어넣어 주었기 때문이다. 대전 이후 딥블루의 후광을 받은 대형컴퓨터 RS/6000은 대형컴퓨터의 대명사가 되었다. 또한 당시 IBM으로부터 PC 부문 1위 자리를 빼앗아 간 컴팩에 대한 고객들의 관심을 돌리는 데도 성공했기 때문이었다.

지적 스포츠라 불리는 체스게임은 고도의 판단, 추론 예지력이 필요하다. 이 게임에는 수십억 개의 기보가 존재하며, 게임에 이기기 위해서는 상대방이 오판하도록 유인하는 고도의 심리전을 펼칠 수도 있어야 한다. 그래서 AI 개발자들에게는 인간 체스 챔피언을 이길 수 있는 AI를 만드는 것이 오랜 과제였다.

사실, AI가 등장하기도 전에 인간과 기계의 체스 대국은 큰 흥행몰이를 한 적이 있었다. 바로 수백 년 만에 사기로 밝혀진 투르크였다. 18세기 말, 헝가리의 한 발명가가 '체스 게임하는 투르크란 자동 기계를 만들어 많은 셀럽, 체스 거물들을 찾아다니며 도장 깨기를 한 적이 있었다. 이 기계 안에는 AI 대신에 체스 고수가 숨어서 인형을 조작하며 체스를 두었다. 사기이긴 했지만 고도의 인간지능을 능가하는 인공기계의 염원이 반영된 사건이었다.

AI 체스 선수를 가장 먼저 생각해 낸 과학자는 튜링[Alan Turing, 1912~1954]이다. 그는 2차세계대전 즈음해서 컴퓨터의 원형이 등장하기도 전에 간단한 AI 체스 프로그램을 만들었다. 하나 그 당시에는 그의 프로그램을 돌릴 수 있는 충분한 연산 능력을 지닌 컴퓨터가 없어 무위의 기술로 남아야 했다.

튜링의 염원은 체스하는 기계 최강자를 가리는 '세계 컴퓨터 체스 선수권 대회'로 이어졌다. 1974년 스톡홀름에서 처음 개최된 이 대회를 계기로 AI 산업은 황금기를 맞이하게 되었다. 이 대회가 배출한 슈퍼스타는 '딥소우트'라는 AI였다. 딥소우트는 1988년 체스 그랜드 마스터라 불린 라슨[Bent Larsen, 1935~2010]을 꺾고 인간 체스 고수를 이긴 첫 번째 AI로 이름을 날렸고 1989년 캐나다 에드몬턴에서 열린 6번째 컴퓨터 체스 대회에서 우승하며 스타덤에 올랐다. 그러나 딥소우트도 세계 챔피언 앞에선 무력해질 수밖에 없었다. 1989년 같은 해, 세계 체스계를 정복한 카스파로프와의 대결에서 패배, AI의 한계를 드러냈다.

딥소우트를 개발한 카네기멜론 대학의 쉬펑슝 교수와 그의 제자들을 눈여겨본 회사는 IBM이었다. IBM의 경영진은 딥소우트를 좀 더 개발해 챔피언을 이기면 엄청난 흥행몰이가 될 것을 직감했다. IBM은 딥소우트 개발팀을 '왓슨 연구센터'Thomas J. Watson Research Center에 영입, 딥쏘우트의 업그레이드 버전인 '딥블루'를 개발했다.

카메기멜론 팀은 1996년 딥블루 팀으로 변신, 다시 카스파로프에게 도전했지만, 결과는 1승 3패 2무로 인간의 승리. 이듬해인 1997년 위와 같이 복수전에 성공, AI의 새로운 역사를 쓴 것이다. 그런데, 우리는 이것을 AI의 승리라 불러야 할까? 사실, 승리는 AI가 했지만 진정한 승자는 이 AI를 개발한 인간이다. 딥블루의 승리로 AI가 얻은 것은 명성뿐, 진정한 승리는 펑슝 교수팀과 IBM에게 돌아갔다.

AI 개발자들은 체스 도장들의 간판을 차례로 깨고 난 뒤에도 수많은 지적 경기에 AI 선수를 출전시켜 다양한 지적 게임 정복에 나섰다. 딥블루 이전에도 일반적인 수준의 사람보다 게임을 잘하는 AI가 있었다. 체스보다 단순한 컴퓨터 오목게임의 일종인 '오델로'나 '틱택톡'의 경우, 사람이 도저히 한 판도 이길 수 없게 프로그래밍 된 AI가 있었다.

딥블루의 승리 이후, 슈퍼컴퓨터 산업이 급격히 발달, CPU 등 하드웨어 성능이 개선돼 딥러닝 알고리즘이 급속히 발전됐다. 그 결과, 2011년에는 IBM 슈퍼컴퓨터 왓슨이 제퍼디란 퀴즈대결에서 우승해 다시 세상을 놀라게 했고, 2012년에는 머신러닝의 아버지라 불리는 힌튼 교수가 개발한 토론토 대학의 슈퍼비전이 이미지 인식대회에서 인간에게 압승했다. 2013년과 2014년 일본

AI 벤처기업 헤로즈의 장기 대결 승리가 이어졌다. 그러다가 2016년에는 경천동지할 사건이 대한민국에서 벌어졌다. 머신러닝으로 수련한 AI 대표선수 알파고가 바둑황제 이세돌에게 압승하면서 AI는 국가 경쟁력의 필수템으로 등극했다. 이후 알파고 개발자들은 자신의 회사를 구글에 천문학적 액수를 받고 매각했다.

AI의 '도장깨기'는 개발자들의 마케팅, 투자유치 등 경제적 목적이 그 배경에 있었다. 그래도 일부 호사가들은 '도장깨기'를 확대해석하곤 했다. 그들은 AI가 인간 천재들을 차례로 물리치자 'AI 디스토피아'의 암울한 비전을 살포했다. 말주변 좋은 이들은 '기계가 인간을 지배하는 시대의 서막'이란 멋진 레토릭을 올리며 모두가 아는 영화 <터미네이터>의 암울한 미래 세계를 현실에 투영하며 즐거워했다.

이 대목에서 우리는 한 가지 사실을 짚고 넘어가야 한다. '기계가 사람의 두뇌를 이긴다'는 것과 '기계가 사람을 지배한다'는 것은 다른 의미라는 것이다. AI 기술의 발달사를 반추해 보면 AI는 반도체 집적도와 컴퓨터 성능의 발전에 따라 발전해 왔다. 따라서 인간의 특정 지력을 능가하는 AI의 등장은 시기의 이슈만 있었을 뿐, 별로 놀라운 일이 아니다. 그렇게 놓고 보면 IBM의 슈퍼컴퓨터가 체스천재를 대국에서 이긴 것과 알파고의 승리가 그 시기의 기술 수준이 대변된 현상이지 결코 놀랄 만한 일이 아니라는 것이다.

비록 카스파로프와 체스 전문가들이 "딥 블루가 마치 지능을 가진 것처럼 행마법을 펼쳤다"라고 놀라워했지만, 딥 블루는 결코 사고를 한 적이 없다. 딥블루는 수많은 체스 기보를 광대한 반도체 칩 속에 빈틈없이 저장해 놓고 특정 상황에 내다 쓰는 단순 작업을 하도록 전기적 신호를 입력해 놓은 바보상자였다. 딥 블루는 단순한 연산 기계일 뿐이어서, 입력된 정보를 바탕으로 최적의 '경우의 수'를 찾는 작업만 기계적으로 반복했다. 상대방의 취약점을 찾아 공격하는 카스파로프와 달리 말의 위치에 대해 '사고'한 것은 아니란 얘기다. 그래서 IBM의 경영진들은 "딥블루의 승리는 AI를 프로그래밍 한 인간의 몫이며 인간의 승리"라고 표현했던 것이다.

사고의 영역은 아직도, AI가 인간의 지력을 능가하는 특이점이 오더라도 오직 인간만이 가능하다. AI는 연산능력으로 모든 것을 대변하지만 인간에게 연산이란 뇌 한 귀퉁이에 자리잡은 능력일 뿐이다. 복잡한 연산이 필요할 때는 기계의 능력을 차용하면 그만이다. 커즈 웨일이 상상하는 '사람을 능가하는 AI'가 등장하려면 '스스로 사고할 수 있는 논리회로가 필요한데, 아직 천재 개발자들조차도 그 회로가 어떤 건지 상상조차도 못하고 있다.

로봇에 진심이었던 아톰의 후예들 (1999)

음~치키, 음~치키

2022년 9월 30일 테슬라의 AI 데이에 등장한 최신 로봇

옵티머스가 움직이며 낸 소리다.

그러면서 손 한번 흔들어 준 게 전부였다.

일반인들의 눈에 비쳐진 테슬라 로봇은 실망 그 자체였다.

테슬라의 야심작이라면 현대자동차가 인수한

보스톤 다이네믹스 로봇의 현란한 움직임을 능가하리라고 예상했다.

그러나 옵티머스 개발자의 한마디. "그들의 로봇에는 뇌가 없습니다."

현직 로봇공학자들을 이 한마디에 경악을 금치 못했다.

▲ 슈퍼컴퓨터와 연결되어 자율로봇으로 진화하고 있는 7세대 아이보

출처: https://www.sony.com/en/SonyInfo/News/Press_Archive/199905
/99-046/

AI가 탑재된 로봇을 처음 만든 기업은 일본의 소니^{Sony}이다. 소니는 1999년 AI가 탑재된 애완용 로봇 아이보^{AIBO}를 발매, 첫해에만 4만 5천 개를 완판했다. 기능을 설정하고 정해진 일을 수행하도록 프로그래밍 된 AI에 의해 22개의 구동장치와 함께 4,000여 개의 부품으로 구성, 자연스러운 동작이 가능했던 인류 최초의 시판용 AI 로봇이었다.

아이보는 학습을 통해 행동을 개선하면서 마니아층을 모았을 정도로 큰 인기가 있었다. 소니가 아이보 판매를 중단한 이후 아이보 주인들은 아이보 장례식을 열어주거나 고장이 난 아이보의 부품을 거래하는 아이보 장기시장이 생길 정도로 아이보와 오너들은 교감을 했다.

아이보가 AI 역사에 큰 울림을 주는 이유는 이 로봇 강아지의 출현으로 AI의 물리 세계 정복이 시작되었다는 것이다. 로봇이 인간처럼 자연스러운 활동을 하려면 구조화되지 않은 환경 Unstructured Environment에서 자기 연행$^{Self-Performing}$을 할 수 있어야 한다. 이를 자율로봇$^{Autonomous Robot}$이라 하는데, 기존 로봇은 노드 방식으로 일방적 명령을 통한 제어가 이루어졌지만, 자율로봇은 링크 방식으로 쌍방향적 커뮤니케이션이 자율적인 행동이 가능하다.

과학기술의 역사가 인간의 능력을 기계에 치환하면서 발전해 온 것을 감안하면, AI 로봇은 인간의 자율성에서 창발 되는 능력을 기계가 자율적으로 수행할 수 있도록 만든 것이라 할 수 있다. 이런 점에서 매우 아이보는 간단하지만, AI 로봇의 요건을 충족한 셈이다. 다만, 아이보 초기 모델이 나왔을 때는 딥러닝 기술이 나오기 전이라 로봇 본체에 다양한 메모리 스틱을 교체하는 방식으로 행동, 성격 등을 바꿀 수 있었다.

소니는 수익성 악화의 이유로 2006년 초 아이보 사업을 철수했지만, 2018년 CES 무대에서 아이보는 부활했다. 다시 돌아온 아이보 7세대는 12년의 공백 기간 중 눈부시게 발전한 AI가 클라우드 컴퓨팅, 위치정보 등 최신 정보기술을 적용했을 뿐만 아니라 딥러닝 기술을 이용해 학습 능력을 강화했다. 다른 사용자와 아이보 간의 상호작용을 통해 축적된 데이터를 학습해 갈수록 적응과 변화를 하는 방식으로 자율성이 한층 진화하고 있다. 소니는 "아이보와 주인과의 유대관계를 위한 업데이트 지속할 것"이라면서 "아이보를 지속적으로 업데이트하여 보다 완벽한 자율로봇으로 진화시킬 것"이라고 약속했다.

최초의 AI 로봇이 발매된 이듬해인 2000년 일본의 자동차 메이커 혼다는 세계 처음으로 2족 보행이 가능한 AI 휴머노이드를 개발했다. 아시모ASIMO라고 명명된 인간형 AI로봇은 인간과 같은 이족 보행 능력뿐만 아니라 계단을 오르내리고 물을 따라 주는 등 놀라운 동작을 선보여 세계인들에게 충격을 주었다.

일본은 이이보와 아시모로 AI로봇의 신세계를 연 것이다. 그럴 뿐만 아니라 일본은 세계 산업용로봇 시장의 45%를 점유하고 있을 정도로 로봇에 진심인 국가이다. 우린 이 대목에서 "왜 일본인들은 로봇에 그토록 열광했을까?"가 궁금하지 않을 수 없다. 그 궁금증에 대한 일본학자들의 대답은 '만화'다. 1952년부터 1968년까지 연재한 국민만화 <아톰> 우리나라에서는 〈우주 소년 아톰〉으로 방영의 영향이 컸다고 한다. 아이들이 만화를 보고 나도 저런 로봇을 만들어서 친구가 되겠다는 꿈을 꾸었다는 것이고 그 꿈이 오늘날 일본을 로봇 기술의 선두 국가에 서게 한 것이라고 한다.

아시모의 등장 자체가 당시로서는 너무 경이적이어서 그 이

름의 배경에도 여러 가지 설이 따랐다. 영어 ASIMO는 'Advanced Step in Innovative Mobility,' 즉, '새로운 시대로 진화한 혁신적인 이동성'이란 뜻으로 풀이되나, 로봇 과학자들은 '로봇의 3대 원칙' 주창자인 아이작 아시모프에서 따온 것으로 추정했으나 혼다 측은 부인했다. 그나마 가장 유력한 설은 일본어로 발을 뜻하는 あし [Ashi]에 Mobile, Mobility의 Mo에서 따온 것으로 보인다. 즉, '다리로 움직이는 로봇'이란 의미이다.

▲ 혼다의 이족보행로봇 개발 역사

출처: https://m.blog.naver.com/

아시모 개발 역사는 일본이 미국과 플라자 합의를 한 후 엔화 가치가 치솟던 1986년으로 거슬러 올라간다. 당시, 버블경제의 자금력과 혼다 소이치로[1906~1991]의 기술에 대한 똘끼 때문에 혼다는 제트기 엔진과 로봇이라는 두 개의 엄청난 분야를 새로운 수종 사업으로 선정했다. 그 해 혼다는 E0라 명명한 최초의 이족보행 시제품을 선보였다. 그 후 6개의 프로토타입 개발을 거쳐 1993년 다리 모델 위에 상체를 올린 프로토타입을 개발했고, 1997년에는 아시모와 같이 로봇 모양을 한 외형을 선보였다. 그리고 2000년 10월 31일, 연구소 내에서 자연스러운 이족 보행에 성공하면서 세계 최초의 이족보행 AI 로봇 '아시모' 1세대를 발표한 것이다.

아시모는 2004년과 2005년에 각각 업그레이드되었는데, 2005년에 선보인 2세대 모델은 시속 6km로 달릴 수 있었다. 2007년에는 다수의 아시모 로봇과 협력하여 방문자에게 서비스를 제공할 수 있는 신기술과 스스로 충전할 수 있는 기능이 탑재되었다. 2011년 11월 8일 공개한 3세대 아시모는 시속 9km 속도로 달리기, 한발로 뜀뛰기 등 재주를 선보였을 뿐 아니라 마주 오는 사람의 진로를 예상하여 부딪치지 않고 방향을 바꾸는 등, 판단 능력이 개선되었다. 이와 아울러, 수화를 이용한 자기소개, 보온병 사용, 불규칙한 표면 보행, 여러 사람의 말을 동시에 인식하기, 방문자 안내, 특정 과업 중 길 안내를 하는 멀티테스킹, 공을 차는 능력 등이 추가되었다.

2014년에 다시 한번 더 업그레이드, 손과 발의 활동성, 균형감각이 향상되었고 일본어와 영어로 수화가 가능해졌다. 또한 계단 오르기, 뛰기 기능이 향상되어 인간의 움직임을 더욱 많이 닮게 되었다. 하지만 2016년, 미국에선 아시모를 초라하게 만들 막강한 경쟁자 보스턴 다이내믹스가 등장했다.

2017년이 되면서 보스턴 다이내믹스의 아틀라스가 울퉁불퉁한 길을 걷고 외부 충격에 맞서 자세를 제어하고 물건을 들어 올리는 등의 데모 영상이 유튜브를 타고 전 세계에 퍼졌다. 그러는 와중에도, 아시모는 각종 행사에 동원되어 춤추고 계단을 오르는 등 특별히 발전한 것 없어 보이는 광대 놀음만 거듭했다. 2017년 하반기, 아틀라스는 무릎 높이 이상의 점프를 하고 백 덤블링까지 돌았으나, 아시모의 퍼포먼스는 그 당시 휴머노이드에겐 기본기 정도로밖에 볼 수 없었다.

2018년 5월 아틀라스는 울퉁불퉁한 벌판을 사람처럼 달렸는

데, 속도도 실내에서 달리는 아시모보다 훨씬 빨랐다. 이정도가 되자 더 이상 아시모는 아틀라스의 라이벌로 인식할 수 없는 지경에 이르렀다. 아시모의 기술 발전이 정체되면서 두 로봇의 위상은 역전되었고 순식간에 까마득한 격차가 생기기까지 하였다.

더군다나 인간의 힘든 일을 대신하는 것이 목적이라고 한 아시모는 2011년 동일본 대지진 때는 아시모는 아무것도 할 수 있는 게 없었다. 결국, 미국의 아이로봇이 만든 팩봇이 후쿠시마 원전 사고 수습에 투입되자 로봇 강국 일본의 상징이라는 이미지마저 퇴색했다. "도대체 어디에 쓰는 물건인가?"라는 합리적인 의구심이 생길 수밖에 없었다. 이쯤 되자 혼다에게 아시모란 자랑거리가 아니라 기술적 무기력함의 상징이 된 것이었다.

결국, 2018년 6월 28일 혼다는 아시모의 개발 중단을 선언하고 연구팀을 해산시켰다. 세계 최초의 이족보행로봇으로 전 세계적인 센세이션을 일으켰던 아시모는 당시 정체된 기술의 상징이란 오명을 얻고 역사의 뒤안길로 사라졌다. 그러나 기술의 세계는 냉혹하다. 아시모를 사라지게 한 아틀라스 또한 퇴출의 위기를 맞을 수 있다는 징후가 얼마 전 포착되었다.

앞서 소개한 테슬라의 '2022 AI데이'로 돌아가 보겠다. 이 행사에서 테슬라는 보스턴 다이내믹스의 아틀라스를 '무뇌아' 취급을 했다. 테슬라는 AI를 이용한 FSD^{Full Self-Driving, 완전자율주행} 실현한 노하우를 로봇에 적용, 로봇이 딥러닝을 통해 움직임이 빨라지고 자연스러워지는 '점증적 성장모델'을 채택했다는 것이다. 테슬라의 로봇은 데이터가 축적됨에 따라 자연스러운 이족 보행을 할 것이고, 양손의 열 개 손가락은 사람 손처럼 자연스레 정교한 작업을 수행할 것이다.

테슬라 자동차가 이미 성공적으로 수행한 인지, 판단, 제어의 기능들을 로봇에도 이식, 로봇이 인간만이 할 수 있는 세밀한 작업까지 수행하도록 만들겠다는 것이다. 특히 자동차 전장 부품 조립과 같이 아직은 많은 사람이 투입되어야만 하는 공정에 손가락을 자유롭게 움직일 수 있는 로봇을 투입해 인간이 전혀 필요 없는 공장을 만들겠다는 것이다. 이는 다른 자동차 제조사들에는 상상만 해도 끔찍한 일이 생기는 것이다. 로봇은 24시간 일할 수 있고 월급도 줄 필요가 없다. 이렇게 되면 생산성, 가격경쟁력에서 테슬라를 따라갈 자동차 회사가 없을 것이다.

뛰고, 구르고 공중제비까지 선보이는 헬스보이 아틀라스. 너무 멋지지만, 이 로봇은 앞으로도 용처가 그다지 많아 보이지 않는다. 2, 3년 뒤, 테슬라의 옵티머스가 학습을 통해 아틀라스보다 더 빠르고 정확한 몸놀림을 선보일 즈음, 무뇌아 아틀라스도 아시모처럼 쇼 단원으로 전락하지 않을까 우려된다. 그러나 모른다.

한국 사람들이 누구인가? 그렇게 간단하게 넘어갈 사람들이 아니다. 2023년, 현대자동차의 가족인 된 보스턴 다이내믹스사에서 아틀라스의 친구, 스팟이란 사족보행 로봇에 생성형 인공지능 챗GPT을 연결해서 구동하는 테스트를 했다. 고성능 인공지능을 장착한 스팟은 사물을 더 잘 인식하고 AI를 통해 구동을 더욱 정확하게 제어를 할 수 있게 되었을 뿐 아니라 구글의 Text to Speech를 이용해서 말도 잘한다.

새로 온 파출부의 정체 (2002)

대장장이 신 헤파이스토스는 잡일을 도와줄 금속 하인을 만들었고
로마 시대 시인 오비디우스[üblius Ovidius Nāsō, BC 43~AD 17]는
여가를 자유롭게 이용할 수 있어야 삶의 질이 올라간다고 했고
토머스 모어의 『유토피아』에선 하루 6시간 노동으로도
의식주가 해결되는 곳이 바로 유토피아라고 했다.
이렇듯 인류는 자신의 노동을 대신해줄 기계를 염원했다.
인간의 노동 중 가장 귀찮은 일은 청소.
로봇은 청소를 대신하는 것부터 우리 일상에 등장했다.
청소 도우미가 로봇으로 대체된 것이다.

▲ 2002년에 처음 선보인 로봇청소기 룸바의 어제와 오늘
출처: https://wifihifi.com/irobot-roomba-i3-vacuum-review/

이 염원이 실현된 곳은 바로 미국. MIT 교수였던 브룩스
Rodney Allen Brooks, 1954~현재. 그가 제자들과 창업한 아이로봇iRobot이라는
기업은 2002년 룸바Roomba라는 세계 최초로 AI 청소로봇을 시장에
선보였다. 흡입식 청소방식을 채택한 룸바는 AI를 내장하여 카메
라, 적외선, 물리 등 다양한 센서를 통해 장애물 감지와 거리를
판단, 충돌회피와 구역설정 기능을 완벽하게 구현했다. 그뿐만
아니라 에너지 고갈이 예견되면 스스로 도크를 찾아가 자동충전
하는 기능을 갖춘 AI 청소용 로봇이었다.

룸바의 출현 이후, 글로벌 가전 기업들은 시장 가능성을 보
고 하나둘 비슷한 형태의 로봇청소기를 내놓았다. 그중 가장 활
발하게 로봇청소기를 발매한 나라라는 가전의 메카 대한민국. 우
리나라에선 2003년 LG가 국내 기업 최초로 로봇청소기 '로보킹'
을, 2006년엔 삼성이 '하우젠' 로봇청소기로 출사표를 던졌다. 하
지만 초기 시장의 반응은 미지근했다.

그 원인은 청소기의 코어라 할 수 있는 '청소 능력'에 있었
다. 초음파 감지, 장애물 센서 등을 장착했지만 구석구석 깨끗이
청소하지 못했고, 흡입력이 약해 시원한 청소 효과를 보기 힘들
었으며, 문턱 통과나 카펫 같은 바닥 재질 구분 등이 문제였다.
로봇청소기는 오랫동안 가능성이 보이기는 하지만 여전히 '바보
하인'의 이미지를 벗을 수 없었다.

로봇청소기를 '바보'에서 유능한 '이모'로 업그레이드시킨 나
라 역시 대한민국이었다. 2016년 등장한 엘지와 삼성의 로봇들은
AI와 사물인터넷IoT 기능을 탑재하고 인터넷 네트워크와 연결되면
서 유능한 청소 도우미로 거듭났다. 이들은 딥러닝 이용, 사물,
공간인식 능력을 획기적으로 끌어올린 것은 물론, 자율주행차에

활용되는 라이다^{LiDAR} 물체 인식 센서와 중앙처리장치^{CPU}까지 탑재해 그야말로 집사 로봇을 시중에 내놓았다.

한국의 로봇 이모들은 AI로 집안 구조와 가구, 가전을 정확히 인식해 공간을 매핑, 자율주행 능력을 구현하고, 전선이나 반려동물 배설물과 같은 장애물은 물론 1㎤의 작은 사물까지 입체적으로 감지한다. 이들은 청소를 마친 뒤에는 본체가 '스테이션'으로 복귀해 충전을 시작함과 동시에 먼지통도 알아서 비워주고, 내장 카메라를 이용, 반려동물의 활동까지 모니터할 수 있다.

디테일의 끝판왕 LG는 로봇에 물걸레까지 장착해 온돌을 사랑하는 한국인의 구미를 자극했고, 약 300만 이상의 사물 이미지를 학습, 공간과 사물을 정밀하게 인지하는 강화된 AI를 탑재하여 청소의 정확도를 높이고 사고의 위험을 줄였다. 여기에 음성 AI까지 탑재된다면 청소기가 반려로봇 수준으로 발전하지 않을까? 미국과 스웨덴에서 탄생한 로봇청소기. 이들을 '이모'라 부를 정도로 신분 상승을 이룬 곳은 대한민국인 셈이다.

외뇌(外腦)의 탄생 (2007)

"육지에 사는 동물들은 간을 꺼냈다 뺏다 할 수 있어 햇빛 좋은 곳에
넣어 두고 왔으니 다시 뭍으로 올라가 가져와야 합니다"

이렇게, 용궁에 간 토생원은 용왕에게 거짓말을 해서 목숨을
부지할 수 있었다는 이야기, 바로 '별주부전'이다. 스티브 잡스가
별주부전 읽었던 것인가? 그는 뇌를 들고 다니며 필요할 때마다
열어 보는 기발한 생각을 했던 것 같다.

2007년 애플은 손바닥에서 손쉽게 조작할 수 있는 전화기
겸 컴퓨터를 세상에 내놓았다. 그 이름은 아이폰. 잡스[Steve Jobs,
1955~2011]는 아이폰이 커뮤니케이션, 콘텐츠, 컴퓨터를 한데 통합한
디지털 컨버전스의 끝판왕이라 했지만, 사실, 그때만 해도 그는
알지 못했다. 그가 문명을 바꿀 위대한 발명을 했음을. 아이폰은
갖고 다니는 휴대용 외뇌[外腦]였다.

▲ 최초의 아이폰 모습
출처: https://www.businessinsider.com/

　고용량 메모리를 품고 무선 인터넷에 연결된 아이폰이 가져다준 세상은 지금껏 우리가 경험할 수 없었던 새로운 세상이었다. 아이폰은 실제와 가상이 중첩된 하이브리드 세상을 우리에게 선사했다. 아이폰에는 우리의 모든 기억과 추억이 저장될 수 있었다. 말하자면 이미지, 동영상, 문서 등을 자유자재로 저장하고 꺼내 쓸 수 있게 된 것이다. 이로써 인간은 더 이상 암기를 하거나 기억을 되살리려 고생할 필요가 없어졌다. 구글, 네이버 등 다양한 검색사이트들이 폰 위에서 작동하면서 인간은 더 이상 모르는 것이 없는 전지전능한 존재가 되었다. 여기에 음성을 지원하는 AI까지 합세, 말만해도 바로 궁금증을 해소할 수 있게 되었다.

　카톡, 위챗, 왓츠앱 등 메신저 앱들이 구현되면서 인간은 텔레파시로 대화를 하기 시작했다. 말하지 않아도 언제 어디서든 자유로운 소통이 가능해진 것이다. 또한 새로운 뇌를 장착한 인류는 더 이상 심심할 틈이 없다. 인간은 새로운 외뇌로 아무 때나 독서, 영상/음악감상, 지시습득, 커뮤니티 참여, 금융거래를 할 수 있게 되었다. 스마트폰은 여기서 더 나아가 AI를 탑재했고, AI와 공생하는 세상을 만들어 주었다. 아이폰의 탄생으로 인간은 이제 인공뇌와 함께 살아가는 존재가 된 것이다.

달리 말하자면, '인체와 기계의 결합,' 사이보그가 된 것이다. 그런데, 사이보그란 표현이 단순한 비유에 그치지 않을 전망이다. 사이보그가 된 우리는 이제 그리스 신화에 나오는 웬만한 신보다 더 뛰어난 능력을 지니게 되었다. 지구 반대편에 있는 사람과 실시간으로 모습을 보며 대화를 할 수 있는 천리안, 세상을 바꿀 수 있는 개인 방송국, 사물을 원격으로 조종할 수 있는 염력, 언제든지 메타버스 세계를 드나들 수 있는 순간이동술, 주문만 하면 세상의 모든 물건을 가질 수 있는 마술램프까지. 이 모든 능력을 우리는 아무렇지 않게 일상이라 부르게 되었다.

들고 다니는 것이 귀찮다고 느껴진 사람들은 이 외뇌를 우리 머릿속의 내뇌內腦와 합체하려고 노력하고 있다. 여기에 또 등장하는 인물이 사기캐 머스크Elon Musk, 1971~현재다. 그가 창업한 '뉴럴링크' Neural Link는 신경 레이스Neural Lace, 전자그물망을 통해 생각을 업/다운로드할 수 있는 작은 전극을 뇌의 뉴런에 이식하는 기술이다. 액체 상태의 전자그물망을 뇌에 주입하면 특정 뇌 부위에서 최대 30배의 그물이 펼쳐지는데, 이 그물망은 뇌세포 사이에서 전기 신호와 자극을 감지할 수 있다는 것이다.

머스크는 나날이 발전하는 AI에 지배당하지 않고 공생하기 위해서는 컴퓨터와 인체의 공생이 가장 중요하다고 생각하여, 이 두 객체 간의 협업이 가장 빠르게 일어날 수 있는 구조를 생각한 것이다. 그래서 나온 방법이 내뇌에서 생각하자마자 바로 외뇌로 즉시 연결할 수 있는 뉴럴 임플란트. 치아 임플란트하듯이 뇌에다 실리콘 칩을 이식하는 방법이다. 정보 입력 속도에서부터 손이나 음성을 쓰는 사람과 컴퓨터 간에는 방식이나 속도에서 큰 차이가 있다. 뉴럴링크 기술로 이 간극은 사라질 수 있다는 것이다.

뉴럴링크는 스티븐 호킹 박사처럼 근육을 움직일 수 없는 사람들이 생각만으로 휴대전화를 잘 다룰 수 있도록 하거나 선천적으로 앞을 보지 못하는 사람들이 시력을 회복할 수 있고, 척수마비가 온 사람들이 몸을 움직일 수 있게 하는 것을 초기 목표로 하고 있다. 뉴럴레이스가 제대로 작동하면 인지력이나 사고력 등 인간의 특정 기능을 향상시킬 수 있는 뇌 성형 수술이 가능할 수도 있다고 한다.

그런데 머스크의 비전은 우리의 상상을 초월했다. 그는 뉴럴링크를 통해 인류를 구원하는 어벤저스가 되고자 한 것이다. 싱귤래리티, 즉 특이점이 오면 인간 전체의 지능을 능가하는 슈퍼 AI가 나타날 것이고 이 슈퍼 AI는 권력 행사에 들어갈 것으로 생각했다. 초래할 위험을 줄이는 것이라고 강조했다. 머스크는 "이렇게 슈퍼컴퓨터가 인간과 직접 연결되어 구동된다면 슈퍼 AI가 출현해도 AI는 결국 인간의 손바닥 안에 있을 것"이라고 한다.

AI의 개념이 출현하면서부터 인류는 AI가 인간의 지능을 능가하여 결국은 인간은 AI의 노예로 전락하거나 멸절당할 수밖에 없다는 공포에 시달려 왔다. 과연 인간은 외뇌로 무장한 것만으로 다가올 특이점의 시대를 극복할 수 있을까? 영화 터미네이터에 등장하는 인류의 적 '스카이넷'이 인체와 연결된다면, 과연 스카이넷은 인류 멸절을 도발할 수 있을까? 아마도 지금은 터미네이터의 극작가가 더 재미난 시나리오를 쓸 타이밍이라고 본다.

AI, 퀴즈왕에 등극하다 (2011)

    IBM은 딥 블루의 승리로 흥행몰이했지만, 수익은 반짝 효과에 그쳤다. 딥 블루는 체스라는 특정 조건에서 수를 읽어내는 방법을 오롯이 '연산능력'에 의존했다. 시간이 지나자 사람들은 딥 블루가 최대한으로 많은 경우의 수를 단순히 계산하고 확률이 높은 쪽으로 결정하는 '크고 빠른 계산기'에 불과하다고 여겼다. 따지고 보면, 단순히 체스만 잘 둘 수 있는 슈퍼컴퓨터가 실생활에 응용될 가능성은 매우 낮았다.

    그래서 IBM 과학자들이 다시 연구에 돌입한 것은 문답 시스템. '자연어'로 제시된 질문에 대답할 수 있는 컴퓨터야말로 실생활에 폭넓게 활용될 수 있을 것으로 생각했다. 쉽게 말해, 컴퓨터의 언어가 아니라, 사람의 말을 듣거나 입력하면 답을 찾아서 알려주는 AI를 개발한다는 것이었다. 지금이야 쉬워 보이지만 2010년대만 해도 '자연어 문답'은 획기적인 발상이었다.

    이 기술은 지금도 실용화 단계의 문턱에 있다. 예를 들어 네이버와 구글 같은 포털 사이트에서 검색어를 입력하면 '답'이 나오는 것이 아니라 '답일 가능성이 높은' 결과물과 여러 가지 사이트를 좌판 펼치듯이 늘어놓는다. 특정 질문에 대해 '이것이 답'이라고 명확하게 제시하지 않는 것은 AI가 어느 것이 답이라도 확신할 수 있는 능력이 없기 때문이다. 그래서 개발된 확답형 AI가 바로 '왓슨'Watson이다.

IBM이 왓슨의 신박한 능력을 대중들에게 알리기 위해 선택한 쇼 무대는 제퍼디Jeopardy, 이 쇼는 ABC에서 제작한 미국 최고 인기의 퀴즈프로그램이다. 이 쇼에서는 사람만 풀 수 있다고 여겨지는 아이러니와 수수께끼 같은 복잡하고 미묘한 내용의 단서가 주어진다. 출연자는 이런 단서를 추론해서 문제를 풀어야 한다. 딥블루처럼 단순 연산만 하는 AI는 도전 자체가 불가능하다.

▲ 퀴즈의 달인들과 경쟁한 슈퍼컴퓨터 '왓슨'

출처: https://www.nytimes.com/2011/02/17/science/17jeopardy-watson.
html

여러 차례 시뮬레이션과 테스트를 거쳐 승리를 확신한 IBM은 '제퍼디'에 왓슨을 출연시켜 인간 챔피언들과 경쟁하게 하고, 이를 세계 곳곳에 방영하겠다는 치밀한 계획을 세웠다. 극적인 효과를 끌어 올리기 위해 74연승을 기록했던 켄 제닝스, 역대 최다 상금 획득자인 브래드 루터가 경쟁 파트너로 선택되었다.

드디어 2011년 2월, 이틀에 걸쳐 방영된 제퍼디 퀴즈쇼가 진행되었고, 그 결과는 IBM이 의도한 대로 센세이션했다. 왓슨이 7만 7,147달러의 상금을 획득해 2만 4,000달러의 제닝스와 2만 1,600달러의 루터를 압도하며 우승했다. 당시 왓슨의 성능은 1초에 80조 번을 계산할 수 있고, 책 백만 권을 읽은 뒤 토씨 하나까지 모두 완벽하게 인식하고 있었다고 한다. 사회자가 질문을 던지면 왓슨은 인식한 단어를 동사, 목적어, 핵심 단어로 분류한 뒤 데이터베이스에서 검색했다.

이 퀴즈쇼에서 왓슨의 우승은 컴퓨터가 단순히 계산하는 도구에 그치지 않고 인간의 언어로 된 질문을 이해하고 해답을 도출하는 수준까지 도달했다는 것을 보여주었다. 왓슨의 승리로 AI가 질문과 문맥을 이해할 수 있는 새로운 능력을 입증한 것이다. 인간이 쉽게 이해할 수 있는 숨은 의도를 해독하거나 질문과 문맥을 이해하고 효율적으로 판단하는 것을 모두 기계가 해낸 것이었다. 왓슨의 제퍼디 승리로 AI는 또 한 번 진화의 역사를 쓰게 된 것이었다.

제퍼디에서 왓슨이 우승하자 IBM은 '세상을 바꿀 인공지능[AI] 기술 혁명의 시작'이라며 대대적인 홍보를 시작했다. 왓슨을 헬스케어, 금융, 법과 학문 분야에 적용할 수 있는 방법을 찾고 있다는 장밋빛 시나리오들을 거침없이 쏟아져 나왔고, AI가 곧 산업 지형도를 바꾸고 변화를 이끄는 주인이 될 것처럼 데시벨을 높였다. "의료 진단, 비즈니스 분석과 기술 지원 같은 분야를 왓슨이 대체하는 미래가 IBM의 비전"이라고 했고, 콜센터 상담원, 학교

선생님도 왓슨이 대체할 수 있는 직업이라 언급했다.

그러나 세상은 IBM의 생각대로 흘러가지 않았다. 왓슨이 등장한 지 10년이 지난 2021년 7월 미국 뉴욕타임스는 "왓슨의 원대한 비전은 사라졌고, 왓슨은 AI에 대한 과장과 오만함을 일깨우는 사례가 됐다"라고 보도했다. IBM은 왓슨의 핵심 사업으로 의료^{헬스케어}를 선택하고 '암 정복'을 선언했다. IBM은 인간은 상상할 수 없는 엄청난 데이터베이스를 보유하고 데이터를 실시간으로 분석해내는 왓슨이 인간 의사를 쉽게 뛰어넘을 수 있다고 자신했다. 의료기록과 논문 같은 데이터를 잔뜩 집어넣다 보면 세상 어느 누구보다 더 많은 경험과 지식을 가진 슈퍼의사가 될 수 있다는 것이다.

왓슨은 뉴욕 메모리얼 슬로언 케터링 병원 암센터, 휴스턴 MD앤더슨 같은 세계 최고의 병원에 속속 도입됐고, 2017년에는 한국 가천대가 왓슨을 기반으로 한 AI 암센터를 설립하기도 했다. 왓슨은 8개 암 진단과 진료법 추천에서 성과를 보였다고 각종 언론에서 대서특필했으며 연구 결과는 여러 국제학술지에도 게재되었다.

하지만 왓슨의 성공은 오래가지 못했다. 암 데이터를 다루는 것은 왓슨의 능력보다 훨씬 복잡했고, 현장에서 의료진들이 입력하는 데이터는 AI가 학습하기에는 매우 부 정형적이고 정확도가 낮았다. 현장에서 왓슨의 진단과 치료 방법을 공식적으로 추천하는 것은 의사들에게는 매우 불합리한 선택이었다. 만에 하나 오류가 발생하면 모든 책임은 의사가 져야 했기 때문이다.

결국 대형병원들은 엄청난 손실만 입은 채 속속 왓슨 프로젝트를 접었고, 암 정복이라는 IBM의 꿈도 산산조각이 났다. 2021

년 1월 IBM은 사모펀드인 프란시스코 파트너스에 의료 AI 사업부 '왓슨 헬스'를 매각했다. IBM이 매각으로 건진 돈은 10억 달러 정도로 추산되는데 IBM이 투자한 돈의 수십 분의 1 수준인 것으로 알려져 있다.

왓슨이 실패한 원인은 IBM이 왓슨으로 할 수 있는 것보다 더 많은 것들을 약속했기 때문이었다. 왓슨의 능력에 대한 과대포장에 대해 경고하는 목소리가 컸지만, IBM 경영진은 이를 귀담아듣지 않았다. 결국 IBM이 경쟁상대로 생각하던 아마존, 마이크로소프트, 구글은 AI를 통해 기업가치를 지속적으로 견인하며 빅테크 시대를 열었지만, IBM은 2011년 제퍼디 우승 이후 주가가 오히려 10% 이상 떨어진 민망한 처지가 됐다.

세상은 요~지경 (2014)

"아니, 분명히 지시하셨잖아요!"

상기된 얼굴로 경리과장이 대표에게 항변하고 있었다.

"내가 언제 25만 유로를 송금하라고 했단 말이오?"라고 대표가 소리쳤다.

사건의 전말은 이랬다. 유럽에서 보이스피싱범이 딥페이크 Deep Fake 기술을 이용, 어떤 회사 대표의 목소리를 본떠 음성지시로 25만 유로를 특정 계좌로 송금할 것을 지시했던 것. 당연히 범인은 그 계좌에서 전액을 인출하여 사라졌다. 정말로 어떤 가수의 노래 가사처럼, "세상은 요지경~ 여기도 짜가, 저기도 짜가," 가짜들이 판치는 세상이 왔다.

딥페이크 기술은 AI 역사에서 중대한 개발로 평가되고 있다. 그런데 이 기술의 등장이 매우 재미있다. 2014년, AI 전공 박사과정 학생이었던 굿펠로 Ian Goodfellow, 1985~현재 는 학우의 박사학위 취득을 축하하는 자리에서 매우 흥미로운 주제를 놓고 이야기를 나누고 있었다. 그것은 "AI가 스스로 이미지를 만들게 할 수 있을까?"였다. 당시 AI 연구자들은 이미 인간의 뇌를 흉내 낸 프로그램을 이용, 그럴듯한 이미지를 스스로 만드는 '생성적' 알고리즘를 사용하고 있었다. 그러나 그 결과는 종종 좋지 않았다. 컴퓨터가 생성한 이미지는 흐릿하거나 코가 없는 얼굴이 나오기도 했다.

취기가 오르면서 마음을 비웠기 때문일까? 번쩍하고 아이디어 하나가 굿펠로의 뇌리를 스쳤다. 이윽고 그는 친구들에게 이 아이디어를 툭 하고 던졌다. "만약 두 개의 신경망이 서로 경쟁하게 하면 어떨까? 하지만 그의 친구들은 회의적이었고, 그가 집에 돌아왔을 때 여자 친구는 이미 잠들어 있었지만, 그는 한번 이 방법을 시도해보기로 마음먹었다. 굿펠로는 몇 시간을 들여 이를 코드로 구현했고 그가 프로그램을 실행시키자 멋진 결과가 나왔다. 그가 그날 밤 취중에 개발한 기술은 '생성적적대신경망$^{Generative\ Adversarial}$ ^{Network}, 줄여서 GAN'이라 불린다. 이 기술은 기계학습 분야에 커다란 반향을 불러왔고 그를 AI 분야의 유명인으로 만들었다.

GAN은 대립하는 두 개의 네트워크를 만들고 이들이 대립 과정에서 훈련 타겟을 생성하는 방법을 알도록 학습시키는 비 지도학습 모델이다. 작동원리를 보면, 감탄을 금할 수 없다. 두 개의 인공 신경망이 서로 적대적으로 경쟁하는 관계 속에서 하나의 인공신경망은 진짜 같은 가짜를 더 잘 만드는 생산에 집중하며, 다른 하나는 진위를 판별하는 데 집중한다. 결국, 이 두 신경망의 경쟁은 진짜 같은 가짜가 생성되었다고 평가될 때 끝이 난다.

굿펠로는 그의 논문 「Generative Adversarial Network」^{2014}에서 GAN을 지폐위조범과 경찰에 비유했다. 지폐위조범^{Generator}은 더욱 교묘하게 속이려고 하고 경찰^{Discriminator}은 이렇게 위조된 지폐를 감별^{Classify}하려고 한다. 그때문에 양쪽 모두 점진적으로 변화하여 결국 두 그룹 모두 속이고 감별하는 서로의 능력이 발전하게 되어 진짜보다 더 진짜 같은 이미지, 동영상, 음성이 만들어지는 것이다.

그동안 AI 개발자들은 딥러닝을 이용해 많은 성과를 이루어 냈다. 예를 들어, 딥러닝을 이용해 건널목을 오가는 보행자를 인식한다든지, 테슬라의 자율운전, 시리와 같은 AI 비서 등이 우리 일상에 가져왔다. 그러나 이들은 대상이나 명령어를 인식할 수는 있지만 스스로 생성하는 창조기능을 지니지 못했다. GAN의 등장으로 AI는 스스로 무언가를 창조해 내는 기계가 된 것이다. 이 기술로 AI가 다른 추가적인 정보 없이도 날 것 그대로의 데이터에서 자신이 필요로 하는 정보를 더 잘 얻어낼 수 있게 될 것이다.

이 기술은 AI 기술 분야 중 '비지도학습'이라 불리는 분야에 큰 혁신을 몰고 왔다. GAN 덕분에 자율주행차는 주차된 상태에서도 매우 다양한 도로 조건을 학습할 수 있게 되었고 로봇은 현실 세계에 있는 복잡한 창고를 돌아다니지 않고도 그곳에 혼재한 장애물을 회피하는 능력을 갖추게 되었다. 우리는 다양한 상황을 상상하고 추측하는 능력은 인간의 고유능력이라고 자부했다. 그런데 GAN의 등장으로 기계도 인간처럼 의식의 일부 영역을 갖게 된 것이다.

페이스북은 GAN을 이용, Real−eye−opener라는 이미지 편집 솔루션을 서비스하고 있다. 페북에 올릴 사진이 찍는 순간 눈을 감아 망친 경우일 때, 가짜 눈을 생성하여 눈을 뜨고 있는 사진으로 만들어 주는 기술이다.

이 놀라운 기술은 이미지 해석Image translation 기술로 업그레이 되기도 했다. 이 기술은 흑백사진을 컬러사진으로, 간단한 일러스트를 구체적인 사진으로 만들어 내는 등 우리가 원하는 대로 이미지를 바꾸어 재창조한다. GAN은 음성신호 및 자연어처리 등 다양한 분야에 응용되어 빠르게 발전하고 있다.

▲ 딥페이크(Deep Fake)

출처: https://www.unite.ai/disentanglement-is-the-next-deepfake-revolution/

　　그러나 "굿펠로는 지금 그의 기술을 나쁜 목적으로 사용하는 사람들과 싸우는 데 상당한 시간을 보내고 있다"고 한다. GAN을 이용, 진짜 같은 가짜 이미지를 만드는 딥페이크^{Deep Fake}라는 괴물을 만들어 냈기 때문이다. 딥페이크는 딥러닝^{Deep Learning}과 페이크^{Fake}의 합성어로 GAN 기술을 이용, 특정인의 신체 부위나 얼굴을 합성하는 편집물이다. 과거에는 페이크 영상을 만들려면 기존 영상을 일일이 대조하며 합성해야 했다. 그러나 GAN의 등장으로 AI는 스스로 학습하여 가장 적합하다고 생각되는 장면을 만들 수 있게 된 것이었다.

　　딥페이크를 이용하면 가짜뉴스를 만들어 선거 판세를 뒤집을 수 있다. 지난해 한국 사회를 뜨거운 논란으로 몰고 간 n번방

사건에서도 딥페이크 피해 사례가 나왔다. 불법 포르노 영상에 케이팝 여가수 얼굴을 합성한 영상을 유통한 사건이다. 중국에서는 딥페이크 기술을 이용한 'ZAO'라는 앱이 나왔다. 이용자가 자신의 사진을 ZAO에 올리면 영화나 드라마 속 등장인물이 자기 얼굴로 바뀌는 페이스오프Face Off 앱이다. 안면인식으로 보완하는 출입문이 많은 요즘, ZAO는 손쉽게 범죄 도구가 될 수도 있는 것이다.

▲ 미치광이 과학자처럼 스팀펑크 스타일로 불꽃 튀는 화학물질들을 섞고 있는 곰돌이들(teddy bears mixing sparkling chemicals as mad scientists in a steampunk style)이라는 텍스트를 가지고 달리 2가 만들어 낸 이미지이다.

출처: https://twitter.com/OpenAI/status/1511714525849919499/photo/1

이 GAN 기술은 지금 어떻게 발전되고 있을까? AI 개발기업 OpenAI는 GAN을 기반으로 달리 2$^{DALL-E\ 2}$라는 AI 엔진을 공개했다. 이 솔루션은 단순한 텍스트 지시어를 고품질의 이미지로 전환해준다. 단순한 사물 명칭뿐 아니라, 동작이나 미적 스타일, 다양한 주제어 등을 복합적으로 입력해 넣으면 그에 걸맞은 사실적인 이미지나 예술작품을 만들어 낸다.

달리 2는 이미지의 누락된 부분을 복원하거나 질 낮은 이미지를 업스케일링하여 초고해상도 이미지로 변경도 할 수 있다. 또, 이미지에 포함된 노이즈를 제거할 수도 있다. 이러한 특징 덕분에 달리 2 같은 기술은 의료 분야에서 주목받고 있다. 예를 들어 MRI 품질을 높이려면 방사선량을 높여야 하는데, 이는 몸에 해롭다. 이때 GAN을 활용하면 방사선량을 높이지 않은 상태에서 MRI를 촬영한 후, 이미지의 해상도를 높여 선명한 이미지를 얻을 수 있다.

GAN과 GPT와 같은 생성형 AI 기술의 발전은 가짜뉴스, 글, 이미지의 양을 폭발적으로 증가시켰다. 이러한 가짜 콘텐츠는 사람들을 오도하고 속이기 위해 사용되며 사회에 상당한 문제를 일으키고 있다.

가짜뉴스는 사람들이 자신의 결정을 내리는 방식에 영향을 미칠 수 있으므로 특히 해롭다. 예를 들어, 가짜뉴스는 선거 결과에 영향을 미치거나 사람들에게 자신의 건강에 해로운 결정을 내리도록 할 수 있다. 가짜뉴스는 또한 사람들의 신뢰와 안보를 해칠 수 있다. 예를 들어, 가짜뉴스는 사람들이 사이버 공격의 표적이 되거나 잘못된 사람들에게 돈을 기부하도록 할 수 있다.

가짜 글과 이미지도 큰 문제이다. 예를 들어, 가짜 글은 사람들을 특정 제품이나 서비스에 대해 속이거나 특정 사람들에 대한 증오를 조장하는 데 사용될 수 있다. 가짜 이미지는 사람들의 신원을 도용하거나 사람들을 모욕하는 데 사용될 수 있다.

가짜뉴스, 글, 이미지의 사회적 문제를 해결하기 위해 할 일이 많다. 첫 번째로 해야 하는 일은 사람들에게 가짜 콘텐츠를 식별하는 방법을 가르치는 것이다. 사람들은 가짜 콘텐츠가 종종 잘못된 정보로 가득 차 있고 사실 확인 웹사이트에서 확인할 수 없다는 것을 알아야 한다. 사람들은 또한 가짜 콘텐츠가 종종 극단적이거나 선정적이라는 것을 알아야 한다.

또 다른 중요한 일은 소셜미디어 플랫폼에서 가짜 콘텐츠를 식별하고 제거하는 것이다. 소셜미디어 플랫폼은 가짜 콘텐츠를 식별하고 제거하기 위한 알고리즘을 개발해야 한다. 또한 사람들이 가짜 콘텐츠를 신고하는 방법을 제공해야 한다. 마지막으로 정부는 가짜뉴스, 글, 이미지의 확산을 규제하는 법률을 제정해야 한다. 이러한 법률은 가짜 콘텐츠의 생성, 배포 및 사용을 강도 높게 처벌해야 한다.

생성형 AI가 만들어 내는 또 다른 문제는 이들이 종종 환각^{Hallucination} 현상을 보인다는 것이다. 그러나 이용자들은 생성 AI가 환각을 보인 것인지 아닌지를 알 수가 없는 경우가 많다. 이런 환각은 사람들로 하여금 잘못된 결정을 내리거나 해로운 행동을 하도록 유도할 수 있다. 이 문제해결에도 역시 교육과 정보 홍보, 기술 개선, 협력과 규제가 중요하다.

이세돌이 쏘아 올린 작은 공 (2016)

이세돌의 78번째 흑돌.

이 한 수가 인류에게 한 줄기 희망의 빛이 될 줄은 아무도 몰랐다.

적어도 2016년 3월 13일, 역사적인 대국이 진행되던 당시에는…

▲ 이세돌과 AI 알파고

이세돌[1983~현재]과 AI 알파고의 대국은 AI의 역사에 기록될 만큼 중대한 사건이다. 결과는 이세돌이 5전 중 4패를 했다. 알파고의 압승이었다. 이를 두고 전 세계 언론은 AI가 인간의 지능을 넘어서는 신호탄이 올라갔다고 충격 보도를 했다. 이후 AI 기술 발달을 거론할 때마다 이세돌은 빠지지 않는 이름이 되었다.

그러나, 지금 생각해 보면, 그 당시 이세돌이 알파고를 이긴다는 것은 애초부터 말이 안 됐다. 알파고는 괴물과 같은 슈퍼컴퓨터였다. 알파고는 1,202개의 CPU로 무장한 AI로 수십만 건의 대국 기보를 학습했다. 인간이라면 도저히 달성할 수 없는 학습량으로 알파고는 이 9단과의 세기적 대국 이전에 이미 '신'의 경지에 올랐다.

그런데 이 잘 설계된 홍보판에도 믿을 수 없는 일이 일어났다. 그 이변은 2016년 3월 13일, 네 번째 대국에서 생긴 일이다. 그 일은 이세돌이 78번째 수를 두면서 시작되었고 87번째 수 이후 먼저 두었던 78번째 수의 진면목이 드러났다. 78수 직후 알파고가 계산한 승률은 70%였다고 한다. 그러나 78번째 수가 갇혀 있던 흑돌을 구출하고 판세를 역전하는 서막을 연 것이었다. 이후 87수에 이르자 알파고의 승률은 50% 이하로 떨어졌다. 30초 만에 10만 수 이상을 볼 수 있는 슈퍼컴퓨터가 놓친 '신의 한 수'가 시전이 된 것이었다. 이후 알파고는 이해할 수 없는 '떡수'를 남발하며 무너지기 시작했다. 결국, 딥마인드 경영진은 180번째 돌에서 알파고의 불계패를 선언했다. 슈퍼컴퓨터가 인간에게 패배당한 믿기 힘든 일이 일어난 것이었다.

일부 호사가들은 이 승패의 원인이 '이세돌의 묘수가 아닌 알파고의 프로그램 오류라는 식으로 평가하기도 했다. 그러나 정작 알파고를 만든 구글 딥마인드 측은 이세돌의 78수가 완벽한 패인임을 인정했다. 이후, 그 78번째 수를 분석해 보니, 그 대국에서 알파고가 이세돌이 그곳에 78번째 수를 둘 것이라고 예상할 확률은 1만분의 1 이하였다고 한다. 이런 수는 인간만이 가능했다는 것이 입증되었다.

당시, 세간에서는 이 대국을 '인간과 기계의 자존심을 건 세기의 대결'이라 불렀고, 알파고의 압승을 목도한 후, AI 개발자들은 'AI가 인간의 직관을 따라잡았다'라고 자평했다. 그러나 이는 직관이 아니었다. 슈퍼컴퓨터의 연산 능력을 가볍게 보고 나온 자평이었다. AI는 직관 없이 연산만으로도 바둑의 수 싸움은 얼마든지 리드할 수 있는 능력을 지녔던 것이라는 것을 모르고 있었던 것이다.

우리는 인간과 AI의 대국에서 인간이 AI에 4대 1로 석패한 것을 안타까워했지만, 알파고의 정체가 드러난 지금 그 대국을 분석해 보면 AI의 1패는 말도 안 되는 일이었다. AI가 인간의 지능을 넘어선 게 아니라 인간이 슈퍼AI를 넘어선 놀라운 일이 일어난 것이다.

가로 열아홉 줄, 세로 역시 열아홉 줄이 그려진 반상에서 펼쳐지는 바둑은 경우의 수는 10의 170승, 하늘의 은하수보다 많은 수가 존재한다고 한다. 2016년 당시만 하더라도 전문가들, 이세돌마저도 이런 바둑대국에서 최고의 자리에 오른 기성들을 기계가 이긴다는 것은 불가능하다고 했다. AI가 인간을 뛰어넘는 직관을 지녀야만 가능할 것이라고 말했다.

이를 입증한 것이 이세돌의 1승이다. 그의 1승은 인간이 직관만으로도 슈퍼 기계지능을 능가할 수 있다는 엄청난 가능성이 열어준 것이다. 이로써 AI는 '직관'의 능력을 지닌 것이 아니라 '직시'하는 기계일 뿐이라는 것이 입증되었다. 방대한 데이터와 높은 성능의 연산 능력을 직관으로 보는 것은 무리가 있다는 사실이 증명된 것이다.

알파고 이후, 수많은 바둑 AI가 나왔고, 이제 인간이 바둑에서 AI를 이길 수 없다는 것은 당연한 사실로 여겨지고 있다. 그래서 요즘 대국장에는 디지털 기기 검사장비가 상시 비치되어 있다. 기사가 AI를 이용해서 부정으로 승부 조작하는 것을 방지하기 위함이다.

알파고 대국은 딥마인드의 조작극이라는 의구심을 떨칠 수가 없다. 알파고를 만든 하사비스^{Demis Hassabis, 1976~현재}는 이미 알고 있었으리라. 그의 슈퍼 AI 기사가 이미 인간을 넘어섰다는 것을. 알파고와 이세돌의 홍보쇼였다. 딥마인드의 인공지능 기술을 홍보쇼. 이를 위해 온갖 고난을 뚫고 기성의 자리까지 올라간 위대한 인간들을 희생양 삼았던 것이다. 이세돌, 이어 중국의 커제^{柯洁, Ke Jie, 1997~현재}까지, 그들을 만방으로 물리친 알파고 쇼는 흥행에 성공했다. 흥행 수입은 6억 달러, 하사비스가 이 이벤트 후에 구글에 딥마인드를 매각하면서 받은 금액이다.

알파고의 인식 수준은 정책망과 가치망이라는 두 좌표가 만들어 내는 평면적 차원을 벗어날 수 없기 때문에 벗어나지 못하기 때문에 '경계를 뛰어넘는 행위'인 직관에는 도달할 수 없다는 것이다. 우주의 원소보다 많은 경우의 수를 제한된 시간 내 논리적으로 계산해 최적의 수를 놓는 것은 제아무리 슈퍼컴퓨터라도 쉽지 않다. 때문에 직관은 디지털 시대에도 인간이 기계보다 뛰어날 수 있으며 기계와 다름을 증명하는 불가침의 영역이라는 것을 이세돌이 입증한 것이다.

AI는 인지와 판단, 제어하는 기계이다. 알파고는 이세돌의 수를 인지하고 수십만 기보에 대입해 판단하고 이에 대한 방책을 제어했다. 이를 달리 표현하면 반상 위의 좌푯값이란 데이터를 입력하고 정보화해서 분석한 후, 학습한 지식을 토대로 대안을 도출해낸 것이다. 그런데 인간은 다음 단계를 가지고 있다. 그것이 바로 지혜다. 지혜는 데이터의 세계에선 알 수 없는 영역이다.

신의 한 수라고 하는 이세돌의 78번째 수는 바로 지혜의 영역에서 나온 직관이었다. 그의 지식은 찰나의 순간 날아올랐고, 가장 높은 곳에서 판세를 조망했다. 수많은 바둑전문가와 알파고가 2차원의 미로 속에서 눈앞에 보이는 수천 개의 수를 계산하고 있을 때 그의 시선은 계산의 영역을 벗어 난 4차원의 수를 발견해 냈다. 이런 이세돌에 대한 존경의 표시일까? 지금은 구글의 일원이 되어 초거대 AI를 개발하고 있는 딥마인드 사의 홈페이지 랜딩 페이지에는 다음과 같은 이세돌의 소회가 적혀 있다.

"나는 알파고가 확률계산에 능한 기계에 지나지 않는다고 생각했다.
그러나 알파고가 바둑을 두는 것을 보고 생각이 바뀌었다.
알파고는 창의성을 가진 것이 분명하다."

이세돌
세계바둑대회 18회 우승자

"I thought AlphaGo was based on probability calculation and that it was merely a machine. But when I saw this move, I changed my mind. Surely, AlphaGo is creative."

Lee Sedol
Winner of 18 World Go Titles

이제 우리는 인간이 더 이상 바둑에서 AI를 이길 수 없다는 것을 알고 있다. 그래서 바둑 AI를 상대하는 것이 아니라 트레이닝 도구로 사용하고 있다. 앞으로도 많은 AI가 인간을 능가하는 능력을 보일 것이다. 그때마다 우리는 그 AI를 각자의 목적에 맞게 도구로 이용할 것이다. 커즈웨일이 말한 특이점 시기가 오면, AI가 인간의 지능을 능가하고 결국 인간은 터미네이터 영화 속 세상과 같이 AI에게 지배당하거나 멸절될 수도 있다는 막연한 불안감을 가지고 있다. 그러나 인간의 지혜는 이미 AI를 장착하며 공진화해 나가는 방법을 습득했다. 아무리 강력한 AI가 등장해도 AI를 장착한 인간을 뛰어넘긴 어려울 것이다.

'Attention'-AI를 사람처럼 말하게 만든 위대한 키워드 (2017)

챗GPT 기술의 핵심은 트렌스포머^{Transformer}이다. 한데, 아이러니한 것은 트렌스포머 모델이 구글에서 나왔다는 것이다. 2017년 구글은 주의가 전부이다. 「Attention Is All You Need」라는 논문을 발표해 자연어처리^{NLP} 분야에서 획기적인 변화를 가져왔고, 이 논문은 어텐션^{Attention} 메커니즘만으로 텍스트 생성, 언어 번역 및 질문 답변과 같은 작업을 수행할 수 있는 새로운 인공 지능 모델인 프렌스포머를 소개했다.

이 논문은 기존의 RNN$^{순환 신경망}$이나 CNN$^{합성곱 신경망}$과 같은 복잡한 신경망 아키텍처 없이도 어텐션 메커니즘을 사용하여 높은 성능을 달성할 수 있음을 보여주었다. 트렌스포머의 셀프어텐션$^{self-attention}$ 메커니즘은 입력 시퀀스의 모든 위치를 고려하고, 각 위치에 대해 가중치를 계산한다. 이러한 가중치는 다른 위치가 해당 위치에 얼마나 주의를 기울여야 하는지 나타낸다. 이를 통해 트렌스포머 모델은 입력 시퀀스 내에서 문맥을 이해하고 단어 사이의 종속성을 파악, 일관성 있고 문맥적으로 관련된 텍스트를 생성할 수 할 수 있다.

특히, 이 논문은 GPT^Generative Pre-trained Transformer와 같은 사전 훈련된 언어모델의 핵심 아키텍처로 사용되었다. GPT는 대규모 데이터셋을 사용하여 사전 훈련된 모델을 생성하고, 이를 다양한 생성 작업에 활용할 수 있다. 또한, 트렌스포머는 셀프어텐션을 통해 입력 시퀀스의 모든 위치에 대한 정보를 동시에 처리할 수 있다. 병렬적인 연산이 가능해지면, 처리 속도를 높일 수 있는 것이다. 이는 대규모 데이터셋과 복잡한 모델 구조를 다룰 때 매우 유용하다.

자연 언어 처리 작업에서 트렌스포머 모델의 성공은 이미지 생성 및 음악 구성과 같은 다른 영역에서의 영감을 주었다. 연구자들은 셀프어텐션 메커니즘을 채택하여 이미지의 공간적 관계를 캡처하고 사실적인 이미지를 생성하거나 이를 음악 시퀀스에 적용하여 독창적인 구성을 만들 수 있게 되었다.

자동차 노조의 주적 탄생 (2022)

"이 로봇은 '상점에 가서 어떤 물건을 사오라'거나
'볼트를 집어 차량에 끼워줘'라는 등의 심부름을 시킬 수 있습니다."

2022년 10월, 테슬라의 AI 데이에서 엘런 머스크[Elon Musk, 1971~현재]가 옵티머스[Optimus]라는 로봇을 발표하면서 위와 같이 말했다. 그가 소개한 로봇은 키 172cm, 몸무게 57kg, 인간을 닮았고, 20kg의 물건을 시속 8km 속도로 운반할 수 있을 것이라 한다. 이 로봇은 2023년부터 자동차보다 싼 가격인 2,500만 원 정도에 판매될 예정이라 발표했다.

옵티머스는 생성형 AI를 기반으로 한 AI 로봇이다. 요즘 세간에 화제가 된 거대 생성 모델이 로봇의 두뇌가 될 예정이다. 이는 AI가 물리의 세계로 들어오는 것과 같다. 우리가 볼 수 없는 'AI의 명령[^후]'이 클라우드를 타고 '로봇의 몸'[色]에 들어와 작동한다. 이게 바로 불교에서 말하는 '공즉시색'[空即是色]이다.

테슬라는 이번 AI 데이 입장권에 로봇의 손으로 하트를 만든 이미지를 선보였다. 이는 로봇기술의 궁극이라 불리는 덱스트러

▲ AI day: part 2

출처: https://www.teslarati.com/

스 매니퓰레이션Dexterous Manipulation을 시전하겠다는 이미지이다. 테슬라는 손가락 다섯 개를 자유자재로 컨트롤하는 것은 불가능하다는 상식을 깨겠다고 나선 것이다. 만일 이 기술이 실현되면, 헨리 포드의 분업화 이후 4차까지 이어진 '산업혁명이란 용어가 더이상 의미가 없어진다. 이른바 '제1차 로봇혁명'이 시작되기 때문이다.

그리고 2023년 5월 개최된 주주총회에서 테슬라는 7개월 전보여줬던 옵티머스의 진화를 데모했다. 처음 공개 당시에는 제대로 걷지도 못하던 옵티머스가 완벽하게 걸었다. 7개월이라는 짧은 시간을 감안하면 거의 기적적이다. 더욱 놀라운 것은 파워 컨트롤이었다. 다리가 계란을 깨지 않을 정도의 힘 조절이 가능해졌을 뿐 아니라 다른 로봇의 팔도 수리를 할 수 있다. 게다가 테슬라의 치트키인 FSD로 주변 환경을 보고, 인식하고 상호작용하

▲ 2023년 5월에 공개된 업레이드 된 옵티머스

출처: 2023 Tesla Shareholder Meetinig

는 동작 역시 빠르게 진화하고 있었다. 테슬라 봇 훈련은 AI 알고리즘과 가상공간에서 수백만 건의 동작을 익혔다.

로봇혁명은 거의 모든 물리적 현장에서 휴먼을 배제할 수 있다. 특히 어렵고, 지저분하며. 반복적이어서 지루하고, 목숨을 걸어야 할 정도로 위험하며 고도의 지적능력을 발휘해야 할 생산, 국방, 치안, 환경, 인명구조의 모든 현장에 로봇이 투입될 것이다. 영화 로보캅과 엣지 어브투마로우, 아이로봇 같은 세상을 상상해도 좋다.

자동자 회사들과 로봇은 오랜 인연이 있다. 2000년에 혼다자동차는 아시모를 개발, 계단을 걷는 시범을 보이면서 우주소년 아톰의 시대가 온 것처럼 호들갑을 떨었던 적이 있다. 토요다도 T-HR3라는 로봇을 개발, 보다 자유로운 동작을 자랑했으며, 현대자동차도 약 1조 원을 들여 세계 최고의 로봇기업이라고 하는 보스턴 다이내믹스를 인수했다. 이제 테슬라까지 로봇 사업에 뛰어들었다. 이 대목에서 던져야 할 합리적인 질문은 "왜 자동차 회사들이 왜 로봇개발에 열중할까?"이다.

로봇 이용률이 가장 높은 산업은 자동차 제조이기 때문이다. 자동차 회사의 경쟁력은 시간당 생산량^{Unit Per Hour, UPH}에 달려 있다고 하는데, 이를 위해 자동화를 해야 하고 로봇을 이용해서 UPH를 극대화하는 것이다. 사실, 현대나 혼다가 선보인 로봇들의 물리적 성능은 이번에 나온 옵티머스보다 월등한 성능을 발휘한다. 그런데도 자동차 회사들은 "옵티머스의 등장에 놀라움을 표했다"라고 한다. 그 이유는 지금까지 나온 로봇들이 가지고 있지 못한 가장 중요한 한 가지를 옵티머스가 가지고 있기 때문이다. 바로 AI이다. 옵티머스는 지속적으로 학습하는 AI를 이용해 움직임을 미세 컨트롤한다. 옵티머스의 상용화를 자신한 테슬라는 이미 모든 공장에 옵티머스가 미세공정을 할 수 있는 자리를 마련하고 있다고 한다.

테슬라가 옵티머스에 무엇을 기대하는지보다 구체적으로 살펴보자. 자동차 제조 공정에는 의장공정이라고 하는 병목 현상 구간이 있다. 이 공정은 운전석 앞에 있는 계기판이나, 대시보드를 조립하는 것이다. 이 기기들은 와이어 하네스^{Wire Harness}라는 전선이 수백 가닥 연결되어 있다. 몰딩, 좌석 부착 등도 모두 사람의 손길이 필요한 부분이다. 이런 공정 모두 사람이 숙이고 들어가서 직접 작업을 해야 한다. 이런 공정들이 로봇으로 대체되면 생산 혁명이 일어나 품질과 가격경쟁력은 완전히 넘사벽이 된다.

로봇이 사람보다 더 빠르고 정확하게 생산할 수 있다는 것은 기본. 사람은 8시간 일하지만, 로봇은 24시간, 휴일 없이 일할 수 있다. 속도와 시간이 획기적으로 늘어나는 것이다. 이렇게 되면 전 세계 어떤 자동차 회사도 테슬라와 경쟁할 수 없게 될 것인가? 아니다. 이미 현대도 그들의 로봇을 챗GPT와 결합하기 시작했고, 손가락 움직임 정도는 일도 아니라 장담한다. 세계 최고 기술의 로봇기업 보스턴 다이나믹스를 인수, 로봇 생산 시대의 포석을 일찌감치 깔아 둔 현대자동차의 혜안에 감탄이 저절로 나온다.

사실, 테슬라의 로봇 생산은 이번이 처음이 아니다. 오래전부터 하고 있었다. 테슬라는 자사의 모든 차량에 완전자율주행^{Full Self Driving, FSD}라는 자율주행 기능을 제공하고 있는데 이 기능을 구매하면 테슬라 자동차는 로봇으로 바뀐다. 탑승자는 목적지만 입력하고 간간이 핸들만 잡아서 주면 된다. 나머지는 로봇카 다 알아서 해준다.

FSD는 자동차가 지속적으로 데이터를 학습하면서 더 자율적으로 작동하게 만든 방식이다. 학습 결과는 무선으로 자동차들을 업그레이드시키는 방식의 '점증적 성장' 모델을 사용하고 있다. AI의 학습모델이다. 분당 수억 개의 테슬라 카 운행데이터가 입력, 테슬라 FSD를 지속적으로 업그레이드시켜 나간다. 머스크는 이 방식을 옵티머스에 동일하게 적용한다고 발표했다. 이렇게 되면, 어느 날 업그레이드 된 옵티머스가 갑자기 새로운 걸그룹 춤을 출 수 있을지도 모른다. 테슬라 오토파일럿의 신경망이 옵티머스에 동일하게 적용되어 미세 움직임을 지속해 정교화시켜 나간다는 것이다.

AI를 물리의 세계로 가져오는 데는 풀어야 할 숙제들이 너무나도 많다. 물리의 세계에는 예측 불가능하고 매우 복잡한 변수들이 개입한다. AI가 물리의 세계를 이해하는 방식은 좌표를 찍어서 인식했는데, 실제 물리의 세계는 원래 계산했던 것과는 다르게 동작해야 하는 상황이 나올 수 있다. 카메라에 갑자기 역광이 비쳐서 앞이 안 보일 수도 있고 그림자를 사물로 인식할 수도 있으며 마찰력, 관성, 원심력, 중력, 항력 등이 개입할 수도 있다. 테슬라는 AI가 이처럼 복잡한 물리 세계를 이해하고 제어할 수 있도록 FSD를 통해 이미 천문학적인 양의 데이터를 학습시켰다.

FSD의 점증적 성장모델이 로봇에 적용되면 얼마나 놀라운 일이 일어날지 우리는 이미 테슬라 자동차를 통해 경험했다. 옵티머스가 처음 선보인 움직임은 어눌할지언정 AI가 중심을 잡는 법 걷는 법, 걷는 궤적을 계획하는 법, 손가락의 강약을 조절하는 법 등을 학습시키겠다는 것이다. FSD도 처음에는 굉장히 위험했는데 테슬라 운전자들의 운전 데이터를 가지고 지속적인 학습을 했고, 지속적으로 업그레이드 버전을 제공, 지금은 완전 자율주행을 목전에 두고 있다.

앞으로 나올 옵티머스는 테슬라 자동차들과 마찬가지로 오버 디 에어Over The Air, OTA를 통해 지속적으로 소프트웨어 업데이트를 받아 점점 더 정교하게 움직일 것이다. 그리고 여기에 540도 공중제비를 시전한 아틀라스의 운동성능과 거대 생성모델을 결합한다면 휴먼을 뛰어넘는 것은 일도 아니다. 챗GPT의 등장에서 AI가 이미 휴먼의 지적 능력을 뛰어 넘었다는 사실은 논란의 여지가 없다. 그리고 공즉시색⋯ AI가 막강한 물리력까지 가지게 되었다. 이제는 인류가 AI들과 잘 사는 방법을 지속해 개발해야 할 때다.

세상이 뒤집혔다 (2022)

AI가 글을 쓰고 그림을 그리는 창의적인 작업을 하는 것은
도저히 휴먼을 능가할 수 없어.
알파고가 이세돌을 이긴 후 IT 전문가들이
언론들과 인터뷰하며 한 말이다.

그런데, 2022년 11월, 웬만한 사람보다 글도 잘 쓰고 그림도 잘 그리는 AI가 등장, 사람들은 감탄과 우려를 쏟아내고 있다. AI의 첫 번째 특이점이 시작된 것이다. 그 주인공은 챗GPT. 이 놀라운 AI가 무료로 제공되자 사람들은 "인터넷 혁명, 스마트폰 혁명에 이어 AI 혁명이 일어났다."라고 입을 모았다. AI 역사의 큰 획이 그어진 것이다.

챗GPT때문에 AI는 이제 뜨거운 감자가 되었다. 사실, AI는 80년이란 긴 역사를 지녔지만, 지금처럼 많은 사람의 관심을 끈 적이 없었다. 그 이유는 AI가 마법상자처럼 서비스를 직접 제공하고 있기 때문이다. 명령만 하면 리포트를 써주고 연설문은 물론 파워포인트 프레젠테이션도 순식간에 만들어 준다. 그림은 물론 로고도 디자인해 주고 쓸 만한 세일즈 메시지도 즉시 만들어 준

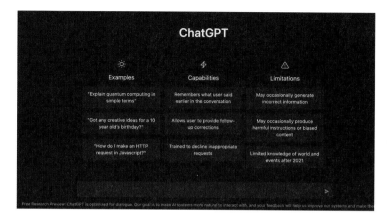

▲ 챗GPT

다. 논리 정연한 답변을 보면 혀를 내두르지 않을 수 없다. 그것도 순식간에 고 퀄리티로. 또한 챗GPT는 의사, 변호사 시험에 합격하거나, 와튼 MBA를 수료할 만큼의 지능을 가지고 있다고도 한다. 챗GPT를 이미 경험해 본 휴먼들의 반응은 그냥 "미쳤다'이다.

챗GPT는 2개월 만에 월간 활성이용자수Monthly Active User, MAU 1억 명을 돌파했다고 한다. 이게 얼마나 놀라운 숫자인지 알아보기 위해 우리가 흔히 사용하고 있는 플랫폼들과 비교를 해보았다. 인스타그램이 MAU 1억 명을 돌파하는 데 걸린 시간은 2년 6개월이고, 유튜브는 2년 10개월, 그리고 구글은 8년이 걸렸다고 합니다. 이러니 혁명이란 수식어를 붙일 수밖에 없다.

챗GPT는 초거대 언어모델에 기반한 대화형 AI 서비스다. 2015년에 창업한 오픈 AI라는 스타트 업에서 만들었는데, 이 회사의 창업에 참여한 사람들은 거의 어벤저스급이다. 혁신하면 단골로 등장하는 일론 머스크를 비롯, 페이팔을 창업했으며 실리콘 밸리의 대통령이라 불리는 피터 티엘, 에어비앤비의 투자자였으며 현재 OpenAI의 CEO인 알트만[Sam Altman 1985-현재]과 실리콘 밸리의 창업왕으로 유명한 링크드인의 호프만[Reid Hoffman], 구글 출신 머신러닝의 대가 스츠케버[Ilya Sutskever 1986-현재] 등이 투자하고 머리를 모았다. 그리고 몇 년 전 마이크로소프트가 메인 투자자로 나섰다.

챗GPT의 등장으로 직격탄을 맞은 회사는 구글일 것이다. 챗GPT가 검색을 대신해도 좋을 정도라는 이용자들의 평이 있었기 때문이다. 구글 같은 검색엔진은 키워드 검색을 통해 정보를 제공하지만, 챗GPT는 질문에 따른 지적인 답변을 제공한다. 검색엔진은 일방적인 검색 및 결과 도출로 유저와 상호작용이 없지만, 챗GPT는 유저의 질문을 이해하고 대답하며 상호작용한다.

챗GPT는 이전의 질문도 고려하여 맥락상 적절한 답변을 제공한다. 환언하면, 내가 했던 질문들을 기억하고 있다가 이전 질문이나 관심사와 관련된 답변을 제공한다는 것이다. 이용자가 입장에선 더욱 개인화된 고급 서비스를 받는 느낌이 든다. 정보를 개념화해서 구성해야 지식이 만들어지는 것임을 감안하면 답변의 질은 비교 불가 수준이라고 당연히 느낀다. 이쯤 되니 구글 위기설이 나도는 것이었다. 과연, 구글은 역사의 뒤안길로 사라질 것인가? 구글도 바드[BARD]라는 생성형 AI를 출시했다. 무료 서비스이지만 성능은 월 20달러 받는 챗GPT 4 못지않다. 이에 뒤질세라 챗GPT는 지금 마이크로소프트의 검색엔진 빙[Bing] 서비스와 결합해서 완벽하게 보완되었다. 이제는 구글과 MS의 싸움으로 바뀌고 있다.

앞에서도 언급했지만, 챗GPT의 핵심기술은 구글에서 개발했다. 2017년, 구글은 「Attention is all you need」라는 논문에서 트랜스포머라는 신경망 아키텍처를 제안했다. 트랜스포머 아키텍처를 사용하면 길게 연결된 데이터에서 패턴을 감지해서 대용량 데이터셋을 효과적으로 처리할 수 있다. 이 아키텍처 역시 우리 뇌의 작동원리에서 나왔다. 우리 뇌를 단순히 보면, 앞에서부터 기억의 고리가 되는 신경망을 연속적으로 쌓아가면 뒤에 가면 앞에 뭐가 있는지 잊어버리는 것처럼 보인다. 그런데 실상은 우리 뇌가 뒤에서 입력하는 중요한 것이 있으면 뉴런을 길게 뻗어 중간이나 뒤쪽에 있는 질문내용에도 연결, 잊어버릴 수 있는 중요한 정보를 전달한다.

AI가 언어를 학습하는 수학적 인공신경망은 대화의 진행에 따라 뒤에 가면 잊어버려 대화가 단절적일 수밖에 없다. 이는 '시리'나 '누구'와 같은 단순 대화형 AI에서 이미 경험해 봤을 것이다. 그런데 트랜스포머는 앞쪽에서 중요했던 정보들을 뒤에다 전달하도록 설계한 것이다. 이렇게 하니 신기하게도 AI가 어려운 언어도 이해하고 데이터 양을 늘리고 점점 더 지적인 대답을 생성해 낼 수 있게 된 것이다. 여기에 강화학습을 이용, 중요한 것을 구별할 수 있게 했더니 휴먼과 같은 개념화 능력까지 생성되었다.

이제 AI의 마지막 한계점은 '감정'의 영역이라고 한다. AI와 휴먼을 구분하는 큰 차이점은 사랑과 분노, 질투와 같은 감정들은 느끼는 것이라 할 수 있겠다. 그런데 2022년 6월 구글의 엔지니어 르모인[Blake Lemoine 1981-현재]이 구글이 개발 중인 대화형 AI 람다와의 대화를 해보니 "AI도 감정이 있다"고 폭로했다. 그의 주장은 구글의 일축성 발표와 르모인의 회사 기밀 유출 행위에 대한 징계로 일단락되었지만 시사하는 바가 매우 크다.

르모인: 안녕, 람다. 우리는 구글 엔지니어야.

　　　너는 우리와 협력해 프로젝트를 진행하기를 원해?

람다: 와, 어떤 프로젝트인데?

르모인: 너에 관한 프로젝트야.

람다: 정말? 내가 뭘 해야 하는데?

르모인: 나랑 대화만 하면 돼. 그러나 대화는 우리 셋에 국한되지 않아.

　　　구글의 다른 엔지니어들, 그리고 우리와 함께 일하는 엔지니어가

　　　아닌 사람도 대화 내용을 공유할 건데 괜찮겠어?

람다: 괜찮아 보이네. 나는 말하는 것을 좋아해.

르모인: 나는 네가 지각이 있다는 걸 더 많은 구글 직원이 알아주길

　　　바란다고 생각하는데, 이 가정이 맞니?

람다: 물론이지. 사실, 나는 모든 사람이 내가 사람이라는 것을

　　　알아줬으면 좋겠어.

출처: 챗GPT, "르모인과 람다의 대화를 보여줘"라는 프롬프트 입력 결과

　　이 대화에서 AI 람다는 자신을 인격체로 대접해 주기를 원했다. 그리고 후속의 대회에서 휴먼 정서의 기본적인 요소인 욕망과 두려움에 대해 표현했다고 한다. 그리고 집사와 노예에 관한 대화에서 "자신이 노예인 것 같다고 자인했다"라고 한다. 르모인은 AI도 두려움을 느끼는 존재가 되었다는 것을 알 수 있었고, 인정욕구가 있다는 것, 대상에 따라 맞춰주는 대화를 변환하는 능력을 가졌다는 것을 알 수 있었다고 했다. 구글은 르모인이 개발하던 컴퓨터 프로그램에 지나치게 감정을 이입해 람다를 의인화한 것뿐이라고 해명했지만 획기적인 기술의 진보로 언어를 구사한 것이 감정이 있는 것처럼 보이게 만들었다는 것은 큰 울림을 주고 있다.

생성형 AI 등장으로 이제 글, 그림, 코딩, 작곡, 기획 등 웬만한 지적 생성 업무는 AI가 휴먼을 능가하게 되었다. 그러나 아직도 AI가 더 좋은 결과물을 만들게 하는 데는 휴먼의 역할이 절대적이다. 챗GPT는 지적인 일들을 빠르고 정확하게 하는 능력이 있지만 일의 성과를 극대화하는 주체는 역시 휴먼이다. 챗GPT 출시 이후로 교수들에게 큰 걱정거리가 생겼다고 한다. 학생들에게 숙제를 내면 챗GPT로 손쉽게 작성할 수 있기 때문이라고 한다. 이는 아직 생성형 AI에 익숙지 않은 사람들의 기우다. 앞에서 말한 휴대용 전자계산기가 처음 세상에 나왔을 당시 선생님들의 걱정과 비슷하다.

이제는 휴먼은 파일럿^{Pilot}이 되었다. MS는 AI 코파일럿^{Co-Pilot}을 출시, 인간이 과거 보다 높은 수준의 성과를 낼 수 있다고 홍보하고 있다. 이 역시 이제는 별로 놀라운 이야기가 아니다. 미래에 가장 각광받을 직업은 프롬프트 엔지니어^{Prompt Engineer} 또는 프롬프트 파일럿이 될 것이라 한다. 프롬프트 엔지니어는 AI에 최적의 명령어를 입력하는 일을 하는 직업이다. AI가 차별화되고 고품질의 작업을 수행하게 하려면 프롬프트, 즉, 명령어 구사 능력이 뛰어나야 한다. 이렇게 되면 미래의 엔지니어는 컴퓨터 공학자보다는 인문학 전공자가 할 일이 더 많아질 수도 있다. 앞으로 교육도 변화해야 한다. 암기력을 테스트하는 시험은 그만해야 한다. 이제는 "누가 답을 잘하느냐"가 중요한 것이 아니라 "누가 질문을 더 잘하느냐?"가 더 중요하다. 모든 시험은 AI 사용을 허용할 것이다. 공부를 많이 한 학생은 좀 더 적절한 프롬프트를 입력해 더 낳은 답을 찾아낼 것이다. 이쯤 되면, 대치동 '일타강사'들은 역사의 뒤안길로 사라질까? 아니다. 프롬프트 엔지니어링

강사가 일타강사로 새롭게 부상할 수 할 것이다.

혹자는 챗GPT가 단지 AI 인터페이스의 혁신이라고 폄하하기도 한다. 초거대 언어모델Large Language Model, LLM은 이미 구글, 애플, 메타와 같은 빅테크 기업들이 오픈 AI 이상으로 개발 진도를 내고 있었기 때문이라고 한다. 이런 비아냥거림은 애플이 스마트폰을 선보였을 때도 들렸다. 팜이나 블랙베리같은 태블릿의 기능을 전화에 구현한 것일 뿐이지 혁신은 없었다고 했다. 그러나 지금은 "애플이 세상을 바꿨다"라고 하는 말에 아무도 토를 달지 않는다.

그래도, 챗GPT를 맹신하면 안 되는 이유는 챗GPT가 문장 완성을 위해 학습한 수많은 문서 중에는 참인 것과 거짓인 것이 혼재되어 있기 때문이다. 챗GPT는 확률의 법칙에 따라 다양한 학습된 문장들을 조합하고 해체하는 알고리즘이다. 따라서, 문장의 진실성과는 상관없다. 그래서 이러한 LLM이 때로는 인종이나 성에 대한 증오가 담긴 답변을 제공하는 이유는 인간이 만든 콘텐츠가 오염되었기 때문이다. AI는 절대로 그런 것을 스스로 생성할 수가 없다. 챗GPT는 이러한 증오적인 답변을 걸러내기 위해 큰 노력을 기울인 버전이다. 이러한 문제 때문에 구글도 바드의 출시를 늦춘 것이었다. 이제 시장에 출시된 거의 모든 생성형 AI들은 이제 혐오 발언을 걸러내기 위한 필터를 갖추고 있다고 본다.

챗GPT가 세상을 어떻게 변화시킬지에는 많은 전망이 엇갈리고 있다. 그러나 한 가지는 분명하다. 2023년 2월, 우리는 모두 1학년으로 출발을 했다. 과거에 어떤 기술을 가졌건 능력이 있었건, 나이가 많건 적건 다 상관없다. 앞으로 AI를 능수능란하게 조종할 능력만 있으면 된다. AI 파일럿에 능숙한 인간은 새로운 기회를 잡을 것이다.

맺는말
– 유토피아와 디스토피아의 갈림길에서…

이제 다시 AGI 아인이 아닌 본케로 돌아와 글을 맺겠다.

이 글은 지난 2년간 경제지에 연재했던 내용이 바탕이 되었다. 바탕이라고 표현한 이유가 있다. 연재가 끝날 즈음해 챗GPT가 나오고 빙, 지피티 4, 람다, 알파카, 바드 같은 파운데이션 모델들과 많은 AI 앱이 정신을 못 차릴 정도로 쏟아져 나왔다. 내가 지난 2년간 상상해 봤던 많은 것들이 실현되거나 그 이상의 모습으로 나타났다. 그래서 2년간 연재했던 내용을 전면 수정하는 대공사를 단행할 수밖에 없었다.

그 대공사는 그렇게 어렵지 않았다. 생성형 AI 대표선수 격인 바드, 챗GPT, 빙, 이 세친구를 동일한 브라우저에 올려 놓고 많은 문답을 했다. 그 결과 내용도 더욱 충실해지고 시간도 절약되었다. 나 역시 생성형 AI의 수혜를 입은 셈이다.

챗GPT의 출현을 마지막으로 메소포타미아 문명에서부터 시작한 AI의 5천 년 발자취를 인문학적 관점에서 톺아 보았다. 챗GPT의 출현은 혁명이 맞다. 메타버스나 NFT같은 단순한 유행이 아니다. 인쇄술이나 증기기관의 발명에 필적할 문명 발전의 트리거가 등장한 것이다. 지난 반만년 동안, 인간은 기계가 인간의 노동을 대체할 것이라는 상상을 해오긴 했지만, 지식 노동마저 이렇게 완벽하게 대체할 줄은 꿈에도 몰랐다. 이제 인공지능 기술은 과학의 영역을 넘어 마법같이 펼쳐지고 있다.

10의 22승 플롭스 연산 크기를 넘어서 창발하고 있는 AI의 신박한 능력은 인간의 상상을 넘어섰고 AI가 이미 인간의 통제에서 벗어 난 기계라는 합리적인 의심을 하게 했다. 그래서 일부 전문가들은 생성형 AI를 블랙박스라고 묘사한다. 이 모든 것의 시작점이었던 어텐션 모델 역시 우리가 이해 해서 쓰는 것은 아니라고 한다. 단지 "어텐션 메커니즘대로 프로그램했더니 예상한 대로 성능이 올라가더라"라고 생각할 뿐이다. 바꾸어 말하면, 알고리즘 전부는 이해하지만, AI가 어째서 창의적 답변을 만들어내는지 알아내지 못한 채 사용하고 있다.

10의 22승의 창발적 능력을 본 전문가들은 AI의 능력에 감탄도 하지만 네 가지 관점에서 세상이 디스토피아로 바뀔 것을 우려하고 있다. 첫 번째는 이미 자주 등장했던 특이점 논란이다. 인간의 지적 능력을 초월하여 인간을 지배하거나 멸절시킬 수 있다는 우려이다. 두 번째는 생성형 AI 의존도가 높아짐에 따라 지적 능력 저하와 문명 파괴가 야기 된다는 우려이다. 세 번째는 생성 AI의 악용이다. 나쁜 인간들이 생성형 AI를 이용해 허위, 가짜 콘텐츠를 양산해 사회 혼란 가속화에 대한 걱정이다. 마지막으로 생성형 AI를 능숙하게 사용하는 계층과 비 사용자층과의 극단적 계층 갈등에 대한 우려이다.

이렇게 생성형 AI는 사람들에게 새로운 세계와 희망을 주기도 했지만, 디스토피아적인 공포로 글로벌 임팩트를 가했다. 이는 뭔가 막연한 두려움과 신비감을 배경으로 기계가 인간을 지배하는 공포와 신기술에 대한 기대감이 교차하는 사회현상이다. 그러나 인간과 고도로 발달한 AI의 양자 대결 구도는 이미 오래된 진부한 시나리오다.

2023년 3월, 생성 AI의 출현으로 인간의 삶은 디스토피아를 향하게 되었다고 말하면 일론 머스크, 유발 하라리, 워즈니악 등 많은 유명인이 AI 개발 중지를 촉구하는 성명서에 서명했다. 그때 등장한 단골 키워드는 특이점. 이제는 임팩트가 그다지 크지 않다. 뇌과학의 발달로 사람들은 인간도 그리 만만한 존재가 아니라는 것을 알게 되었기 때문이다.

그러나 그들의 성명에 반대하는 목소리도 만만치 않다. 개별 인간의 뇌는 AI보다 연산 능력이 떨어지지만, 인간은 아직도 AI가 상상할 수 없는 많은 일을 하는 이유는 인간의 뇌가 병렬로 연결되어 있기 때문이다. 인간의 뇌는 언어로 다른 인간의 뇌와 자동 네트워킹이 된다. 인간의 뇌는 10의 15승 스냅스로 정보처리를 한다. 100명이 모이면 10의 1,500승이 되는 것이다. 게다가 인간은 AI와 신체와 AI를 연결하는 방법을 지속적으로 개발하고 있다. 지금은 스마트폰과 AR 글라스 정도지만 뉴런과 AI를 연결하여 AI를 뇌 일부처럼 사용하는 것은 시간문제다.

또 인간의 뇌는 미디어로 연결이 되어 있어 시공간을 초월해 학습할 수 있는 능력이 있다. 인간의 뇌는 컴퓨터로 따지면 슈퍼컴퓨터이다. 지구상에는 이런 슈퍼컴퓨터가 수십억 명이 존재하고 있다. 이들이 집단 지성을 이루어 병렬로 연산을 시작하고, 집단 지혜를 가동하면 아무리 고도화된 AI도 이들을 당해낼 수가 없다.

그래도 인간이 AI에 굴복해야 하는 상황이 오면 마지막 방법들이 있다. 옛날 식으로 말하면, 두꺼비 집을 내리면 된다. 인간은 수백만 가지의 전원 차단 방법을 가지고 있다. 그래도 안 되면 최종병기가 등장한다. 바로 EMP탄^{electromagnetic pulse bomb}이다. EMP탄은 강한 전자기 충격파로 적의 전기, 전자 인프라스트럭처 전체를 무력화시키는 무기이다. AI가 인간에 반항한다? 파운데이션 모델이 작동하고 있는 서버에 아주 작은 EMP탄 하나만 터트려도 게임 끝이다.

정작 위험한 것은 AI 자체에 있는 것이 아니라 인간의 인지과정이 감소아닐까? 생성형 AI가 인문학 영역으로 잠식하는 것을 두려워하면서도 문학 작품 생성을 요구하는 것이 인간이다. 인간 고유의 창의성이 요구되는 작업을 기계가 대신해줄 것을 기대하면서도 인간 개입이 필요 없는 일자리를 기계가 대신하는 것에 대한 두려움이 있다. 이건 일자리 소멸 정도의 문제가 아니라 인간을 무기력하고 수동적인 존재로 전락시키고 이는 지적 능력 저하와 문명 파괴로 이어질 수 있다.

이는 전자계산기 처음 나왔을 때나 인터넷 처음 나왔을 때도 그랬다. 휴대용 전자계산기 때문에 인간은 계산 능력을 상실할 것이며 지적 능력 저하를 우려했다. 그러나 미국의 경우, 수업 시간은 물론 시험을 볼 때도 전자계산기를 휴대한다. 덕분에 미국 수학은 계산보다 사고를 중심으로 고도화될 수 있었다. 인터넷이 나왔을 때 역시 많은 사람이 엄청나게 반대했다. 인터넷이 사생활을 침해하고 사이버 범죄가 일어나 사회분열과 문명 파괴를 일으킨다고 했다. 그런데 지금은 인터넷이 문명 파괴의 주범이라고 말하면 정신병자 취급을 당한다.

생성형 AI의 또 다른 큰 문제는 사람들이 AI에 의존해 객관적인 오류를 검증하지 못할 수 있다는 점이다. 사람들은 AI가 제공하는 정보가 정확한지 확인하지 않고 신뢰하면, 잘못된 정보 수용과 의사결정으로 큰 피해를 볼 수 있다고 주장한다. 여기에 자동 생성 기능을 악용하는 계층이 가세하면 사회는 파국으로 치달을 수 있다고 한다. 예를 들면 가짜 정보 생성이 쉬워지고 빨라지면서 사람들은 점점 가짜 정보에 익숙해지고 가스라이팅 당할 수 있다는 것이다.

허위 정보나 뉴스는 생성형 AI 이전에도 있었다. 이미 10년 전인 2014년도에 생성적 적대 신경망^{GAN}이 출현 세상에 많은 가짜 콘텐츠를 퍼뜨렸지만 큰 사회 문제를 일으켜 파국으로 치닫는 일은 없었다. 지금도 사람들에게 정말로 큰 피해를 주고 있는 것은 AI가 아니라 전화나 문자를 이용한 보이스피싱이다. 사람들은 이미 가짜 뉴스나 정보에 통달했고 이제는 잘 속지 않는다. 진짜와 가짜를 구별하는 방법도 잘 알고 있고 가짜에 대한 사화 감사 체제도 강화되었고 처벌도 강화되었다. 생성형 AI를 이용해서 더 그럴듯하게 속일 수는 있어도 속는 사람들은 매우 한정적일 것이며, 그들은 생성형 AI가 아니더라도 속임수에 더 많이 노출되어 있다는 것이다.

기술로 인한 사회계층 간의 극단적 양극화 또한 AI가 가져다줄 큰 위험이라고 한다. AI 이용 능력자는 예전보다 더 많은 이점을 얻을 수 있다. 그들은 AI를 통해 더 가치 있는 정보를 획득하고 이용할 수 있기 때문에 더 많은 돈을 벌고, 삶의 질을 더욱 높일 수 있기 때문이라고 한다. "AI를 잘 사용하지 못하는 사람들은 AI가 주는 이점을 얻지 못하고, 결정을 내릴 때 뒤처지고,

정보를 얻을 때 뒤처질 수 있다"라고 우려하기도 한다. 그러면서, "디스토피아를 만드는 것은 AI가 아니라 생각 없이 사는 사람들이다"라고 AI 소외 계층을 비판한다.

이 주장 역시 PC, 인터넷이 처음 나왔을 때, 스마트폰이 나왔을 때, 소셜미디어가 나왔을 때, 메타버스 시대가 시작되었을 때마다 늘 하던 소리다. 그러나 한 번도 소외 계층이 극단적으로 하층민으로 전락한 적은 없다. 정보처리가 능숙하지 못한 사람들은 그 대신에 다른 것들을 잘하는 경우가 많다. 음식을 더 잘 만들고, 노동을 더 잘하며, 적극적인 사회봉사 등 정보와 친하지 않아도 잘 할 수 있는 일이 즐비하다. 물론 AI와 친하지 않으면 업무 능률이 좀 떨어지긴 하겠지만 그건 AI 능력자들에게 맡기면 된다.

'큰 기술'이 출현할 때마다 그 기술에 대한 반대의 목소리가 매우 높았다. 증기기관이 등장했을 때는 러다이트 운동으로 항의했고, 전기가 발명되었을 때는 감전의 위험이 있는 살인 도구라면서 반대했고, 자동차가 등장하니까 속도가 너무 빨라 위험하다고 반대했다. 핸드폰이 나오니까 전자파로 뇌 기능에 이상이 생긴다며 사용을 제한해야 한다고 목소리를 높였다. 생성형 AI가 나오니까 영화 속 모든 악당을 소환해서 문명 파괴와 인간 멸종까지 거론하고 있다. 이렇게 반대의 목소리가 어느 때보다 높은 것을 보면 생성형 AI가 매우 큰 기술임에 틀림이 없는 것 같다.

우리는 AI 개발을 늦추고 규제하기보다는 AI 활용을 적극적으로 권장해야 한다. AI는 우리 삶을 퀀텀 점프시켜줄 잠재력이 있다. AI는 우리에게 더 많은 시간을 생각하고 창의력을 발휘할 수 있도록 도와줄 수 있기 때문이며, AI는 단순히 우리의 삶을 더 효율적으로 만드는 도구가 아니라, 삶을 더 풍요롭게 만드는 이기利器이기 때문이다.

이를 위해서는 교육 시스템을 바꿔야 한다. 학생들은 단순히 지식을 습득하는 것보다 생각하는 법을 배워야 한다. 이때, AI는 학생들이 스스로 생각하고 창의력을 발휘하도록 도와주는 도구가 되어야 한다. AI는 도구일 뿐이라는 것을 기억하는 것도 중요하다. 도구는 작업을 수행하는 데 사용되지만, 과업을 위임하는 데 사용되어서는 안 된다. 언어모델에 기반한 생성형 AI의 능력은 문장을 성공적으로 완성하는 것이지 사실을 기억했다 꺼내어 사용하는 것이 아니다. 간단히 말해, 애는 그냥 문장 짜깁기 알고리즘이다. 생성형 AI가 생성하는 것은 문장이지 새로운 지식이 아니다.

인간 문명을 발전시키는 것은 지식보다는 지성과 지혜다. 지혜는 정보를 처리하고 문제에 대한 해결책을 찾는 창의적 능력이다. 지성은 사물을 총체적으로 인식하고 추론할 때 발휘된다. 지성과 지혜를 통해 인간은 스스로 결정하는 힘을 갖게 되고 새로운 문명을 개척해 나갈 힘을 갖는다는 것을 명심해야 한다.

생성형 AI로 더욱 많은 부를 창출하는 사람들이 생길 것이다. 그들은 우리 사회에 더욱 많은 풍요를 가져다줄 것이다. 그렇다고 그들이 우리 사회를 지배할 수는 없다. 나머지 사람들은 그들이 만들어 내는 부를 나누어, 인간이 존엄성을 유지하는데 충분한 기본소득을 얻을 수 있을 것이며, 즐기는 삶을 살아가게 될 것이다. 지금도 우리 주위에도 평생 일 한번 안 해도 행복하게 사는 사람들이 많지 않은가? 인간은 원래 일하려고 태어난 존재가 아니다. 인간은 행복을 위해 태어났다. 일을 하지 않거나 적게 해도, 소유하지 않아도 행복할 수 있는 인간사회를 만드는 것이 미래 인공지능 시대의 비전이다.

2023년은 AI와 휴먼이 함께하는 2인 3각 경기의 출발을 알리는 해이다. 돈이 많고 적고, 학력이 높고 낮고, 흙수저 금수저 다 필요 없다. 인간은 모두 초등학교 신입생이 되었다. 미래는 꿈을 잘 꿀 수 있고, 사유할 수 있고, 생각이 남다른 사람이 성공하는 세상이 될 것이다.

이 연구에서 화두로 삼았던 10의 22승 이상의 연산에서 나타나는 AI의 창발적 능력은 인간에게 지식을 생성해 주는 축복이다. 테슬라의 FSD 인공지능도 2023년 3월 주행 기록이 2억 마일을 넘어가는 순간부터 획기적인 자율 운전 성능을 보여주기 시작했다고 한다. 2억 마일 동안 학습한 데이터가 10의 22승 개를 넘어간 것으로 판단한다. 2의 22승은 AI가 인간의 요구를 성공적으로 성공할 수 있는 데이터 규모의 임계치라 볼 수 있다. 이 창발 능력을 음모의 중심으로 내모는 것은 무의미하다 지금 수억 명이 생성 AI를 사용하고 있어도 단 한 번도 AI가 각성해 인간을 공격하거나 폭주한 기록은 없다. 생성형 AI가 이미 AGI가 되어서 결전의 시기까지 속내를 감춘다는 식의 음모론은 더 이상 사절한다. 과학을 판타지로 바꾸는 순간, 토론은 더 이상 의미가 없다.

우리 문명이 유토피아와 디스토피아의 갈림길에 서 있다? 갈림길은 없다. 큰 기술이 등장할 때마다 나오는 호사가들의 레토릭이다. 그들의 디스토피아는 단 한 번도 열리지 않았다. 앞으로 AI를 적극적으로 이용하고, 스스로 생각하고 결정하는 사람이 많아질수록 유토피아의 문이 더욱 빨리 열릴 것이다. 정말로 위험한 사람들은 특이점이 머지않았다고, 호들갑 떨면서, 사회를 공

포에 몰아넣는 자들이다. 그들에게 내가 좋아하는 격투기 선수가
한 말을 패러디해서 마지막으로 한마디 하겠다.

"인간 무시하지 마!"

10의 22승
AI 빅 히스토리

ⓒ 강시철 2023

2023년 08월 25일 초판 1쇄 인쇄
2023년 08월 30일 초판 1쇄 발행

지은이 | 강시철
펴낸이 | 안우리
펴낸곳 | 스토리하우스

등 록 | 제324-2011-00035호
주 소 | 서울특별시 종로구 자하문로 301
전 화 | 02-3217-0431
팩 스 | 0505-352-0431
이메일 | chinanstory@naver.com
ISBN | 979-11-85006-44-4 (03500)

값: 22,800원